인텔리전트 발주자, 건설산업을 바꾼다

The Intelligent Client in UK construction

Constructing Excellence International (CEI)

Don Ward, Mark Beirne, Eira Rowe, Tim Warren

CEI 著, 건설산업비전포럼 펴냄

Don Ward, *Managing Director, Constructing Excellence International*
Mark Beirne, *Associate, Constructing Excellence International*
Eira Rowe, *Engagement and Marketing Director, Constructing Excellence International*
Tim Warren, *Managing Director, Constructing Excellence in New Zealand*
역저자 김한수, *세종대학교 건축학과 교수*

CONSTRUCTING EXCELLENCE International
delivered with bre

인텔리전트 발주자, 건설산업을 바꾼다

The Intelligent Client in UK construction

Constructing Excellence International (CEI)

저자 Don Ward, Mark Beirne, Eira Rowe, Tim Warren

역저자 김한수

권두언

건설산업비전포럼은 2003년 창립 이래 건설산업의 미래비전을 제시하고, 산업의 혁신을 통해 국가경제의 지속성장과 국민복지 향상에 노력하고 있습니다. 이를 위해 미국, 영국, 일본, 중국 등의 건설산업의 현황과 문제점을 분석한 포럼총서를 발간하였으며, 산업의 혁신을 위해 2009년 "건설산업 선진화 비전 2020"을, 2021년 "2030 건설산업 비전"을 작성, 제시하였습니다.

건설산업 혁신의 성공 사례를 영국에서 찾을 수 있었습니다. 포럼은 영국 혁신주도단체인 컨스트럭팅 엑셀런스(Constructing Excellence)의 회장 및 전문가를 초청하여 총 5회에 걸친 국제세미나를 개최하여 국내 건설산업의 혁신의 필요성을 전파하였습니다. 또한 정부정책에 반영시키기 위해 선진화 비전을 제시하고, 수차례에 걸쳐 "새 정부에 바라는 정책과제"를 전달한 바 있습니다.

하지만 20여년에 걸친 노력에도 한국 건설산업의 혁신은 이루어지지 않고 있습니다. 오히려 국민 10명 중 9명이 이미지 개선이 필요하다는 인식을 가진 산업으로 평가되고 있으며, 국민 3명 중 1명은 건설을 3D 업종으로, 국민 4명 중 3명은 가장 부패가 심각하다는 인식을 가진 후진적이고, 부패한 산업이라는 쓰라린 평가를 받고 있습니다.

혁신이 없이는 건설산업의 미래는 없습니다. 포럼은 건설산업 혁신의 단초를 발주자에게서 찾고 있습니다. 이는 건설산업 혁신에 가장 크게 성공한 국가인 영국이 찾아낸 해답이기도 합니다. 건설산업의 혁신을 위해서는 산업에 참여하는 관산학연 등 모든 기관의 적극적인 참여가 필수적입니다. 그러나 더욱 중요한 것은 자금의 집행과 최종 의사결정권한을 보유하고, 법과 입낙찰제도의 제정과 이행을 통해 산업을 리드하는 주체인 공공 및 민간 발주자의 혁신이 무엇보다 중요합니다.

이에 영국의 혁신주도단체인 CEI에 연구를 의뢰하여 영국 건설산업 혁신에서 발주자의 역할과 성과에 대한 상세한 조사를 하였습니다. 본 보고서에서는 영국 발주자의 혁신운동과 혁신을 리드하는 인텔리전트 발주자의 20년에 걸친 노력을 정리하여 제시하고 있습니다. 영국의 대표적인 발주기관이 혁신을 위해 추진한 끝없는 노력은 우리 건설산업에 크나큰 시사점을 주기에 충분합니다. 더욱이 혁신을 통해 성공한 프로젝트 사례 하나하나는 대한민국 건설산업이 만들어가야 할 미래이기도 합니다.

인류역사와 함께한 건설산업의 필요성을 부인하는 국민은 없습니다. 하지만 혁신하지 않으면 후진적이고, 부패한 산업이라는 굴레를 벗어나지 못할 것입니다. 본 보고서는 대한민국의 건설산업을 옥죄고 있는 굴레를 혁파하고 도약할 방안을 제시할 것입니다.

한글 번역본과 영문 원본 보고서를 하나로 묶었습니다. 특히, 영어에 능통한 젊은 건설인들이 본 보고서에 관심을 가져 주시고 혁신에 앞장서 주시기 바랍니다. 혁신은 현재보다는 미래가 중요하기 때문입니다.

본 연구를 위해 헌신해주신 Mr. Don Ward, Mr. Mark Beirne, Mrs. Eira Rowe, Mr. Tim Warren과 역저자로 참여해 주신 세종대학교 김한수 교수께 감사의 말씀을 드립니다. 또한 어려운 연구가 성공할 수 있도록 연구비를 지원해주신 한미글로벌 김종훈 회장님께 진심으로 감사의 말씀을 드립니다.

본 보고서를 통해 발주자를 포함한 건설산업의 모든 참여자가 국가 건설산업 혁신의 필요성을 통감하고, 국가건설혁신운동을 촉발시키는 단초가 되기를 바랍니다. 혁신이 없이는 건설산업의 미래는 없습니다.

건설산업비전포럼 공동대표 강 호 인

김 선 규

이 현 수

추천사

건설은 우리의 경제와 사회를 지탱하는 아주 중요한 산업입니다. 우리의 삶의 구석 구석에 영향을 미칩니다. 건설은 우리가 미래에 투자하는 동안 경제의 근간을 이룹니다. 우리가 사는 집과 의존하고 있는 학교와 병원을 짓고 산업의 바퀴를 굴러가게 하는 사무실, 공장, 교통 그리고 에너지 인프라를 구축합니다.

영국은 향후 10년 동안 최소 440억 파운드 가량의 주택 건설 시장을 포함한 6,000억 파운드 이상을 인프라에 투자할 방침입니다. 이러한 기회의 속도와 규모에는 세계 최고 수준의 건설 산업을 필요로 합니다.

동시에, 영국은 이 시대의 가장 위대한 산업 기회 중 하나인 청정 경제 성장을 이룩하는데 앞장서고 있습니다.

이러한 전세계적인 변화에 대응하여 영국 정부는 2030년까지 신축 건물의 에너지 사용을 절반으로 줄이는 정책을 포함한 국가 산업의 이점을 극대화하기 위한 결의를 다졌습니다.

건물은 전 세계 탄소 배출량의 약 40%를 차지합니다. 이 비중은 조치를 취하지 않는 한 증가할 가능성이 있으며, 예정대로라면 향후 40년 내에 전 세계 건축 자원은 두 배로 증가할 것입니다. 이것이 영국이 제26차 유엔기후변화협약 당사국 총회(COP26)에서 가장 탄소 배출량이 많은 일부 분야에서 선제적 조치를 다짐하는 글로벌 실행 협약인 글래스고 돌파구(Glasgow Breakthroughs) 계획을 발표한 이유입니다. 한 예로서, 영국과 한국은 다른 30개국과 함께 2030년까지 모든 지역에서 제로 배출에 가까운 철강 생산이 확립되고 성장할 수 있도록 하는 비전에 서약하였습니다.

2020년 11월 영국 정부는 녹색 산업 혁명을 위한 10대 계획 (Ten Point Plan for a Green Industrial Revolution)을 발표했습니다. 이는 더 나은 사회를 건설하고 녹색 일자리를 지원하며 탄소 중립을 가속화시키고자 함입니다.

우리의 10대 계획은 야심찬 정부 정책과 의미있는 새로운 공공 투자를 한데 모으는 동시에 민간 투자를 활성화하고자 합니다. 이는 2030년까지 에너지, 건물, 교통, 혁신 및 자연 환경에 걸쳐 최대 420억 파운드의 민간 투자를 일으킬 잠재력을 갖추고 있습니다.

Constructing Excellence International과 협업하여 건설산업비전포럼이 제작한 이 보고서가 한국 발주자의 성과를 높이고 영국 경험 사례를 통해 한국의 건설 산업 선진화에 도움이 되기를 바랍니다. 건설 분야 내 혁신은 우리가 지구를 보호하고 미래 산업에서 일자리를 창출하기 위해 함께 노력함으로써 더욱 신나고 새로운 협력 기회를 제공할 것입니다.

주한영국대사 콜린 크룩스

대표 저자 서문

"인텔리전트한(intelligent) 사람들은 본인들이 인텔리전트 하다는 것을 알고 있다.
그들은 한 사람이 모든 것을 다 알 수 없다는 것도 알고 있다.
한 사람이 어떤 한 가지를 모른다는 이유만으로 그가 어리석은 것은 아니다.
인텔리전트한 사람들은 다른 인텔리전트한 사람에게
자신들이 모르는 것을 질문하는 것이
어리석게 보이는 행동이 아니라는 것도 알고 있다.
따라서 어떤 특정 사안에 대해 모르는 것이 부끄러운 일이 되지는 않는다."

린제이 샌즈(Lynsay Sands), Love is Blind 中

본 연구는 대표 저자인 돈 워드(Don Ward)가 2019년 건설산업비전포럼을 방문하여 컨스트럭팅 엑셀런스(Constructing Excellence)와 상호 협력 협약을 체결한 것이 계기가 되었습니다. 후속 조치로 2020년 6월 건설산업비전포럼이 컨스트럭팅 엑셀런스 인터내셔널(Constructing Excellence International)에게 연구를 의뢰하였으며 연구의 결과물로 이 보고서를 제출하게 되었습니다.

건설산업비전포럼이 의뢰한 연구의 핵심 질문은 다음과 같습니다.

"영국 건설산업의 다양한 인텔리전트 발주자 혁신운동이
효율성, 생산성, 성과 측면에서 어떤 긍정적인 영향을 끼쳤으며,
그 증거와 사례는 무엇인가?"

본 연구에서는 지난 25년간 영국 건설산업에서 진행된 발주자 혁신 관련 내용에 집중하였습니다. 우리 저자들에게 영국과 한국을 상호 비교하는 연구 범위는 의뢰되지 않았지만, 영국 경험과 연구 결과를 바탕으로 한국 발주자와 건설산업을 위한 제언은 제시해주기를 요청받았습니다.

1장에서는 영국 건설산업에 대한 개괄적인 이해를 위해 건설시장 규모, 건설사업 수행성과, 코로나19(COVID-19) 대책 등에 대한 주요 내용을 제시하였습니다. 2장에서는 영국 발주자의 유형과 2020년 말 기준으로 주요 발주자 현황에 대해 소개하고 있습니다. 3장에서는 인텔리전트(intelligent) 발주자를 지향하고 있는 영국의 발주자 혁신운동 주요 사례와 관련 자료를 소개하고 있습니다.

4장에서는 3장에서 소개된 자료들 중 인텔리전트 발주자의 속성과 밀접한 관련성이 있는 4개 자료(사례)를 선정하여 주요 내용을 제시하고 있습니다. 5장에서는 인텔리전트 발주자의 베스트프랙티스 모범사례를 제시하고 있습니다. 컨스트럭팅 엑셀런스(CE)가 조사하여 발간한 사례, 타 기관·단체에서 발간한 사례, 지난 15년간 컨스트럭팅 엑셀런스(CE)가 모범사례로 포상을 한 사례 등을 비교·분석하여 최종적으로 9개 사례를 선정하였습니다. 각 사례는 개요, 주요 현안 및 도전, 발주자 전략·접근방식, 주요 성과 및 교훈 등을 중심으로 제시되어 있습니다.

6장에서는 영국 건설산업 혁신운동의 '최전선'에서 활동해 왔던 저자들의 경험을 바탕으로 변화와 혁신의 실천에 장애가 되는 요인들에 대해 논의하고 있습니다. 또한 이번 연구에 대한 요약과 한국 발주자 및 건설산업을 위한 제언도 제시하고 있습니다.

건설산업비전포럼이 의뢰한 이번 연구를 우리 저자들은 영광으로 생각하고 있습니다. 본 연구를 위해 열정적으로 격려해 주시고 환대해주신 한미글로벌 김종훈 회장님께 깊은 감사의 마음을 전합니다. 본 연구의 진행을 위해 헌신해주신 건설산업비전포럼 권오경 사무총장님과 한국어판 보고서 발간을 위해 동참해주신 세종대학교 김한수 교수님께도 감사의 말씀을 전합니다.

우리 저자들은 지난 25년간 영국 건설산업에서 발주자 혁신을 위해 헌신을 다해주신 모든 분들의 노고에 깊은 감사를 드리며, 그들의 노력과 성과가 이번 연구에 직간접적으로 참고되고 활용되었음을 알려드립니다.

컨스트럭팅 엑셀런스 인터내셔널 대표
돈 워드(Don Ward)

목차

그림 목차

표 목차

사진 목차

1. 영국 건설산업 개황

본 장에서는 영국 건설산업에 대한 개괄적인 이해를 위해 건설시장 규모, 건설사업 수행성과, 코로나19(COVID-19) 대책 등에 대한 주요 내용을 소개하고 있다.

1.1. 건설시장 규모

건설투자

코로나19가 본격화되기 이전인 2019년을 기준으로, 그레이트 브리튼(Great Britain)의[1] 건설시장 규모는 약 264조 원(1,760억 파운드)이며[2] 이는 영국(UK) 국내총생산(GDP)의 약 7%를 차지하는 수준이다.[3] 이 중 신규 공사가 차지하는 비중은 약 67.6%(1,190억 파운드), 유지관리 및 개보수 공사가 차지하는 비중은 약 32.4%(570억 파운드)로 약 2:1 비율이다. 신규 공사를 개략적으로 구분하면 주택 40%, 비주택 40%, 인프라스트럭처 20%의 비중으로 구성되어 있다.[4]

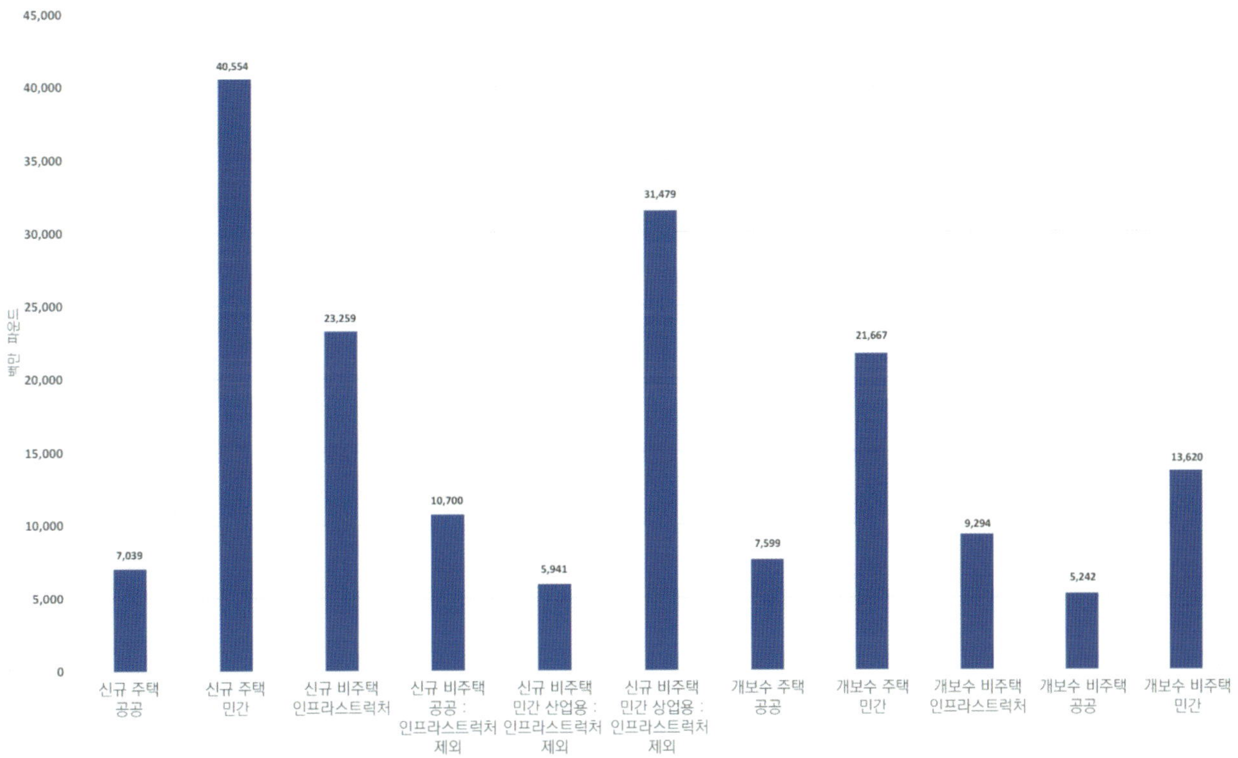

***그림 1** – 영국 건설시장 규모(2019 년)*

---

1 영국의 국호(國號)는 'The United Kingdom of Great Britain and Nothern Ireland'이며 그레이트 브리튼(Great Britain)은 잉글랜드(England), 스코틀랜드(Scotland), 웨일스(Wales) 등 3개 지역(nations)으로 구성되어 있다.

2 영국 1파운드는 한화 1,500원으로 개략 환산하였다.

3 www.ons.gov.uk/businessindustryandtrade/constructionindustry/datasets/outputintheconstructionindustry

4 상동

협의(Narrow)의 건설시장과 광의(Wider)의 건설시장

전(全) 세계적으로 건설시장 규모를 표현할 때, 건설사들이 참여하는 시장(협의 건설시장)을 지칭하는 것이 일반적인 경향이며, 본 보고서에서도 동일한 개념을 채택하였다. 따라서 건설자재, 프로페셔널 서비스(professional service), 부동산 서비스 부문 등의 시장 규모는 포함되지 않았으며, 이들 시장 규모는 별도 통계로 집계되고 있다.

이들 다른 범주를 포함시키면(2001년 기준)[5], 광의 건설시장 규모는 협의 건설시장 규모에 약 2배 정도 수준으로 나타난다.

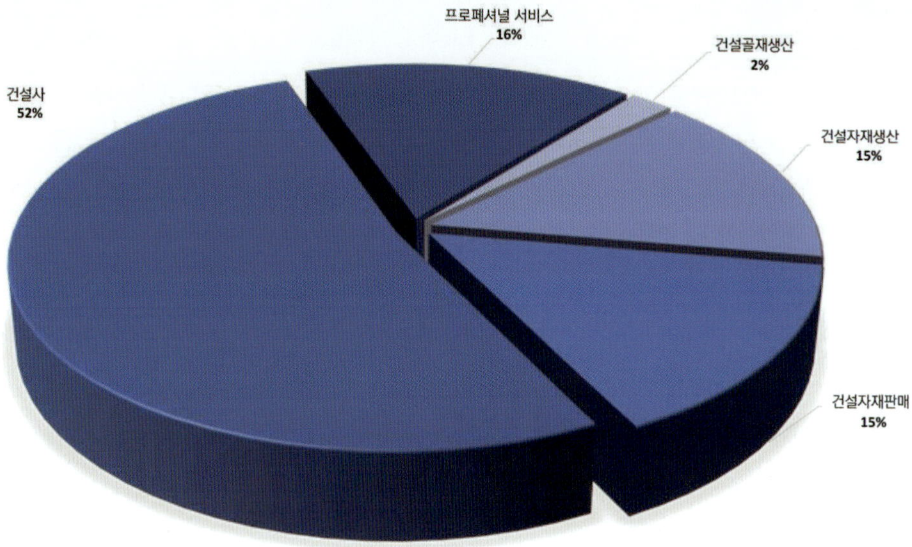

***그림 2** - 광의 건설시장 구성비*

그러나 상기 그림에도 부동산 서비스 부문은 포함되어 있지 않다. 따라서 2016년 기준, 부동산 서비스 부문의 시장 규모가 협의 건설시장 규모의 56% 수준이었다는 통계를 바탕으로 추산하면, 광의 '인공환경(Built Environment)' 시장의 규모는 협의 건설시장 규모의 약 2.5배 수준으로 추정된다.

[5] The social and economic value of construction – the construction industry's contribution to sustainable development, Pearce, nCRISP (2003).

건설업 고용인구

2019년 말 기준으로 영국의 건설업 고용인구는 약 231만 명으로 영국 전체 고용인구의 약 7%를 차지하고 있다.[6] 이 중 1인 기업(self-employed)이 차지하는 비중은 약 36%이며, 여성 고용인구는 약 12.3% 수준이다. 상기 고용인구는 건설업에 고용된 인구를 기준으로 한 것이며, 부동산, 건설자재, 각종 프로페셔널 서비스 등 건설 관련 제조 및 서비스 산업의 고용인구는 포함되지 않은 수치이다.

건설사 규모

타 선진국의 경우와 유사하게 영국 건설산업에서도 소형·초소형(small and micro) 규모의 건설사가 높은 비중을 차지하고 있다. 유럽연합(EU)과 영국에서 통용되고 있는 중소기업의 정의는 종업원수 250인 미만이며, 2018년 3분기 기준으로 영국 건설사의 약 99%가 중소기업에 해당된다.[7]

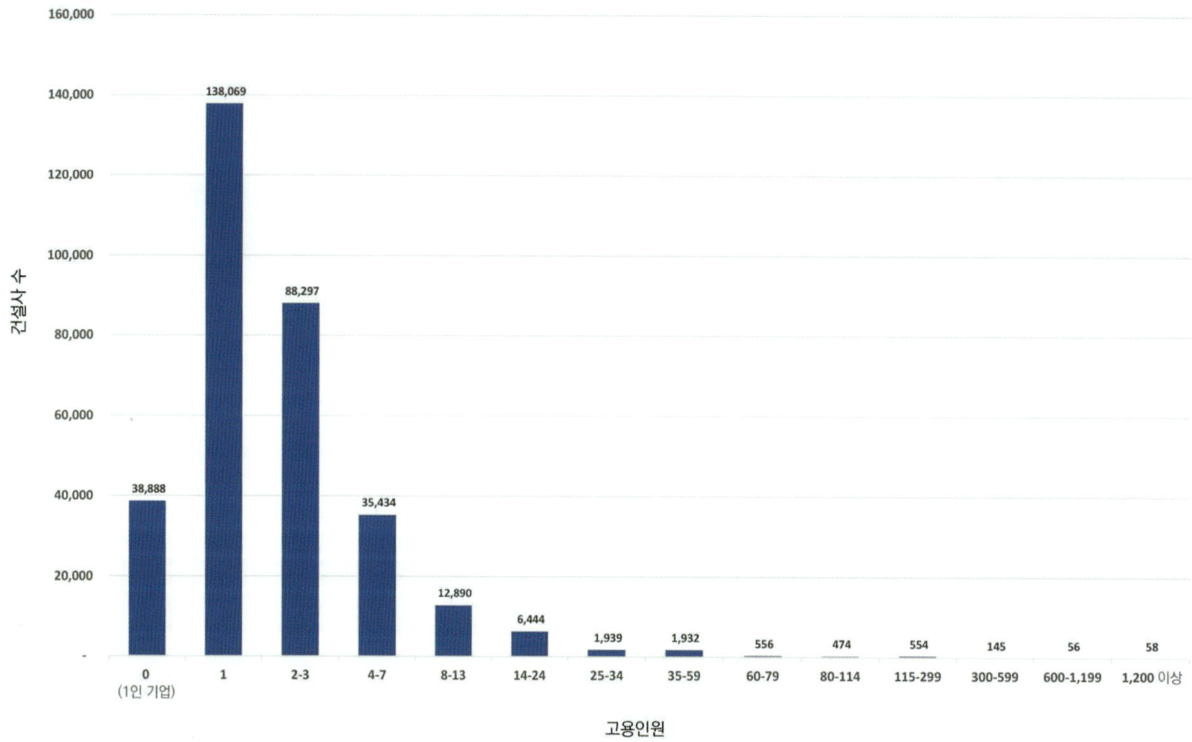

***그림 3** - 건설사 고용인원 현황*

6 https://www.ons.gov.uk/employmentandlabourmarket/peopleinwork/employmentandemployeetypes/datasets

7 상동

1.2. 건설사업의 수행성과

핵심성과지표

2018년까지 지난 20여 년간 컨스트럭팅 엑셀런스(CE)[8]에서는 KPI(Key Performance Indicators)라는 핵심성과지표를 통해 건설사업의 수행성과를 조사하고 그 결과를 매년 발표해왔다.[9] 건설사업 KPI는 사업비 예측도, 사업기간 예측도, 안전, 발주자 만족, 수익성, 생산성 등 다양한 측면에서 건설사업의 수행성과를 측정하는 지표로 구성되어 있으며, 이와는 별도로 환경관리, 건설사, 컨설턴트 등의 수행성과를 측정하는 KPI도 있다.

KPI는 발주자와 관련 기업들이 자신의 개별 사업 수행성과를 타 사업들에 비교하여 벤치마킹 할 수 있도록 개발된 도구이며, 이를 통해 정책입안자들(policy makers)은 건설사업 수행성과의 동향을 파악할 수 있다. 현재 벤치마킹 활동은 영국 건설산업과 인텔리전트 발주자들에게는 보편적인 활동이 되고 있다. 다양한 KPI 지표 중 안전, 사업비 예측도, 사업기간 예측도, 수익성 등과 관련된 4개 지표의 예시는 다음과 같다.

안전 성과 KPI

지난 20여 년간 영국 건설산업에서 건설 현장의 안전 성과를 높이는 것은 매우 중요한 관심사였다. 이를 위해 영국 정부와 발주자는 관련 협단체와 협력하여 주도적인 역할을 담당하고 있다. 건설공사의 안전 성과는 안전사고율(Accident Incident Rate; AIR)로[10] 측정되며, 지난 20여 년간 보고 대상 안전사고율(reportable accident rate)은 약 70% 줄어든 획기적인 성과를 보이고 있다.

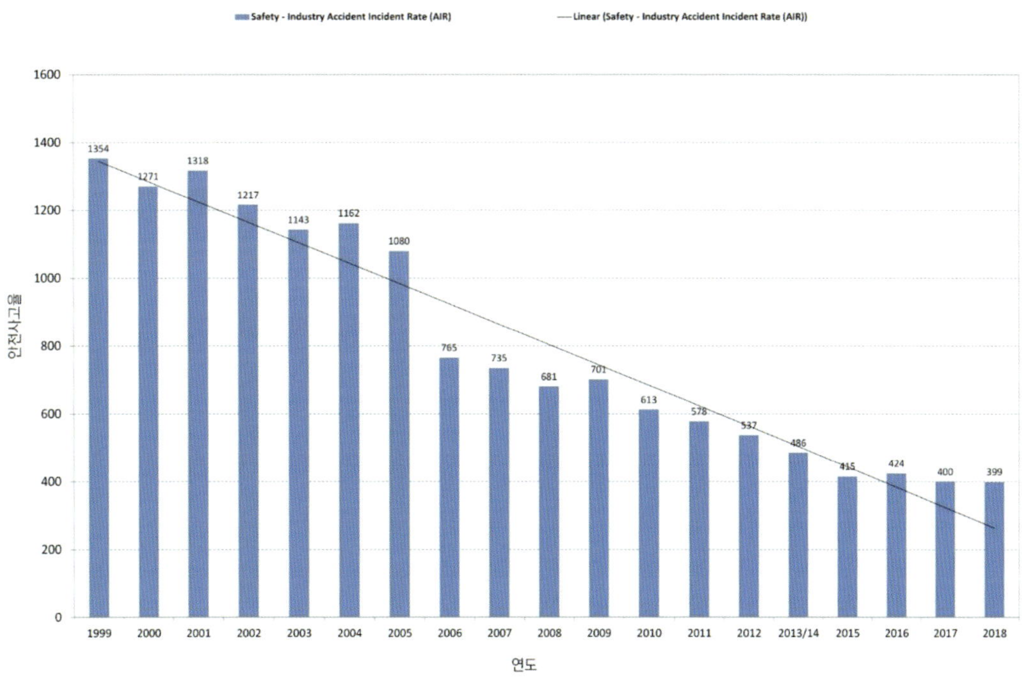

그림 4 *- 안전 성과 KPI*

---

8 이 보고서의 원저(原著) 단체인 Constructing Excellence International의 모(母) 기관으로 영국 건설산업의 혁신을 목표로 활동하고 있는 민간단체이다: https://constructingexcellence.org.uk.

9 https://constructingexcellence.org.uk/kpi-reports

10 안전사고율(AIR) = (연간) 보고 대상 안전사고 건수/고용인원×100,000.

사업비 예측도 및 사업기간 예측도 KPI

사업비 예측도(project cost predictability) KPI는 사업비 예산의 계획 대비 실행의 성과를 보여주는 지표이며, 사업기간 예측도(project time predictability) KPI는 사업기간의 계획 대비 실행의 성과를 보여주는 지표이다. KPI 그래프에 제시된 백분율(%) 수치는 사업비 준수·절감과 사업기간 준수·단축을 달성한 프로젝트가 차지하는 비율이다.

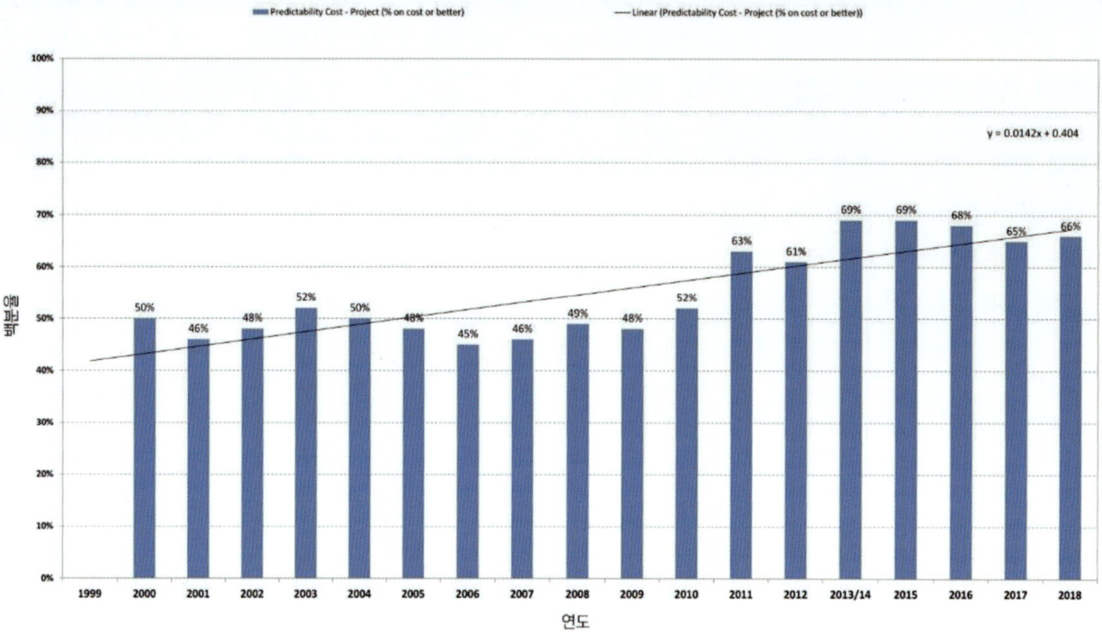

***그림 5** - 사업비 예측도 KPI*

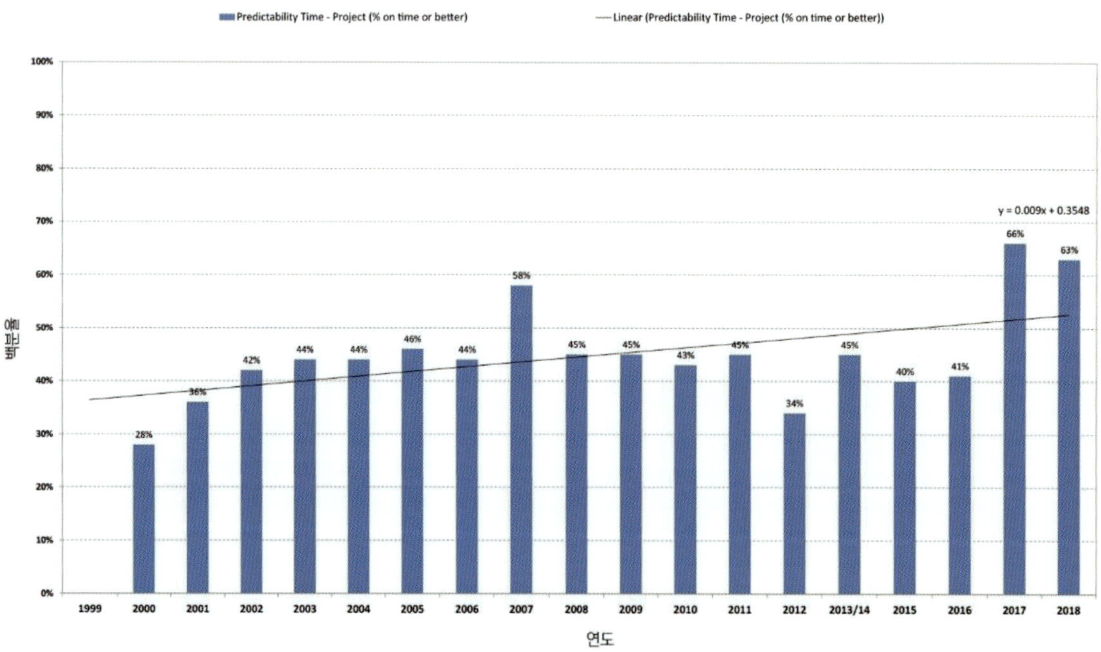

***그림 6** - 사업기간 예측도 KPI*

지난 약 20여 년간의 동향을 살펴보면 사업비 예측도와 사업기간 예측도의 관점에서 수행성과는 비록 느리지만 꾸준하게 향상된 것으로 나타나고 있다. 그럼에도 불구하고 2018년 KPI를 기준으로 볼 때 약 1/3에 달하는 건설사업이 사업비 준수(34%)와 사업기간 준수(37%)에 실패하고 있는 것으로 나타나고 있다. 발주자는 건설사업을 시행하는 과정에서 이러한 상황을 인지하고 조달 및 계약 전략 구상 시 이를 대처하기 위한 방안을 강구할 필요가 있다.

수익성 KPI

수익성(profitability) KPI는 건설사의 수익성을 보여주는 지표로 이자 및 법인세 차감 이전 이익(Profit Before Interest and Tax: PBIT)을 기준으로 수집된 통계에서 중앙값(Median)을 채택하고 있다.

많은 국가의 건설산업에서 나타나는 현상 중 하나는 높은 수준의 경쟁 상황에 기인한 건설사의 낮은 수익성이다. 건설기업의 낮은 수익성은 혁신과 기술, 교육·훈련 등을 위한 투자를 어렵게 하고, 재정 건전성 및 현금 흐름의 확보를 어렵게 하여 파산까지도 이르게 하는 부정적인 영향을 끼치며, 이는 발주자에게도 영향을 미치는 요인이 된다.

영국 건설산업의 경우, 세계금융위기(Global Financial Crisis)의 여파가 2012년부터 본격적으로 영향을 미친 것으로 나타나고 있으며, 최근에는 코로나19 사태에 영향을 받고 있는 상황이다.

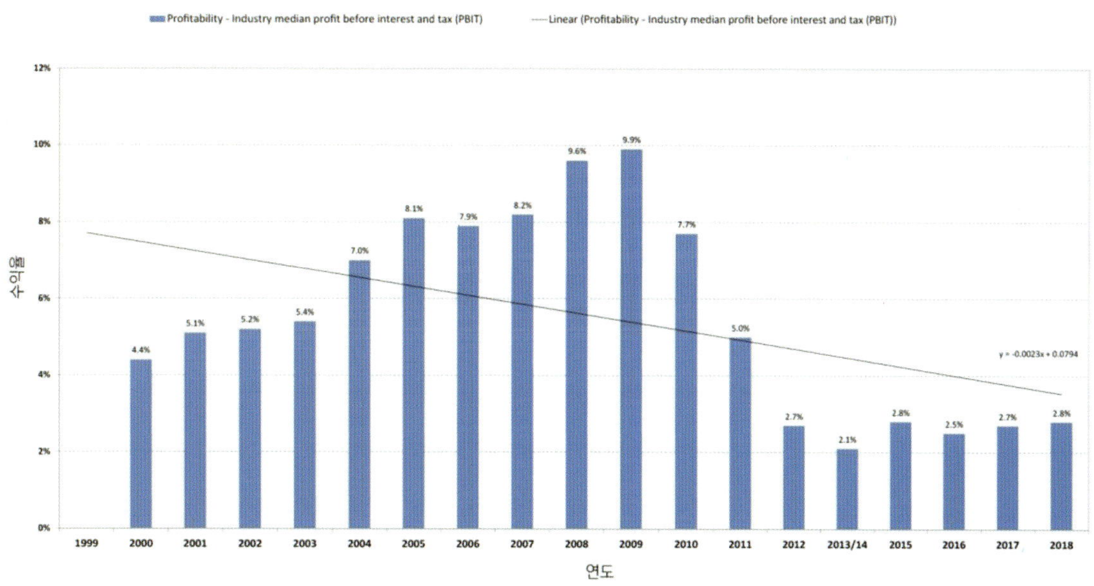

***그림 7** - 수익성 KPI*

1.3. 코로나 19 영향

코로나19의 부정적인 영향이 2020년 전반기부터 전(全) 세계적으로 나타나기 시작하였다. 이에 대응하기 위해 영국 정부는 인프라스트럭처 등 건설사업의 투자계획이 포함된 대응계획(recovery plans)을 마련해왔으며 이는 건설산업에게는 긍정적인 소식이었다. 그러나 업무시설, 판매시설, 공항시설 등의 수요 감소는 불가피한 상황이었고 이는 건설산업에 부정적인 영향을 끼치고 있다.

코로나19가 영국 건설시장에 끼친 부정적인 영향은 2019년 2분기와 2020년 2분기의 건설투자 동향을 비교해보면 알 수 있다. 건설시장의 각 부문(sector)에서 전체적으로 투자 감소 현상이 나타났으며, 평균적으로 약 38%가 감소한 것으로 나타났다. 이러한 감소세는 신규와 유지관리 및 개보수 사업에서 공통적으로 나타난 현상이지만, 특히 신규 주택사업에서 더욱 큰 감소 현상이 나타났다.

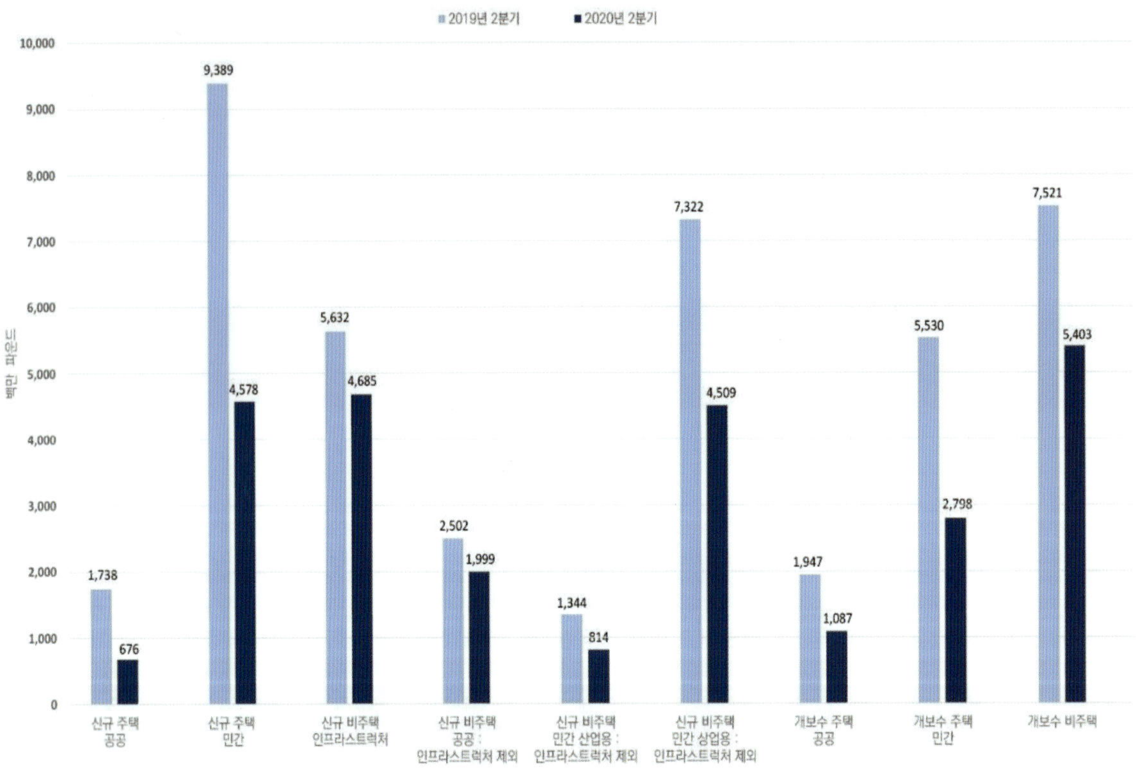

***그림 8** - 영국 건설시장 규모 동향: 2019 년 2 분기 및 2020 년 2 분기*

그러나 2020년 3분기에 건설시장이 회복세를 보이며 건설투자가 전(前)분기 대비 약 42% 증가한 것으로 나타났다. 특히, 민간 신규 주택에서의 회복세가 두드러지게 나타났으며 이는 주택구매자를 위해 영국 정부가 제공한 긴급 지원금에 기인한 것이었다.

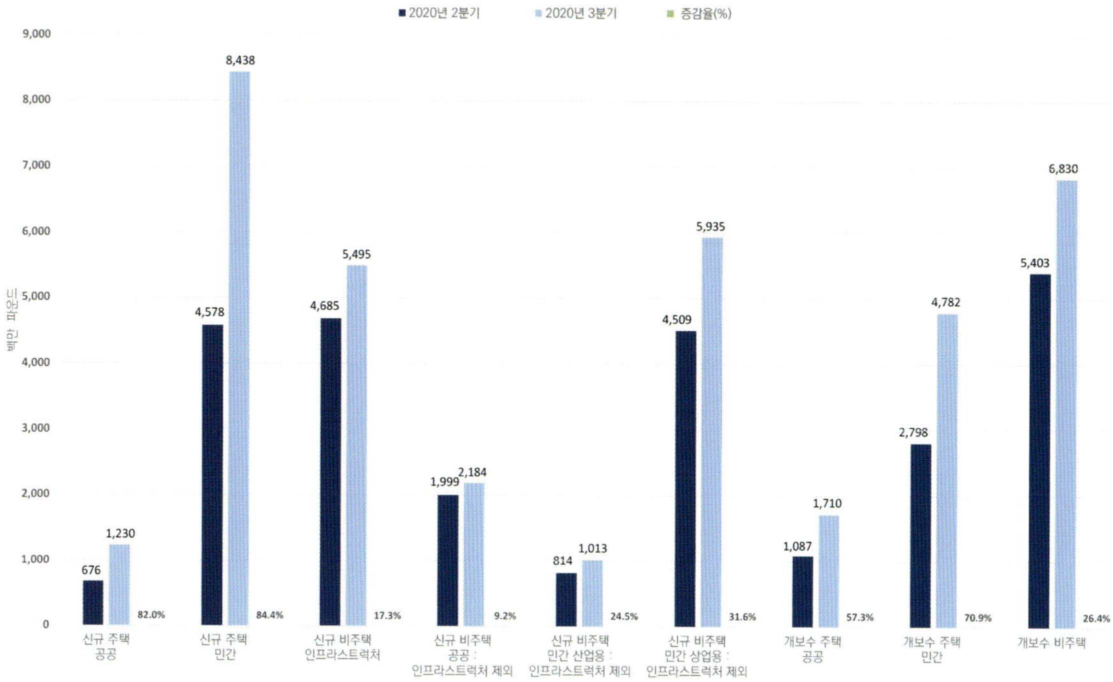

***그림 9** - 영국 건설시장 규모 동향: 2020 년 2 분기 및 2020 년 3 분기*

건설산업계의 장기적인 건전성(long-term health)은 발주자에게 중요한 현안이며, 현재 영국 건설산업에서 일부 발주자들이 이를 중요한 현안으로 다루는 동향이 관찰되고 있다. 또한 인텔리전트 발주자라면 이 현안을 중요하게 인식해야 한다는 것이 우리 저자들의 주장이다. 코로나19 상황이 향후 어떻게 전개될지는 시간이 말해줄 것이다. 그러나 이 보고서를 통해 우리 저자들은 인텔리전트 발주자가 반드시 염두에 두어야 할 중요한 이슈들에 대해 논의하고자 한다.

1.4. 코로나 19 대응 대책

고용 유지 계획

코로나19로 인한 고용 불안정을 해소하기 위해 영국 정부에서는 2020년 3월 코로나 바이러스 고용 유지 계획(Corona Virus Job Retention Scheme)을 발표하였다.[11] 이는 기업이 직원을 해고하는 대신 임시 휴직 상태(furlough)로 고용을 유지할 경우, 정부가 월 임금의 최대 80%를 부담하는 것을 주요 내용으로 하고 있다. 이 계획은 원래 2020년 5월까지 한시적으로 운영될 예정이었지만, 코로나19 상황이 악화되면서 수차례 연장되었고 현재 계획으로는 2021년 4월까지 운영될 예정이다.

1인 기업 재정 지원

영국 정부는 과거 3년간의 평균 소득을 기준으로 1인 기업(self-employed)을 위한 재정 지원도 실시하고 있다. 이외에도 일회적 보조금 지원이나 무이자대출 등과 같은 방식을 통해 소규모 사업자를 지원하기 위한 제도도 운영되고 있다.[12]

---

[11] https://www.gov.uk/government/collections/financial-support-for-businesses-during-coronavirus-covid-19

[12] 상동

관련 협단체 활동

건설관련 협단체들도 코로나19로 인한 부정적인 영향을 최소화하며 건설현장을 안전하게 운영하기 위해 노력하고 있다. 예를 들어, 빌드 유케이(Build UK)에서는[13] 안전한 건설현장 운영을 위한 관련 가이드라인을 지속적으로 제공하고 있으며[14] 건설리더십위원회(Construction Leadership Council)[15] 주도하에 다양한 건설관련 협단체가 협력하여 코로나19 상황을 극복하기 위한 지침들을 제공하고 있다.[16]

그러나 이러한 노력에도 코로나19의 여파로 인해 생산성은 약 35% 정도 낮아질 것으로 추정되고 있다. 그럼에도 불구하고 안전하고 생산성 있는 작업에 대한 학습효과와 대응 방안이 점차 축적되면서 2020년 후반기에 와서는 거의 코로나19 이전 상황으로 생산성이 회복된 것으로 추정되고 있다.

수요 활성화를 위한 정부 정책

코로나19의 여파가 본격화되기 시작한 2020년 중반에 영국 정부는 'Build, Build, Build'라는 구호 아래 일련의 건설시장 활성화 정책들을 발표하였으며, 이 정책들에는 대규모 신규 주택 및 의료시설 사업의 시행과 시행 과정을 가속화시키기 위한 각종 인허가제도의 개선 등이 포함되어 있다.[17]

건설자재생산유통협회(Construction Products Association; CPA)[18]의 예측 시나리오에 따르면, 영국 정부의 활성화 정책의 효과는 2021년부터 나타나기 시작하여, 2022년에 이르면 코로나19 이전의 시장 활력을 되찾을 것으로 전망되고 있다.

---

13 영국의 30개 대형 종합건설사와 32개 전문건설 업종 단체들이 통합되어 2015년에 출범한 영국의 대표적인 건설협회이다: https://builduk.org.

14 https://builduk.org/coronavirus, https://builduk.org/wp-content

15 영국 정부와 건설산업계가 공동 개발하여 2013년에 발표한 영국 건설산업 장기발전 전략인 「Construction Strategy 2025」의 실행을 관장하기 위해 같은 해에 구성된 민관합동위원회이다: https://www.constructionleadershipcouncil.co.uk.

16 https://www.constructionleadershipcouncil.co.uk/wp-content

17 https://www.gov.uk/government/news/pm-build-build-build

18 건설 자재 생산 및 공급 사업자들로 구성된 협회이다: https://www.constructionproducts.org.uk.

2. 영국 발주자에 대한 이해

본 장에서는 영국 발주자의 유형과 2020년 말 기준으로 주요 발주자 현황에 대해 소개하고 있다.

2.1. 발주자 유형

영국 건설산업에서 발주자는 공공(public) 발주자, 준공공(Regulated) 발주자, 민간(private) 발주자 등 3개 유형으로 분류된다. 공공 발주자는 중앙정부, 자치정부(예: 스코틀랜드, 웨일스 등), 지방자치단체 등 국가 또는 지역 차원에서 공공 재정으로 건설사업을 시행하는 발주자이다.

영국 정부의 민영화 정책으로 등장한 준공공 발주자는 전력, 가스, 수도 등 유틸리티 부문(utilities sector)에서 주로 나타나는 발주자 유형으로 공공 발주자와 민간 발주자의 중간 성격에 속하는 발주자이다. 민간이 소유와 운영을 담당하지만 시설물이 지니는 공공성과 준독점성의 특성상 감독 부처나 관련 규정에 의해 지배를 받는 특징을 지니고 있다.

표 1 - 영국 발주자의 유형 및 주요 특징

<table>
<tr><th>구분</th><th>발주자 예시</th><th>건설사업 예시</th><th>주요 특징</th></tr>
<tr><td colspan="4">공공 발주자</td></tr>
<tr><td>중앙정부</td><td>Department of Health/ National Health Service
Department for Education
Highways England
Environment Agency
Ministry of Justice
Ministry of Defence</td><td>병원, 의료시설
학교, 교육시설
도로, 교량
환경시설
교정시설
군사시설</td><td>• 중대형 규모 사업(예: 5~2억5천만 파운드).
• 소규모 사업을 제외하고는 공공 조달 규정 준수.
• 공공 조달 절차가 상당히 표준화되어 있음.</td></tr>
<tr><td>지자체 및 기타</td><td>Local authorities
Housing Associations
Emergency services
National governments of Scotland, Wales and Northern Ireland</td><td>교육시설
공공 주택
경찰서, 소방서
자치정부 차원의 인프라 시설</td><td>• 중소형 규모 사업(예: 0.5~1억 파운드).
• 증축, 개보수 등의 비중 높음.
• 소규모 사업을 제외하고는 공공 조달 규정 준수.
• 지역적 특성을 반영한 공공 조달 절차 운영.</td></tr>
<tr><td>일회적 메가 프로젝트</td><td>특수목적법인(SPV)</td><td>London 2012 Olympics
Crossrail
HS2
원자력발전소</td><td>• 대규모 공적 자금이 투입되는 복합형 메가 프로젝트.
• 국가적·사회적 가시성 및 관심 높음.
• 특수목적법인 또는 프로젝트 맞춤형 조직의 행태.
• 공공 조달 규정 준수.
• 베스트 프랙티스 표준들을 목표로 설정하는 경우가 흔함.</td></tr>
<tr><td colspan="4">준공공 발주자</td></tr>
<tr><td></td><td>Network Rail
Power and water utilities
Airports</td><td>대부분의 철도시설
전력, 에너지, 수도 시설
공항시설</td><td>• 토목/인프라스트럭처 시설이 주를 이룸.
• 각 시설물의 특징을 반영한 조달 절차 적용됨.</td></tr>
<tr><td colspan="4">민간 발주자</td></tr>
<tr><td>민간 디벨로퍼</td><td>임대를 목적으로 하는 건축주 및 토지주</td><td>업무시설, 판매시설, 주택, 항만</td><td>• 프로젝트 수익성에 민감함.
• 재임대는 리모델링 및 개보수 수요 창출.
• 생애주기비용에 관심이 낮은 경향.</td></tr>
<tr><td>민간 오너-사용자</td><td>일반 기업
레저 및 숙박
대학교</td><td>생산시설, 업무시설, 연구시설
호텔, 리조트, 극장, 레스토랑
교육 및 연구시설</td><td>• 시설투자를 통한 비즈니스 효과가 사업 시행의 주요 기준.
• 생애주기비용에 관심이 높은 경향.</td></tr>
<tr><td colspan="2">소규모·비상시 발주자</td><td>다양한 건물 및 시설물</td><td>• 일반적으로 충분치 않은 예산과 일정으로 사업을 추진하지만 건설사업과 발주자의 역할에 대한 경험, 지식, 역량 등이 부족한 경향.</td></tr>
</table>

2.2. 영국 건설산업의 주요 발주자

2020년 1월~11월까지[19] 발주된 건설공사를 기준으로 영국 건설산업의 상위 50대 발주자와 주요 현황은 <표 2>에 제시된 바와 같다.[20]

***표 2** - 영국 건설산업의 상위 50대 발주자*

순위	발주자	발주 건수	발주액 (£m)	대분류	세분류
1	Department for Transport	63	2,282.5	공공	중앙정부
2	Department of Health	297	1,786.4	공공	중앙정부
3	Network Rail	87	778.4	준공공	교통
4	Legal & General	25	502.6	민간	디벨로퍼
5	Department for Education	54	430.6	공공	중앙정부
6	Westminster City Council	15	426.5	공공	지자체
7	National Grid	27	393.4	준공공	유틸리티
8	Environment Agency	34	336.2	공공	중앙정부
9	Royal Borough of Greenwich	11	323.2	공공	지자체
10	British Land	12	305.0	민간	디벨로퍼
11	IDI Gazeley	9	264.8	민간	판매업
12	University of Oxford	12	264.6	민간	대학
13	Segro	10	237.0	민간	디벨로퍼
14	Lidl	63	222.6	민간	판매업
15	Clarion	16	200.1	공공	공공주택
16	Mountpark Logistics	5	197.8	공공	디벨로퍼
17	Native Land	3	196.5	공공	디벨로퍼
18	Ministry of Defence	55	195.4	공공	중앙정부
19	West Midlands CA	2	193.0	공공	지자체
20	LB of Southwark	19	176.4	공공	지자체
21	LB of Waltham Forest	12	171.5	공공	지자체
22	Peabody Trust	7	169.2	공공	공공주택
23	Prologis	7	168.2	민간	디벨로퍼
24	Southern Housing	3	168.0	공공	공공주택
25	LB of Hammersmith & Fulham	19	167.4	공공	지자체
26	City Fibre	3	167.0	준공공	유틸리티
27	University of London	16	162.6	민간	대학
28	Sanctuary	11	159.6	공공	공공주택
29	University of York	4	153.2	민간	대학
30	Cornwall Council	7	150.0	공공	지자체
31	Welsh Assembly	24	144.8	공공	자치정부
32	City of Edinburgh Council	24	143.7	공공	지자체
33	LB of Barking & Dagenham	16	142.9	공공	지자체
34	Suffolk County Council	8	140.2	공공	지자체
35	Land Securities	10	139.2	민간	디벨로퍼
36	Leeds City Council	14	137.1	공공	지자체
37	LB of Newham	9	135.4	공공	지자체
38	Bradford MDC	9	130.6	공공	지자체
39	British Telecom	5	128.0	준공공	유틸리티
40	Devon County Council	12	127.3	공공	지자체
41	Northamptonshire CC	3	121.7	공공	지자체
42	SHE Transmission	3	119.0	준공공	유틸리티
43	Buckinghamshire CC	16	118.0	공공	지자체
44	Barnsley MBC	3	115.9	공공	지자체
45	University of Cambridge	18	111.2	민간	대학
46	Birmingham City Council	10	110.3	공공	지자체
47	LB of Tower Hamlets	12	108.4	공공	지자체
48	Bristol City Council	9	108.3	공공	지자체
49	Co-operative Group	122	106.2	민간	판매업
50	A2Dominion	7	105.8	민간	공공주택

[19] 이 기간 중 8개월 정도는 코로나19의 영향을 받은 기간이다.

[20] https://www.constructionnews.co.uk/construction-industry-company-leaguetables/

상위 50대 발주자의 발주 총액은 약 20조 원(134억 파운드) 규모이며 이들 건설사업은 다년간 이루어지는 것이 일반적이기 때문에 상위 50대 발주자들의 발주 물량이 영국 건설시장에서 차지하는 비중을 정확하게 수치화하기는 어렵다.

그럼에도 불구하고 이를 단순하게 2019년 영국 건설산업의 신규 공사 발주액(1,190억 파운드)과 비교하면 약 11%를 차지하는 비중이다. 이 정도 수준의 비중이 시사하는 바는 건설산업뿐만 아니라 발주자도 상당히 파편화(fragmented) 되어 있다는 것이며, 소규모·비상시 발주자의 물량이 영국 신규 공사의 약 절반 가량을 차지하는 것으로 추정되고 있다.

이들 상위 50대 발주자의 발주량을 유형별로 살펴보면, 공공 발주자(30개) 66%, 준공공 발주자(5개) 11%, 민간 발주자(15개) 23%로 구분되며 이를 세분화하면 〈그림 10〉에 제시된 바와 같다.

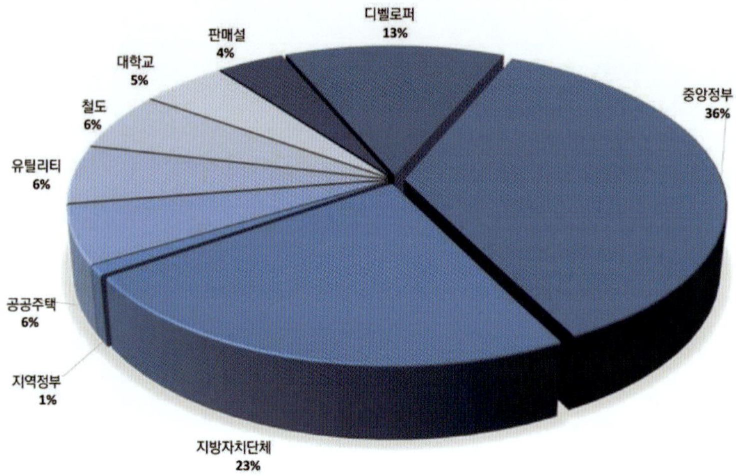

***그림 10** - 영국 상위 50 대 발주자 점유율: 2020 년 1 월~11 월 기준*

3. 영국 발주자 혁신운동과 인텔리전트 발주자

본 장에서는 인텔리전트(Intelligent) 발주자를 지향하고 있는 영국의 발주자 혁신운동[21]의 주요 사례와 주요 관련 자료를 소개하고 있다.

3.1. 발주자 혁신의 시발점

"(혁신의) 실천은 발주자로부터 시작되어야 한다.
발주자가 프로세스의 중심인 동시에,
그들의 니즈(needs)가 건설산업에 의해 충족되어야 하기 때문이다.
그러나 발주자의 유형은 다양하며 서로 매우 다른 특성을 지니고 있다..."

마이클 레이썸(Sir. Michael Latham)

1994년에 발표된 레이썸(Latham) 보고서[22]는 영국 건설산업에서 발주자 혁신의 시발점이 되는 랜드마크(landmark) 보고서이다. 이를 통해 발주자 혁신이 건설산업 혁신을 위한 주요 초점이 되었기 때문이다. 레이썸 보고서에 대한 영국 정부의 화답은 1998년 이간(Egan) 보고서[23]로 이어졌으며, 이를 계기로 발주자 혁신과 조달시스템 혁신이 공공 건설사업의 투자가치(value for money) 달성을 위한 우선 과제로 설정되었다.

우리 저자들은 영국 건설산업의 다양한 혁신운동에 직접 참여하며 주요 역할을 담당하였으며 그 경험을 바탕으로 이 보고서에 제시된 사례들을 선정하고 소개하고 있다. 1990년대 중후반 발간된 레이썸 보고서와 이간 보고서 이후, 영국 건설산업에서는 인텔리전트 발주자와 발주자 혁신에 관한 다양하고 중요한 이니셔티브(initiatives), 전략(strategies), 프로그램(programmes) 등이 있었다. 비록 모든 사례를 소개하지는 못하지만, 저자들 판단으로 가장 대표적이며 한국 건설산업에서 참고가 될만한 사례들을 선정하여 주요 내용을 제시하였다.

- 건설발주자연합(CCC): Confederation of Construction Clients
- 건설발주자그룹(CCG): Construction Clients' Group
- 정부건설발주자패널(GCCP): Government Construction Clients' Panel
- 지방자치단체태스크포스(LGTF): Local Government Task Force
- 일류 건설 프로그램: Achieving Excellence
- 건설발주자헌장: Construction Clients' Charter
- 발주자 커미트먼트: Client Commitments
- 정부건설위원회(GCB): Government Construction Board
- 인프라스트럭처 발주자그룹(ICG): Infrastructure Client Group
- 프로젝트 13: Project 13

[21] 발주자 혁신과 관련된 각종 이니셔티브(initiatives), 전략(strategies), 프로그램(programs) 등을 포괄적으로 지칭하기 위하여 '운동'이라는 용어를 번역 과정에서 선택하였다.

[22] Constructing the Team (1994), Sir Michael Latham, HMSO

[23] Rethinking Construction (1998), Sir John Egan, Report of the Construction Task Force, HMSO

3.2. 발주자 혁신운동 주요 사례

발주자 포럼 및 단체: CCF, CCC, CCG

건설산업 혁신실천을 위해서는 발주자의 주도적인 역할이 필요하다는 레이썸 보고서의 권고에 따라 1994년 건설발주자포럼(CCF)이 결성되었다. 건설발주자포럼은 영국부동산협회(British Property Federation)[24], 영국산업협회(Confederation of British Industry)[25], 지방자치단체협의회(Local Government Association)[26] 등 영국 건설산업의 주요 공공·민간 발주자들이 소속된 단체들과 건설산업 관련 단체들이 참여하는 포럼으로 발주자 혁신을 위한 논의의 장이었다.

건설발주자포럼은 1999년 건설발주자연합(CCC)으로 명칭이 변경되었으며, 운영상 재정적인 어려움을 겪으면서 2003년 건설발주자그룹(CCG)으로 재편되었다. 이후 2007년부터는 컨스트럭팅 엑셀런스(CE)에 편입되어 장기적인 운영의 안정성을 확보하게 되었다.

그간 다양한 발주자 모임의 구성과 활동을 통해 얻을 수 있었던 교훈은 발주자 모임은 지속성이 유지되기 어렵다는 것이었다. 그럼에도 불구하고 상기 제시된 형태의 발주자 모임을 통해 혁신에 대한 '발주자 목소리(client voice)'가 지속적으로 유지되는 것이 건설산업 에게는 중요하고 필요한 일이다. 이를 통해 발주자 프로세스가 일정 수준 표준화될 수 있어 발주자 제각각의 프로세스로 시행되는 것에 비해 건설사업의 비효율성을 제거할 수 있기 때문이다. 이러한 이유로 인해 건설산업계는 컨스트럭팅 엑셀런스(CE)를 통해 계몽된(enlightened) 발주자들과의 협력을 이어가는 것을 원하고 있으며 이를 위한 재정적인 지원도 제공하고 있다.

공공 발주자 협의체: GCCP, LGTF

이간(Egan) 보고서를 계기로 공공 발주자 혁신을 추진하기 위해 결성된 공공 부문 협의체로는 중앙정부 발주자를 구성원으로 하는 정부건설 발주자패널(GCCP)과 지방자치단체 발주자를 구성원으로 하는 지방자치 단체태스크포스(LGTF)가 대표적인 사례이다. 이들 협의체는 공공 건설사업 및 공공발주자 혁신을 활동 목표로 하였으며, 민간 부문과는 주요 관심사, 시행 환경 및 절차 측면에서 성격을 달리하는 공공 부문에 적합한 활동이 필요하였기 때문에 결성된 것이었다.

이후 정부건설발주자패널의 역할과 활동은 뒤에서 소개되는 인프라스트럭처 사업청(Infrastructure and Projects Authority)과 정부건설위원회(Government Construction Board)로 분산 이관되었으며, 지방자치단체 태스크포스는 2005년부터 컨스트럭팅 엑셀런스(CE)에 편입되었다.

일류 건설 프로그램

일류 건설 프로그램(Achieving Excellence)은 1999년에 착수되어 2000년도 중반까지 운영된 공공 건설사업 혁신을 통한 수행성과 향상 프로그램이었다. 일류 건설 프로그램에서 추진한 다양한 목표 및 전략 중 하나는 파트너링(partnering) 및 장기 협력관계 (long-term relationship) 구축이었다. 이 전략은 2001년 영국 감사원(National Audit Office)이 발간한 '건설 현대화(Modernising Construction)' 보고서[27]를 통해 성공적으로 실행된 것으로 평가되었으며, 주요 공공 발주기관의 성과 사례가 소개된 바 있다. 영국 감사원은 이 보고서에서 "파트너링은 건설사업의 투자 가치를 향상시킬 수 있는 좋은 잠재력을 제공하고 있다"라고 평가하였다.

---

[24] 영국 부동산 산업을 대표하는 협회로 부동산 소유주, 디벨로퍼, 부동산 투자자, 관련 컨설턴트 등을 주요 회원으로 하고 있다: https://bpf.org.uk/.

[25] 영국의 다양한 산업 부문에 속한 기업들을 회원으로 하는 협회이다: https://www.cbi.org.uk/.

[26] 영국 잉글랜드(England) 지역의 지방자치단체들을 회원으로 하는 단체이다: https://www.local.gov.uk/.

[27] https://www.nao.org.uk/report/modernising-construction/

발주자 베스트 프랙티스 가이드

발주자 혁신이 영국 건설산업에서 중요한 화두가 되면서 다양한 발주자 베스트 프랙티스 가이드가 등장하였으며 건설발주자헌장(Construction Clients' Charter)[28]과 발주자 커미트먼트(Client Commitment)가 대표적인 사례이다.

첫 번째 사례인 건설발주자헌장은 2001년에 건설발주자연합(CCC)에 의해 발표되었으며, 이는 1999년 당시 영국 부수상(Deputy Prime Minister)인 존 프레스콧(John Prescott)의 요청에 의해 개발된 것이었다. 건설발주자헌장의 개발 배경은 발주자 베스트 프랙티스와 리더십이 무엇인지를 정의하고 이를 발주자들이 실천하도록 독려하기 위한 것이었다.

건설발주자헌장에서는 발주자가 관심을 가지고 노력해야 할 4대 주제를 발주자 리더십, 통합적 팀워킹(team working), 품질 지향, 인적자원 존중으로 제시하고 있다. 이 중 발주자 리더십의 속성을 "(가능한 한) 파트너링 방식 채택"과 "발주자, 발주자 자문역(advisors), 서플라이체인(supply chain)간에 팀 기반 및 비적대적 관계 증진"으로 기술하고 있다. 건설발주자헌장은 발주자 역할에 대한 올바른 이해, 소통 증진, 팀워킹 및 발주자 역량 강화 등을 통해 발주자의 바람직한 업무 문화를 정착시키기 위한 도구라고 할 수 있다.

당시 영국 하원의원이자 건설산업 담당 부장관(Minister for Construction)[29]인 브라이언 윌슨(Brian Wilson)은 "건설발주자헌장에서 제시하는 원칙들을 준수하는 것은 발주자가 건설사업에서 투자가치를 극대화하는데 일조하는 동시에 건설산업의 혁신을 위한 핵심이다"라며 이를 긍정적으로 평가하였다.

건설발주자헌장은 특히 공공 주택 부문(social housing sector)에서 크게 지지를 받았으며 400여 개가 넘는 공공 발주기관이 이를 수용(sign up)하며 지속적인 개선을 위한 사업수행 평가 및 벤치마킹에 참여하였다.

두 번째 사례인 발주자 커미트먼트는 2012년에 개최된 런던 올림픽이 배경이 되어 개발된 발주자 베스트 프랙티스 가이드이다. 2005년 런던이 2012 올림픽 및 장애인 올림픽 개최지로 결정된 이후, 영국 정부는 올림픽을 위해 필요한 각종 장소 및 시설물 준비를 관장하는 올림픽사업청(Olympic Delivery Authority; ODA)을 조직하였다. 올림픽사업청[30]이 올림픽 시설사업의 성공적인 시행을 위한 전략을 구상하는 과정에서 건설산업전략포럼(Strategic Forum for Construction; SFC)[31]과 공동으로 2007년에 '2012 건설 커미트먼트(Construction Commitment)'를 개발하였으며 올림픽사업청은 이를 사업시행 전략에 반영하였다.

2012 건설 커미트먼트는 발주처인 올림픽사업청과 잠재적 서플라이어들(suppliers)을 위한 것이었으며 영국 건설산업이 보유하고 있는 최고의 역량을 발휘하기 위해 필요한 원칙과 실천사항들을 제시하는 것을 목적으로 하였다.

2012 건설 커미트먼트에서는 런던 올림픽이 추구하는 비전을 달성하기 위해 시설사업을 시행하는 과정에서 추구해야 할 6대 핵심 주제를 다음과 같이 제시하였다.

- 혁신적인 조달과 통합성
- 발주자 리더십
- 설계 품질
- 인적자원에 대한 존중
- 지속가능성
- 보건 및 안전

런던 올림픽 이후, 건설전략포럼은 2012 건설 커미트먼트를 업데이트 하였으며, 이를 영국 건설산업의 발주자들이 범용적으로 사용할 수 있도록 건설발주자 그룹(CCG)에서 재구성해서 발간한 것이 발주자 커미트먼트이다.[32]

---

28 문자적으로 해석하면 '발주자 헌장'이며, 내용적으로는 발주자 베스트 프랙티스 가이드이다.

29 영국과 대한민국 정부 직책의 구조와 명칭이 상이하여 정확한 비교는 어렵지만, 통상적으로 대한민국 장관에 해당되는 직책이 영국에서는 Secretary of State이며, Minister는 Secretary of State 보다는 한 단계 아래 직책이다. 또한 영국에는 대한민국의 국토교통부와 같이 건설산업을 전담하는 별도의 정부 부처는 없으며 현재 비즈니스·에너지·산업전략부(Department for Business, Energy & Industrial Strategy)에서 건설산업을 포함한 전(全) 산업을 담당하고 있다.

30 런던 올림픽과 올림픽사업청 사례는 5장에서 소개하고 있다.

31 영국 건설산업의 혁신을 논의하고 추진하기 위해 결성된 포럼으로 발주자, 건설산업계, 건설자재공급자 등을 대표하는 관련 협단체들을 회원으로 하고 있다.

32 https://constructingexcellence.org.uk/client-commitments/

정부건설위원회

2011년 영국 정부는 '정부건설전략(Government Construction Strategy)'[33]을 통해 공공 건설사업의 비효율성 제거와 수행성과 향상을 통해 20% 예산 절감을 목표로 하는 전략을 발표하였다. 이 전략의 시행과정을 관장하기 위해 조직된 위원회가 정부건설위원회(GCB)[34]이며 정부 중앙부처의 건설 관련 고위급 공무원(senior officials)들과 산하 발주청 및 지방자치단체 관련 인사들로 구성되었다.

2016년 2차 '정부건설전략(2016~2020)'을 발표하면서 1차 전략을 통한 예산 절감 효과(efficiency savings)에 대한 평가를 통해 약 4조 5천 억원의 예산 절감 효과가 있었던 것으로 집계되었지만 목표치에는 도달하지 못한 것으로 나타났다.[35]

인프라스트럭처사업청

인프라스트럭처사업청(IPA)은 영국 정부가 추진하는 대형 프로젝트의 시행에 대한 전문적인 지원 서비스를 제공하기 위한 목적으로 조직된 공공 기관이다.[36] 인프라스트럭처사업청은 기존에 있던 인프라스트럭처 유케이(Infrastructure UK)[37]와 대형사업청 (Major Project Authority)[38]에 분산 및 일부 중복되어 있던 역할을 통합하여 2016년에 설립된 조직으로 영국 내각부(Cabinet Office)와 재무부(HM Treasury)의 감독 하에 있다.

인프라스트럭처사업청은 철도, 학교, 병원, 주택 등 다양한 유형의 공공 건설사업뿐만 아니라 국방 프로젝트, IT 프로젝트, 트랜스포메이션 프로그램(transformation program)[39]에 이르기까지 영국 정부가 추진하는 다양한 대형 프로젝트에 관여하고 있다.

인프라스트럭처사업청의 핵심 팀(core team)은 대형 프로젝트의 시행, 조달, 점검, 파이낸싱 등과 관련된 전문가들로 구성되어 있으며, 공공 발주처가 시행하는 대형 프로젝트에 함께 참여하여 이들 프로젝트의 성공적인 시행을 지원하는 역할을 담당하고 있다.

인프라스트럭처 발주자그룹 및 프로젝트 13

2016년 영국 건설기술자협회(Institution of Civil Engineers; ICE)[40]는 인프라스트럭처 부문의 주요 발주자들과[41] 협력하여 이들을 구성원으로 하는 인프라스트럭처 발주자그룹(ICG)을 결성하였다.[42] 인프라스트럭처 발주자그룹의 지원과 건설산업계의 주도하에 건설사업의 기존 발주 및 시행방식의 문제점을 진단하고 이를 개선하기 위한 전략 보고서인 '거래에서 엔터프라이즈로(From Transactions to Enterprises)'[43]가 발간되고 그 후속 조치로 영국 건설산업의 새로운 발주 및 시행 모델을 지향하는 '프로젝트 13(Project 13)'[44]이라는 프로그램이 착수되었다.

---

[33] 2011년에 1차 Government Construction Strategy(2011~2015)가 발표되었고, 2차 Government Construction Strategy(2016~2020)는 2016년에 발표되었다.

[34] https://www.designingbuildings.co.uk/wiki/Government_Construction_Board

[35] https://www.designingbuildings.co.uk/wiki/Government_Construction_Strategy_2016_2020

[36] https://www.gov.uk/government/organisations/infrastructure-and-projects-authority

[37] 2010년 조직된 기관으로 대형 공공 건설사업을 지원하는 역할을 담당하였었다.

[38] 2011년 조직된 기관으로 영국 정부가 추진하는 다양한 대형 프로젝트를 지원하는 역할을 담당하였었다.

[39] 영국 정부의 공공 부문 개혁 프로그램으로 공공 부문의 서비스 제공 접근방식 및 공공 기관 혁신을 추진하는 것을 주요 목표로 하고 있다.

[40] 이 단체의 명칭을 문자적으로는 해석하면 토목기술자협회이지만, 내용적으로 보면 건축, 토목, 플랜트 등 다양한 건설 분야의 기술자를 회원으로 건설기술자협회이다.

[41] 2021년 현재, ICG 구성원은 전력, 철도, 지하철, 도로, 수자원 시설, 환경시설 등을 발주하는 15개 주요 공공 및 준공공 발주자이다.

[42] https://www.ice.org.uk/about-ice/infrastructure-client-group

[43] 발주자와 서플라이체인간에 거래적 관계(transaction)를 기반으로 하는 기존 방식을 탈피하여 하나의 통합된 팀·조직(enterprise)으로 건설사업을 시행하는 방식으로 전환하자는 철학을 보고서 제목에 반영한 것이다.
https://www.ice.org.uk/getattachment/knowledge-and-resources/best-practice/project-13-from-transactions-to-enterprises/ICE_REPORT_V6_22_03_17_Pages_Digital.pdf.aspx

[44] https://www.project13.info/

프로젝트 13은 기존 건설사업의 발주 및 시행방식으로는 발주자와 서플라이어들뿐만 아니라 시설운영자 및 사용자의 기대에도 부응할 수 없다는 비판적 시각에 기반을 두고 있다. 프로젝트 13의 핵심은 발주자, 사용자, 시설물 운영자, 서플라이어들이 보다 장기적이며 통합적이고 협력적인 관계를 기반으로 건설사업을 시행하는 것이다. 이를 통해 발주자와 사용자는 보다 확실성 있고 생산성 있는 건설사업 성과를 확보하고, 건설산업이 보다 지속가능하며 혁신적이며 수준 높은 역량을 갖춘 산업이 될 수 있도록 자극하는 것이다.

2017년 영국 정부는 인프라스트럭처 사업청(IPA)을 통해 '인프라스트럭처 사업 성과의 전환(Transforming Infrastructure Performance)' 이라는 전략보고서[45]를 통해 프로젝트 13에 부응하며 프로젝트 13이 지향하는 주요 철학과 원리들을 공공 건설사업 수행 성과의 혁신을 위해 활용하고 있다.

프로젝트 13이 지니는 의의는 건설 사업의 수행성과 향상을 위해 발주자가 실천해야 할 베스트 프랙티스를 건설 산업계에서 제안하고 이를 주요 발주자들이 수용하였다는데 있으며, 발주자 혁신을 위해 건설산업계가 어떠한 역할을 해야 하는지를 보여주는 좋은 사례라고 할 수 있다.

2020년 12월 현재, 발주자 혁신과 서플라이어의 생산성 향상을 지향하는 상기 정신과 접근방식은 여전히 유효하며, 건설산업 소관부처인 비즈니스·에너지·산업전략부(Department for Business, Energy & Industrial Strategy)의 건설산업 발전 전략인 '건설 2025(Construction 2025)'[46]에도 반영되어 있다. 본 보고서에서 이에 대한 구체적인 내용은 소개하지 않지만, 건설산업이 정부 및 발주자 혁신을 위해 어떻게 응답 (respond)해야 하는지 좋은 사례가 될 수 있으므로 참고하기를 권고한다.

3.3. 발주자 혁신과 인텔리전트 발주자 관련 주요 자료

1990년대 중반 이후 영국에서는 발주자 혁신과 인텔리전트 발주자 관련 서적, 가이드, 정책·전략 보고서 등이 다양하게 발간되어 왔다. 그 중 가장 대표적인 10개 자료의 주요 내용을 통해 발주자 혁신과 인텔리전트 발주자 관련 내용에 대한 이해를 돕고자 한다.

1. 건설발주자에 대한 이해: Understanding the construction client[47]

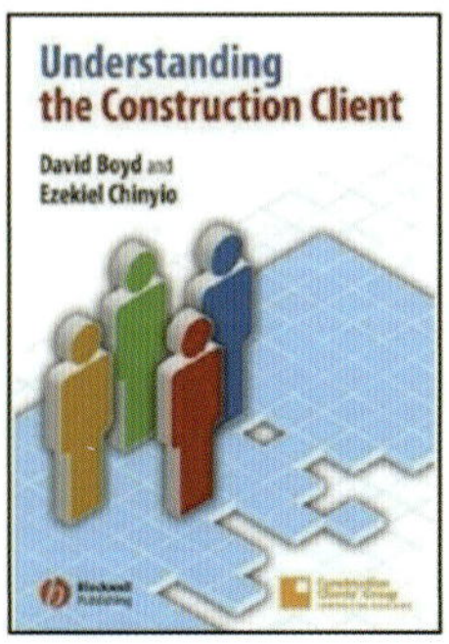

이 서적에서는 발주자의 행동과 니즈(needs)를 이해할 수 있는 프레임웍(framework)을 제공하고 있다. 대부분의 건설사업관리 관련 서적들이 건설사업의 프로세스 개선에 초점을 맞추고 있다면, 이 서적은 발주자와의 보다 적극적인 상호 작용에 초점을 두고 있다. 건설산업과 발주자의 비즈니스에 관한 기존 인식에 도전을 던져야 효과적인 건설사업 프로세스와 더 높은 발주자 만족에 이를 수 있으며, "건축물은 단순히 짓는 행위에 관한 것이 아니라, 발주자를 변화시키고 성장시키는 것에 관한 것이다"라고 제안하고 있다. 또한 건설사업과 발주자의 기술적, 조직적, 심리적 측면에 대한 상세한 분석을 통해 현재의 경험이 설명될 수 있으며, 보다 개선된 일하는 방식(practice)이 결정될 수 있다고 기술하고 있다. 이 서적에서는 디벨로퍼, 수퍼마켓, 영국건강보험공단(National Health Service)[48], 정부, 공항, 주택조합(housing association) 등 다양한 유형의 발주자에 대한 분석 정보를 제공하고 있으며

---

45 https://www.gov.uk/government/publications/transforming-infrastructure-performance
46 https://www.gov.uk/government/publications/construction-2025-strategy
47 Understanding the construction client (2006), Boyd and Chiniyio, Blackwell.
48 공공 의료서비스와 시설을 제공하는 역할을 담당하는 공공기관이다. https://www.nhs.uk/

이를 통해 발주자의 비즈니스 및 니즈와 이를 건설사업이 어떻게 충족해야 하는지에 대한 이해를 돕고 있다. 또한 발주자의 보다 성공적인 참여를 유도하기 위해 활용할 수 있는 도구(toolkit)를 통해 발주자의 관점에 대한 이해를 높일 수 있는 방법도 제시하고 있다.

2. 인프라스트럭처 시행 가이드: 프로젝트 구상·기획 루트맵: Improving Infrastructure Delivery: Project Initiation Routemap[49]

영국 인프라스트럭처 사업 시행의 성과를 개선하고 고비용 문제를 해결하기 위해서는 발주자의 역량을 확보하고 서플라이체인(suply chain)을 참여시키는 접근방식을 개선하는 것이 필수적이었다.

2010년 발간된 '인프라스트럭처 비용분석 보고서(Infrastructure Cost Review)'[50]와 2016년 발간된 '정부 대형 프로젝트 시행(Delivering Major Projects in Government)' 보고서[51]에서 언급된 공공 건설사업 관련 현안들에 대해 영국 감사원(NAO)은 공공 건설사업의 초기 구상·기획(project initiation)단계에서 발생하는 다양한 문제들이 여전히 해결되지 않고 있다는 의견을 제시하였으며 특히, 사업에 대한 계획이 제대로 검증되기도 전에 사업 기간과 예산이 대중에게 공표되는 문제점을 지적하였다.

대형 프로젝트의 초기 구상·기획단계 업무를 개선하기 위해 인프라스트럭처사업청(IPA)에서 발간한 가이드 시리즈 중 하나가 '인프라스트럭처 시행 가이드: 프로젝트 구상·기획 루트맵'[52]이다. 이 가이드는 초기 구상·기획 단계에서 이루어지는 각종 전략적 의사결정이 보다 체계적으로 이루어질 수 있도록 지원하기 위한 목적으로 개발된 것이다. 이 가이드에서 제시하는 체계적인 분석 과정을 통해 프로젝트 주요 의사결정자들은 프로젝트의 복잡성을 이해하고 이에 상응하는 필수 역량과 계획의 개선점을 마련할 수 있도록 함으로서 성공적인 프로젝트 성과 확보를 지원하고 있다.

3. 인텔리전트 발주자 역량 프레임워: Intelligent Client Capability Framework[53]

이 서적은 2014년 영국 건설기술자협회(ICE)에서 소속 회원들을 위해 발간한 가이드이다.[54] 제목에 '발주자 역량(client capability)'이라고 표현되어 있지만, 이 가이드의 원래 발간 취지는 발주자 조직·직원을 위한 것은 아니다.[55] 그럼에도 불구하고 이 용어가 들어간 이유는 건설기술자가 발주자의 위임을 받아 프로젝트(project) 또는 프로그램(programme)에서 발주자의 대리인 역할을 할 때 필요한 역량을 제시하기 위한 것이 발간 목적이기 때문이다. 즉, 발주자의 역할을 대리하는 건설기술자가 갖추어야 하는 역량을 제시하고 있는 가이드이다.

---

[49] Improving Infrastructure Delivery: Project Initiation Routemap (2016), Infrastructure and Projects Authority, UK Cabinet Office.
[50] https://www.gov.uk/government/publications/infrastructure-cost-review
[51] https://publications.parliament.uk/pa/cm201516/cmselect/cmpubacc/710/710.pdf
[52] 2021년 현재, 가장 최신판은 2016년도에 발간된 개정판이며 모두 9권으로 구성되어 있다.
https://www.gov.uk/government/publications/improving-infrastructure-delivery-project-initiation-routemap
[53] Intelligent Client Capability Framework (2014), Institution of Civil Engineers.
[54] https://www.ice.org.uk/getattachment/disciplines-and-resources/best-practice/intelligent-client-capability-framework/intelligent-client-capability-framework.pdf.aspx
[55] 이 자료의 내용을 검토해보면, 영국건설기술자협회의 발간 의도와는 관계없이 발주자 조직·직원이 갖추어야 할 역량을 이해하는데 유용한 자료임을 알 수 있다.

4. 거래에서 엔터프라이즈로: From Transactions to Enterprises[56]

이 자료는 영국 건설기술자협회(ICE)의 지원을 받아 인프라스트럭처 발주자그룹(ICG)에서 2017년에 발간한 보고서이다.[57] 인프라스트럭처 발주자그룹은 인프라스트럭처 사업의 시행에서 혁신을 유도하며, 보다 향상된 성과를 달성하고, 낭비를 줄이기 위해서는 새로운 접근방식이 필요하다는 것을 인식하였다. 특히 인프라스트럭처 발주자그룹의 주요 관심사는 합리적인 경쟁 유도, 최종 사용자를 위한 가치 창출, 서플라이체인이 역량 향상을 위해 투자할 수 있는 올바른 체계의 제공 등을 위해 인텔리전트한 방법을 찾는 것이었다.

이 보고서는 인프라스트럭처 발주자, 건설사, 학자들로 구성된 태스크포스(taskforce)가 주도하였으며 인프라스트럭처 운영사와 이들의 서플라이어들의 자문과 제안사항도 반영하였다. 또한 런던대학교(University College London)[58]에서 분석한 앵글리안 워터 서비스(Anglian Water Services)[59], 환경청(Environment Agency)[60], 런던지하철(London Underground)[61] 등 3개 주요 발주자의 모범 사례와 성과를 분석한 결과도 반영하였다. 이러한 연구 및 자문 과정을 통해 완성된 보고서에서는 인프라스트럭처 사업의 성공 원리와 각 참여주체들의 혁신과 역량 향상을 위한 투자를 독려할 수 있는 요인들을 제시하였으며 이를 바탕으로 인프라스트럭처 사업 시행의 새로운 접근방식을 제안하였다. 또한 이 보고서에서는 기존의 건설사업 시행 방식을 비판적으로 평가하며, 기존 방식은 비용낭비적(costly)이며 발주자에게 차선의 해법만을 제공하는 경우가 많고 동시에 서플라이체인의 역량에 오히려 부정적인 영향을 끼친다는 증거 사례도 제시하였다.

5. 인프라스트럭처 사업 성과의 전환: Transforming Infrastructure Performance[62]

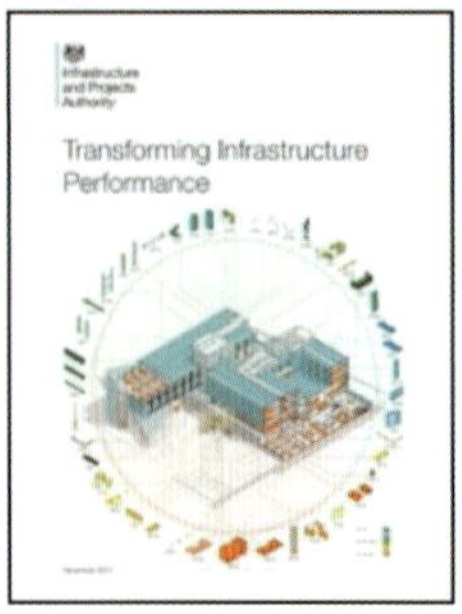

영국 정부는 2017년 영국 산업의 발전과 생산성 향상을 위한 '산업전략(Industrial Strategy)'을 발표하였다.[63] 이 전략에서는 5대 전략부문(foundations)을 설정하였으며 그 중 하나가 인프라스트럭처 업그레이드를 위한 투자이다.

영국 정부 입장에서는 산업 전략(IS)의 실효성을 확보하기 위하여 인프라스트럭처 투자의 효율성을 확보하는 것이 중요한 현안이 되었다. 이러한 배경에서 인프라스트럭처의 생산성 향상을 목표로 하는 '인프라스트럭처 사업 성과의 전환(Transforming Infrastructure Performance(TIP)' 이라는 전략보고서를 인프라스트럭처사업청(IPA)를 통해 2017년에 발표하였다.[64] 이 전략은 설계, 시공, 운영의 생산성 제고를 통한 인프라스트럭처 투자 효과의 향상을 위해 요구되는 대대적인 변혁을 추구하는 영국 정부의 10개년 계획이다. 이 계획은 현존하는 베스트 프랙티스를 반영하여 마련되었고, 인프라스트럭처의 성과를 제약하는 각종 현안들을 해결하고자 하는 것이다.

---

[56] From Transactions to Enterprises (2017), Institution of Civil Engineers.
[57] https://www.ice.org.uk/getattachment/knowledge-and-resources/best-practice/project-13-from-transactions-to-enterprises/ICE_REPORT_V6_22_03_17_Pages_Digital.pdf.aspx
[58] UCL Bartlett School of Construction and Management에서 연구를 수행하였다.
[59] 잉글랜드 동부 지역에 수돗물을 공급하는 기업이다: https://www.anglianwater.co.uk/.
[60] 환경관리 업무를 담당하는 정부 기관이다: https://www.gov.uk/government/organisations/environment-agency.
[61] 런던 지하철을 운영하는 기업이다: https://tfl.gov.uk/corporate/about-tfl/culture-and-heritage/londons-transport-a-history/london-underground.
[62] Transforming Infrastructure Performance (2017), Infrastructure and Projects Authority.
[63] https://www.gov.uk/government/publications/industrial-strategy-building-a-britain-fit-for-the-future
[64] https://www.gov.uk/government/publications/transforming-infrastructure-performance

6. 건설사업 프로그램 조달방식: 2012 런던 올림픽 사업의 교훈[65]
Programme Procurement in Construction: Learning from London 2012

성공적인 건설사업은 우수한 기획·계획, 양질의 설계·엔지니어링, 효과적인 프로젝트 관리와 고품질의 시공 등의 결과이다. 이를 위해 건설사업에서는 발주자·프로젝트 요구조건을 충족시킬 수 있는 팀 또는 서플라이어를 각 단계별로 조달하는 것이 필요하게 된다.

2012 런던 올림픽을 위해 필요한 시설 및 인프라스트럭처 사업의 시행 과정에서 '구매 및 서플라이어 공학(Purchase and Supplier Engineering)'이라는 개념이 개발 및 적용되었으며, 이를 통해 발주자·프로젝트 요구조건을 충족하면서 약 37.5조 원(250억 파운드) 예산 규모에 이르는 사업을 성공적으로 시행할 수 있었다.

이 서적은 복잡한 대형 사업에 관여하는 민간 및 공공 발주자, 디벨로퍼, 서플라이어 등을 위해 2012 런던 올림픽과 크로스레일(Crossrail) 사업[66]에서 활용되었던 구매 및 서플라이어 공학(PSE) 개념과 이들 사업의 경험을 바탕으로 한 관련 기법, 조언, 교훈 등을 제시하고 있으며, 런던 올림픽 관련 주요 내용은 5장에서 소개하고 있다.

7. 건설 2025: Construction 2025[67]

2013년에 발표된 '건설 2025(Construction 2025)[68]는 건설산업 주무 부처인 비즈니스·에너지·산업 전략부(Department for Business, Energy & Industrial Strategy)에서 발간한 영국 건설산업 장기발전 전략(보고서)이다. 건설 2025 전략은 영국 정부의 산업전략(Industrial Strategy)의 일부이기도 하며 영국 정부와 건설산업계의 공동 노력에 의해 마련된 것으로 '산업 전략: 정부와 산업의 파트너십(Industrial Strategy: government and industry in partnership)' 이라는 부제(副題)에 표현되어 있다.

이 보고서에 제시된 건설 2025 전략 수립의 주요 배경은 다음과 같다.

- 건설은 영국이 강한 경쟁력을 보유하고 있는 산업 부문이다.
- 영국의 설계와 엔지니어링은 세계적인 수준의 전문성을 보유하고 있으며, 영국 기업들은 지속가능한 건설을 주도하고 있다.
- 2025년까지 글로벌 건설시장이 70% 이상 성장할 것으로 예측되는 상황에서 영국의 건설산업(기업)도 높은 성장의 기회를 가지고 있다.
- 영국 정부는 영국 기업들이 글로벌 경쟁에서 성장하기 위해 적극적인 지원을 할 것이며 이를 통해 경제 회복에 일조할 것으로 기대하고 있다.
- 이를 위해 영국 정부는 규제 개혁, 인프라스트럭처 투자를 위한 재원 확보, 주택 시장 지원 등의 노력을 할 것이다.

---

65 Programme procurement in construction: Learning from London 2012 (2013), Mead & Grunenberg, John Wiley & Sons.
66 런던을 동서로 가로지르는 광역급행철도 건설사업이다: https://www.crossrail.co.uk/.
67 Construction 2025 (2013), Department for Business, Energy & Industrial Strategy.
68 https://www.gov.uk/government/publications/construction-2025-strategy

상기 배경 속에서 영국 정부는 건설산업과의 장기적인 협력 관계의 구축을 통해 건설산업의 발전과 글로벌 경쟁의 우위를 점하기 위해 장기적 비전과 전략을 마련하게 되었고 그 결과로 나타난 것이 건설 2025 이다.

8. 가치 달성을 위한 툴킷: Value Toolkit

건설혁신허브(Construction Innovation Hub)[69]에서 현재 개발 중인 이 가이드는 앞에서 언급한 건설 2025 전략에서 설정한 우선순위 주제 중 하나인 생애주기가치(whole-life vale) 조달을 위한 가이드이다.

많은 건설사업이 목표로 한 가치 달성에 실패하고 있으며, 사업기간과 예산을 준수한 건설사업에서 조차 기대효과가 실현되고 있지 않은 것이 현실이다. 접근방식의 일관성 부족, 의사결정의 조율 미흡, 예산 통제와 리스크 배분에 대한 좁은 시각 등의 특성을 지닌 기존 건설사업 시행방식이 생애주기가치 달성을 위한 해법이 될 수 없다는 것이 명확하며, 생애주기가치에 기반 둔 새로운 접근 방식이 필요한 것이다.

이 툴킷(toolkit)에서는 가치를 사업비 관점에 국한시켜 정의하지 않고, 사회적, 경제적, 환경적 측면 등 보다 광범위한 관점에서 가치를 정의하고 있다. 이러한 관점의 가치를 달성하기 위해서는 보다 광범위하고 전략적인 목표 설정, 지역 사회의 기대 충족, 발주자, 사용자, 운영자의 니즈(needs) 충족, 정확한 정보와 상황 판단에 기반한 의사결정, 가치 달성을 위해 건설산업계에게 요구되는 혁신의 기회 제공 등이 수반되어야 하는 것이다. 2020년 12월 현재, 툴킷(toolkit)에 대한 안내서와 초기 작업의 결과들이 발간되었으며 추후 보다 상세한 가이드가 발간될 예정이다.[70]

9. 건설 플레이북: Construction Playbook[71]

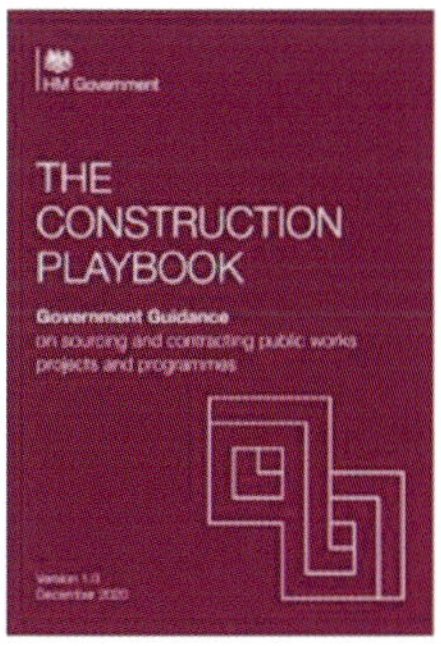

2020년 12월 영국 내각부(Cabinet Office)에서 발간한 이 자료의 성격은 '공공 건설사업의 조달과 계약에 관한 정부 가이드' 라는 부제(副題)[72]를 통해 파악될 수 있으며, 공공 건설사업의 평가, 조달, 시행과 관련된 주요 정책과 실천사항을 제시하고 있는 가이드이다.

이 지침서는 '건설 2025'와 '국가 인프라스트럭처 전략(National Infrastructure Strategy)'[73]에 기반을 두고 있으며 다음과 같은 7대 목표를 설정하고 있다.

---

[69] 영국 정부의 재정 지원을 받아 건설산업의 혁신을 주도하기 위해 2018년에 설립된 민간 주도의 단체(hub)이다: https://constructioninnovationhub.org.uk/

[70] https://constructioninnovationhub.org.uk/wp-content/uploads/2020/07/20200715_BR_09_ValueFrameworkReport_Digital_Pages.pdf

[71] Construction Playbook (2020), UK Cabinet Office. https://www.gov.uk/government/publications/the-construction-playbook

[72] Government Guidance on sourcing and contracting public works projects and programmes.

[73] 2020년 11월 영국 정부에서 발표한 인프라스트럭처 전환(transform) 및 투자 전략·계획이다. https://www.gov.uk/government/publications/national-infrastructure-strategy

- 명확하고 적합한 성과(물) 기반(outcome-based)의 시방서 설정 및 활용
- 모든 포트폴리오(portfolio)[74]에 걸쳐 장기적 계약(관계) 우선 고려
- 설계, 구성 요소(components), 인터페이스의 표준화
- 혁신과 현대적 건설방식(modern methods of construction)[75] 추진
- 보다 향상된 성과물(outcomes)을 위해 지속가능한 거래·계약 조건(contracting arrangements) 활용
- 리스크 대비 차원에서 서플라이어들의 재정 건전성 평가 강화
- 프로젝트 및 프로그램 시행 속도 가속화

또한 건설 플레이북에서는 공공 건설사업의 성과 개선을 위해 다음과 같은 14대 핵심 정책(key policies)도 제시하고 있다.

i) 상업적 파이프라인(commercial pipeline): 향후 추진될 프로젝트 또는 프로그램에 관한 사업 내용 및 투자 계획 등을 3년~5년 앞서 수립하고 발표한다.

ii) 시장 건전성 및 역량 평가(market health and capability assessments): '인프라스트럭처 시행 가이드: 프로젝트 구상·기획 루트맵'을 활용하여 사업 초기 구상·기획단계에서부터 시장 건전성 및 서플라이체인의 역량을 평가한다.

iii) 포트폴리오 및 장기 계약(portfolios and longer-term contracting): 가능한 한 포트폴리오 차원에서 장기적인 계약방식의 활용을 고려한다.

iv) 수요 조율, 디지털화, 합리화(harmonise, digitise and rationalise demand): 서플라이어들이 디지털 기술 및 탈현장제조(off-site manufacturing) 기술 등을 계획하고 투자할 수 있는 환경이 조성될 수 있도록 프로젝트 및 프로그램의 수요를 조율하고 합리화한다.[76]

v) 디지털 기술 활용 확산(further embed digital technologies): BIM 활용기준을 준수하여 디지털 트윈(digital twin)과 같은 디지털 기술의 활용이 확산하도록 한다.

vi) 서플라이체인 조기 참여(early supply chain involvement): 건설사업 관련 서플라이체인을 조기에(예: 설계단계) 참여시켜 그들의 전문성과 피드백이 반영되도록 한다.

vii) 성과물 기반 접근방식(outcome-based approach): 건설사업에서 요구되는 기능, 성능, 성과물 등을 명확하게 정의한 성과물 기반의 시방서로 건설사업을 발주한다.

viii) 건설사업 시행모델 평가(delivery model assessments): 다양한 건설사업의 시행모델에 대한 평가를 통해 해당 건설사업의 특성에 가장 적합한 시행모델을 발굴하고 적용한다.

---

[74] 개별 건설사업은 프로젝트(project), 다수의 건설사업군(群)은 프로그램(programme), 다수의 프로그램군(群)이 포트폴리오(portfolio)이다.

[75] 영국 건설산업에서 MMC(Modern Methods of Construction)에 대한 정의는 다양하며 진화하는 경향이 있지만 일반적으로 표준화, 프리페브리케이션, 탈현장제조 등을 통칭한다.

[76] 개별 프로젝트 보다는 프로그램 또는 상위의 포트폴리오 차원에서 건설사업을 계획하고 시행하면 건설사업 관련 서플라이어들이 디지털 기술과 탈현장제조 기술 등을 준비하고 투자하는데 동기 부여가 된다는 의미이다.

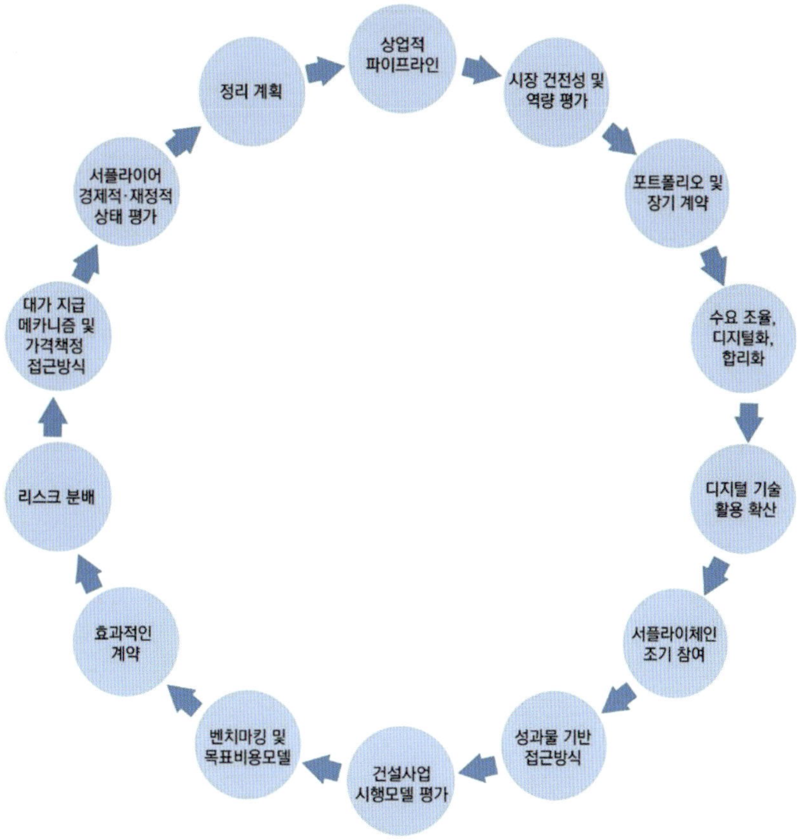

***그림 11** - 공공 건설사업 성과 개선을 위한 핵심 정책*

ix) 벤치마킹 및 목표비용모델(benchmarking and Should-Cost Models): 과거 시행된 건설사업의 생애주기비용에 대한 분석을 기반으로 예산 계획을 수립하고 해당 프로젝트·프로그램을 위한 목표비용모델을 개발하고 활용한다.

x) 효과적인 계약(effective contracting): 데이터 교환, 협력 증진, 가치 향상, 리스크 관리 등을 보다 효과적으로 달성할 수 있는 계약 방식·체계를 마련하고 활용한다.

xi) 리스크 분배(risk allocation): 해당 건설사업에 대한 리스크 분석을 바탕으로 리스크가 서플라이체인에게 합리적으로 분배될 수 있도록 한다.

xii) 대가 지급 메커니즘 및 가격 책정 접근방식(payment mechanism and pricing approach): 서플라이어의 업무 범위 및 담당 리스크 등을 고려하여 이에 부합하는 가격 책정 및 대가 지급 메커니즘을 채택한다.

xiii) 서플라이어 경제적·재정적 상태 평가(assessing the economic and financial standing of suppliers): 서플라이어의 선정 과정에서 경제적·재정적 건전성을 평가하고 점검한다.

xiv) 정리계획(resolution planning): 주요 건설사업의 계약 시, 서플라이어의 파산 가능성에 대비하기 위하여 서플라이어로부터 정리계획서(resolution plan)[77]을 제출받고 정기적으로 업데이트한다.

건설 플레이북에서는 상기 14대 핵심 정책에 부합하기 위해 공공 발주자가 이해 및 실천해야 할 사항과 향후 정부가 추진할 계획도 함께 제시하고 있다.

[77] 기업이 파산 위기를 맞이하는 상황이 발생하였을 때를 대비하여 회사 정리를 위해 수립하는 사전 계획이다.

10. 발주자와 사용자를 위한 연구 로드맵: Research Roadmap Report: Clients and Users in Construction[78]

건설연구혁신국제위원회(International Council for Research and Innovation in Building and Construction; CIB)에서 발간한 이 로드맵에서는 발주자와 사용자 관련 주요 현안을 제시하고, 향후 요구되는 연구 어젠다(agenda)를 제시하고 있다. 이 로드맵은 영국에만 국한된 것이 아니라 전(全) 세계적으로 참고되고 활용될 수 있다.

이 로드맵에서 제시하고 있는 3대 주요 주제는 (1) 발주자의 역할과 책임, (2) 발주자 조직 및 운영, (3) 발주자 혁신 등이다.

3.4. 주요 특징 및 시사점

영국 발주자 혁신운동과 인텔리전트 발주자 관련 자료에서 나타나는 주요 특징과 시사점을 요약하면 다음과 같다.[79]

첫째, 영국 건설산업의 발주자 혁신운동은 1990년대 중반 이후 지속되고 있는 영국 건설산업 혁신운동 중 하나의 큰 지류(支流)인 동시에 두드러진 특징이다. 건설사업의 성과 향상과 건설산업의 혁신을 발주자 혁신이라는 패러다임으로 접근한 것이다. 특히, 공공 발주자 혁신은 국가적 가치를 지닌다. 공공 발주자 혁신은 공공 건설사업의 성과 향상을 가능하게 하고 이는 공공 프로젝트 또는 공공 발주자의 가치 달성뿐만 아니라 공공 예산의 효율적 집행이라는 국가적 가치 달성과 맥(脈)을 같이 하기 때문이다. 공공 예산의 효율적 집행은 어느 국가에서나 중요하게 여기는 목표이다. 다만 그 해법에 차이가 있을 뿐이다. 건설산업 혁신을 통한 공공 예산의 효율적 집행도 하나의 해법이 될 수 있다. 그러나 건설산업 혁신은 건설산업을 구성하는 주체들을 대상으로 하는 혁신에만 국한되는 것이 아니라, 발주자 혁신으로 함께 전개되어야 건설산업 혁신이라는 온전한 그림이 완성될 수 있으며, 그 결과로 공공 예산의 효율적 집행이 가능해지는 것이다. 물론 이는 공공 발주자에게만 국한된 원리가 아니라 민간 발주자에게도 동일하게 적용되는 원리이다. 혁신적인 발주자가 건설사업의 혁신적인 성과를 가능하게 하기 때문이다.

둘째, 발주자 혁신의 과정은 지적(知的) 자산의 축적 과정이었다. 영국에서 발간된 다양한 서적, 보고서, 발주자 베스트 프랙티스 가이드, 중장기 전략 등은 발주자 혁신을 실천하기 위한 지적 자산이며 실행도구이다. '구호(口號)'가 아닌 '실행(實行)'을 위해 우리 건설산업에 무엇이 축적되어야 하는지를 시사하고 있다. 인텔리전트 발주자는 학습과 경험을 통해 만들어지는 것이며 이를 위해서는 정부 관련 부처, 건설 관련 협단체, 건설산업 구성 주체들 각자의 노력도 중요하지만 그 과정에서 이들 간의 협업도 필요하다. 우리 건설산업의 인텔리전트 발주자는 어떤 모습이어야 하며 어떤 베스트 프랙티스를 이해하고 실천해야 하는지 발굴하고 보급하고 학습하도록 돕는 것은 건설 관련 전문가들이 향후 지속적으로 노력해야 하는 중요한 과제라고 할 수 있다.

마지막으로 발주자 혁신을 위해 패러다임 전환과 지적 자산의 축적도 중요하지만 결국 이를 완성시키는 동력은 협력이라는 것을 영국 사례를 통해 발견할 수 있다. 정부, 발주자, 건설산업의 협력이었다. 정부가 일방적으로 주도하고 발주자와 건설산업이 '순종(順從)'하는 모양새는 아니었다. 영국 정부는 건설산업의 혁신과 발주자 - 특히, 공공 발주자 - 혁신을 국가적 어젠다(agenda)로 다루었고, 인텔리전트 발주자는 건설산업에 높은 수준의 성과를 요구하며 이를 위해 스스로 변화에 도전하며, 건설 관련 협단체와 기업들은 발주자가 혁신적이며 인텔리전트 해질 수 있도록 주도적인 노력을 보탰다. 다양한 형태의 포럼, 위원회, 협의체 등이 협력을 위한 장(場)으로 활용되었다. 혁신은 변화를, 변화는 두려움과 저항을 유발한다. 이는 한 주체가 일방적으로 감당할 수 있는 것이 아니기에 소통의 장을 통한 협력이 필요하며, 우리 건설산업의 발주자 혁신을 위해서도 필요한 '장치'로서 마련될 필요가 있다.

---

[78] Research Roadmap Report. Clients and Users in Construction (2013), CIB. 2016년에 업데이트된 요약 버전도 발간되었다.

[79] 3.4절은 원문(原文) 영문보고서에는 없는 내용이지만, 독자들의 이해를 돕기 위해 역저자에 의해 추가 작성된 부분이다.

4. 인텔리전트 발주자가 되는 방법

본 장에서는 앞 장에서 소개된 자료들 중 인텔리전트 발주자의 속성(attributes)과 밀접한 관련성이 있는 4개 자료(사례)를 선정하여 주요 내용을 소개하고 있다. 이들 사례 중 3개 사례는 인텔리전트 발주자가 되기 위한 주요 방법론 또는 프레임웍(framework)이며 마지막 사례는 관련 연구주제에 관한 것이다.

발주자의 규모나 특성에 관계없이 인텔리전트 발주자가 갖추어야 할 필수적인 조건은 다음과 같으며 이들 조건은 본 장에서 소개되는 사례들에서도 관찰되고 있다.

1. 투자 가치·니즈에 대한 명확한 이해와 가치 측정·평가 방법에 대한 이해
2. 리스크 요인을 고려한 예산 수준 또는 예산 감당 수준(affordability)에 대한 이해
3. 서플라이어들과 소통하는 방법에 대한 이해와 발주자 리더십을 발휘하는 방법에 대한 이해

4.1. 인프라스트럭처 사업 성과의 전환: 인프라스트럭처사업청(IPA)

앞서 소개한 바와 같이 이 사례는 인프라스트럭처 사업의 성과향상을 위한 10개년 장기 계획·전략인 동시에 변혁 프로그램(change programme)이다. 이 전략의 주요 초점은 인프라스트럭처 사업이지만 주요 원칙들은 타 유형의 사업에서도 유사하게 응용될 수 있다.

이 계획에서는 인프라스트럭처 사업의 투자 효과 향상을 위해 핵심적으로 다루어져야 하는 3대 핵심 이슈(core issues)를 다음과 같이 제시하고 있다.

1. 투자 우선순위 확립: prioritising investment in the right projects

인프라스트럭처에 대한 투자는 국가 경제발전에 기여하며, 관련 서비스와 산업을 활성화 시키는 역할을 담당한다. 그럼에도 불구하고 투자 효과를 극대화하기 위해서는 프로젝트 적합성에 따른 투자 우선순위를 명확하게 설정하여야 한다.

2. 생산성 향상: improving productivity in delivery

타 선진국의 경우와 마찬가지로 영국의 건설 생산성 향상율은 타 산업과 비교할 때 낮은 수준으로 나타나고 있다. 낮은 건설 생산성은 임금 수준, 장기적 경제 성장 및 삶의 질, 공사비 상승 등의 측면에서 악영향을 끼친다. 관련 분석 결과를 고려해 볼 때, 디지털 및 제조산업 기술의 활용, 새로운 협력적 비즈니스 모델로의 변신, 보다 통합적인 공급망 관리 등을 통해 건설 생산성은 향상될 수 있다.

3. 인프라스트럭처 투자의 총체적 효과 극대화: maximising the overall benefits of infrastructure investment

인구 증가, 인구 구조의 변화, 지역 균형발전, 디지털 기술의 변화, 비즈니스 방식의 변화, 인간 상호작용 방식의 변화 등 다양한 요인으로 인해 인프라스트럭처에 대한 수요는 변화하고 있다. 기술의 진보는 기존 자산의 성능을 향상시키며 미래 대응적인 인프라스트럭처의 설계를 가능하게 하는 새로운 기회를 제공하고 있으며, 스마트 센서, 인공지능, 데이터 등의 활용을 통해 보다 나은 성과를 달성할 수 있는 기회도 제공하고 있다.

인프라스트럭처 사업 성과의 전환 계획에서는 '정책부터 운영에 이르는 생애주기투자의 성과 향상'을 지향하고 있으며, 최종 성과물은 고성능 인프라스트럭처(high performing infrastructure)로 설정하고 있다. 이를 위한 4대 전략 부문과 주요 내용은 다음과 같다.

성과향상을 위한 벤치마킹: benchmarking for better performance

신규 사업의 선정, 예산계획, 설계 등에 관한 의사결정 과정에서 기 수행된 사업의 예산, 사업기간, 성능 등에 대한 벤치마킹 결과를 활용하는 것이다. 정부는 해당 사업의 투자를 통해 확보하고자 하는 성과물을 명확하게 정의하고, 생애주기 성능, 예산, 사업기간 목표의 달성 가능성을 검증해야 한다. 이를 바탕으로 하는 정책적 의사결정 단계의 주요 인터페이스를 정부 부처간에 실행하며, 관련 정책과 제도에 대한 상호 점검과 협의를 실시하는 것이다.

조율 및 통합: alignment and integration

프로젝트와 프로그램의 계획에 있어서 관련 정부 부처간의 보다 통합적인 조율이 이루어지도록 하며, 이를 통해 사업 초기단계에서부터 프로젝트와 프로그램이 경제적, 사회적, 환경적 목표의 우선순위에 부합되는 계획이 되도록 하는 것이다. 해당 사업이 의도된 투자 성과를 달성할 수 있도록 사업이 구상되고 계획되는 과정에서 경제적, 사회적, 환경적 목표 등을 해당 부처와 공공 발주자간에 지속적으로 공유하고 반영하는 것이다.

상생적 조달: procurement for growth

납세자와 사용자의 장기적 가치 달성과 더욱 지속가능한 공급망의 구축을 위해 발주자와 서플라이체인(supply chain)간에 보다 스마트한 비즈니스 관계를 구축하는 것이다. 발주자와 서플라이체인간에 인터페이스가 일어나는

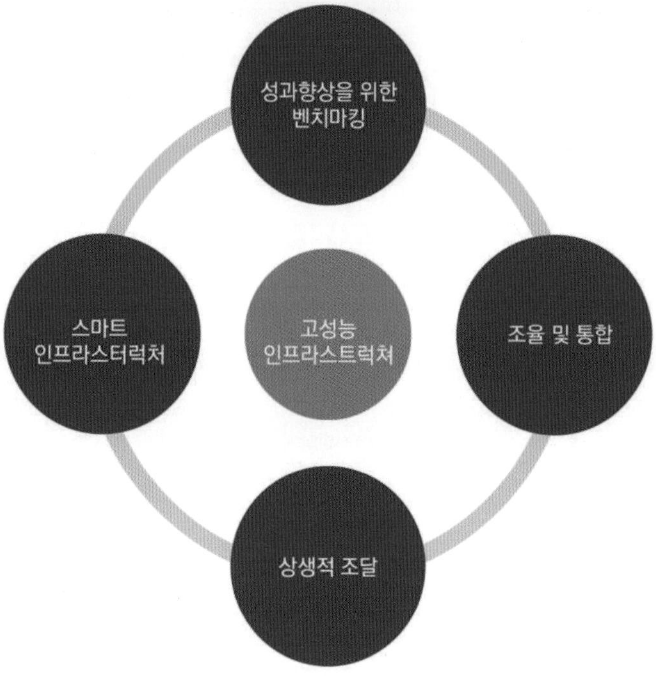

그림 12 - 인프라스트럭처 사업 성과의 전환: 4 대 전략 부문

조달 및 계약 방식에 관해 전통적인 방식을 점검하고 개선점을 마련하는 것이다.

스마트 인프라스트럭처: smarter infrastructure

사업 시행의 생산성을 높이고 인프라스트럭처 자산의 보다 스마트한 운영을 위하여 첨단 기술 활용과 혁신을 추진하는 것이다. 이를 위해 정부는 첨단 건설기술에 대한 서플라이체인의 투자 의지가 고취될 수 있도록 인프라스트럭처에 대한 안정적인 장기 투자계획을 수립 및 공표하고 연구개발을 위한 예산을 지원하는 것이다.

4.2. 프로젝트 구상·기획 루트맵: 인프라스트럭처사업청(IPA)

프로젝트 구상·기획 루트맵(Project Initiation Routemap)은 대형사업[80]의 초기 구상·기획단계에서 관련 주요 의사결정자들이 고려하고 점검해야 할 사항들을 제시하기 위한 목적으로 발간된 가이드이다.

루트맵에서는 해당 사업의 복잡성, 주요 참여주체의 역량, 전략적 의사결정의 영향 및 베스트 프랙티스 활용 등에 대해 관련 부처와 발주처가 이해하고 진단할 수 있는 다양한 도구들(tools)과 가이드를 제공하고 있다. 루트맵은 본격적인 사업 시행에 앞서 해당 사업이 직면하고 있는 도전에 대해 조기 진단(early insight)을 할 수 있는 기회를 제공함으로서 견실한 사업기획(business case)[81]이 이루어지도록 지원하는 것을 목적으로 하고 있다.

루트맵의 활용을 통해 관련 부처, 발주처 등 사업 시행에서 주요 역할을 담당하는 주체는 사업의 복잡성과 요구되는 역량을 조율할 수 있고, 보다 성공적인 성과를 위한 개선사항을 계획할 수 있다.

루트맵에는 사업의 복잡성과 역량에 대한 자체 평가 또는 외부 평가를 위해 활용할 수 있는 도구가 포함되어 있으며 인터뷰, 설문조사, 관련 서류 분석 등을 통한 정보 수집, 격차 분석(gap analysis), 개선 계획 마련 등의 절차를 거치게 된다. 이때 사업의 복잡성 평가(complexity assessment)는 해당 사업의 복잡성과 해당 사업이 직면하고 있는 도전 및 리스크 평가에 관한 것이며, 역량 평가(capability assessment)는 관련 부처, 자산관리자(asset manager), 발주처, 시장의 역량 및 반응에 대해 평가하는 것이다.

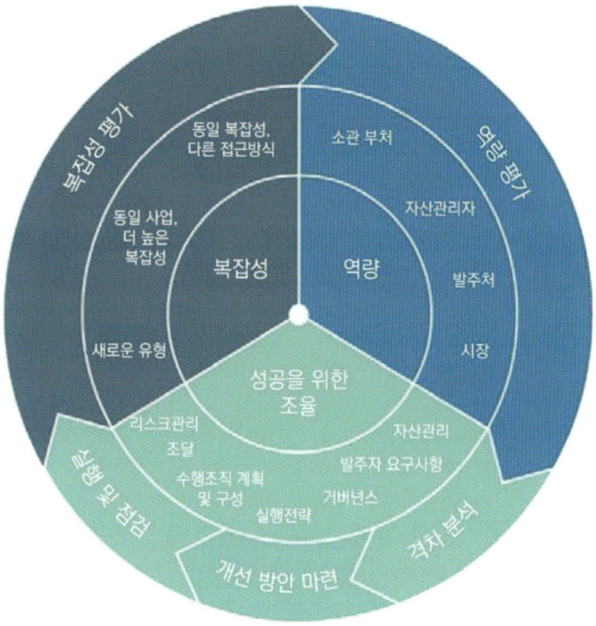

***그림 13** - 프로젝트 구상·기획 루트맵 개념도*

루트맵에서는 사업 시행의 과정에서 점검하고 해결해야 할 현안들을 성격에 따라 7개 모듈(module)로 구분하고 각 모듈별로 가이드를 제공하고 있으며 이 7개 모듈은 성공을 위한 조율(align for success)이라는 카테고리에 속하는 것이다.

- 발주자 요구사항(requirements)
- 거버넌스(governance)
- 실행전략(execution strategy)
- 수행조직 계획 및 구성 (organisational design and development)
- 조달(procurement)
- 리스크 관리(risk management)
- 자산관리(asset management)

---

[80] PIR은 대형사업에서 활용하기 위해 개발된 가이드이지만 이에 국한되지 않고 다양한 난이도 또는 규모의 사업에서도 PIR에서 제시하는 원리를 응용하여 사용할 수 있다.

[81] 비즈니스 케이스(business case)라는 용어는 맥락(context)에 따라 사업기획, 사업기획안, 사업성, 사업추진 타당성 등 다양하게 번역되는 용어이다.

각 모듈별 가이드에서는 해당 모듈의 관점에서 점검하고 해결해야 할 현안들을 질문 체크리스트 형태로 제시하고 있으며 이를 해결하기 위한 방향도 제시하고 있다.

우리 저자들의 견해로는, 수행조직 계획 및 구성(organisational design and development) 모듈이 특히 의미가 있다고 판단된다. 이 모듈에서는 소관 부처와 발주처의 역량이 프로젝트의 복잡성과 사업기간에 부합(align)되는 것이 매우 중요하다는 것을 강조하고 있으며 이를 위한 평가 접근방식을 제공하고 있다.

소규모·비상시 발주자: small and occasional clients

이 용어는 1990년대 건설발주자포럼(CCF)에서 최초로 정의되었으며, 발주자 역할에 대한 이해나 경험이 부족하거나 전혀 없는 소규모 발주자를 지칭하는 용어이다. 건설시장에서 차지하는 비중을 금액 기준으로 할 경우에는 다소 다른 상황이지만, 건설사업 건수 측면에서도 보면 이들 소규모·비상시 발주자가 영국 건설시장에서 차지하는 비중은 매우 높다.

본 연구에서 다루고 있는 인텔리전트 발주자라는 맥락에서 볼 때, 인텔리전트 발주자가 되는 방법 중 하나는 자체(in-house) 인력을 보강하거나 역량을 강화시키는 것이다. 그러나 이는 소규모·비상시 발주자가 채택할 수 있는 접근방식은 아니기 때문에, 외부 컨설턴트나 서플라이어에게 의존하는 것이 대안이 된다. 그러나 이 경우라도 발주자가 해당 사업에 대한 요구사항을 전달하고 사업을 기획하는 과정에서 관련 외부 조언자와 소통하며 자신이 추구하는 가치를 명확하게 전달하는 것은 여전히 중요하다. 또한 자신이 고용한 컨설턴트가 발주자·프로젝트의 최상 이익(best interest)을 위해 타 참여주체들과 협력적으로 업무를 수행토록 하는 것도 발주자의 중요한 역할이다.

4.3. 인텔리전트 발주자 역량 프레임워크: 영국건설기술자협회(ICE)

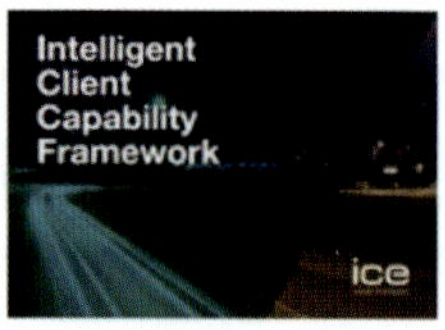

2014년 영국 건설기술자협회(ICE)에서 발간한 이 가이드는 발주자의 역할을 대리 또는 지원하는 건설기술자를 위한 프레임워크이다. 이는 앞에서 소개한 프로젝트 구상·기획 루트맵에서 채택하고 있는 주요 원칙들을 상당 부분 반영하고 있다.

이 프레임워크에서는 건설사업을 시행하는 과정에서 발주자 대리인이 베스트 프랙티스를 이해하고 실천해야 하는 주요 업무(역량) 6개를 제시하고 있다.

- 사업기획에 대한 적절한 검증(adequately testing the business case)
- 예산의 지속성 확보(providing continuity of investment/funding)
- 발주자·프로젝트 핵심 요구사항 파악·이해 및 주요 참여주체와의 소통(accurately translating and communicating the high level requirements to key stakeholders)
- 모든 참여자 관계로부터의 가치 달성 극대화(ensuring maximum value is derived from all relationships)
- 효과적인 거버넌스 구축 및 인터페이스 관리를 위한 지원(supporting those relationships with responsible and effective governance arrangements and appropriate interface management)

• 프로젝트 시행을 위해 요구되는 조직의 성격 및 구성에 대한 구체적인 정의 (articulating the nature and shape of the organisation required to deliver)

발주자의 기능을 지원하는 건설기술자는 이 프레임웍에서 제시하는 각 역량 항목별로 자가진단을 실시하여 취약 영역 및 베스트 프랙티스 필요 영역을 발굴할 수 있으며 이를 지속적인 전문성 개발을 위해 활용할 수 있다.

4.4. 발주자와 사용자를 위한 연구 로드맵: 건설연구혁신국제위원회(CIB)

이 마지막 사례는 앞에서 소개한 3개 사례와는 다소 다른 성격을 지니고 있다. 앞서 소개한 3개 사례가 인텔리전트 발주자가 되기 위한 프레임웍이라면, 이번 사례는 발주자와 사용자 관련한 향후 연구주제를 소개하고 있다.[82] 이 로드맵에서 제시하고 있는 3대 주요 연구분야는 (1) 발주자의 역할과 책임, (2) 발주자 조직 및 운영, (3) 발주자 혁신 등이다.

발주자 역할과 책임: client roles and responsibilities

i) 니즈와 가치

첫 번째 도전(challenge)은 건물을 최종 결과물로 보는 시각에서 수단(means)으로 보는 시각으로 전환하는 것이다. 즉, 생애주기에 걸쳐 건물을 사용자의 사용·활동 목표를 달성하기 위한 수단으로 보는 것이다. 발주자와 사용자는 자신이 추구하는 가치와 니즈에 대한 이해와 지식이 있어야 하며, 이를 다른 참여주체들에게 전달하고 소통할 수 있어야 한다. 이를 위해서는 발주자·사용자의 가치 및 니즈를 다양한 맥락에서 매핑(mapping)함으로서 이들의 가치와 니즈에 대해 깊게 탐구할 필요가 있다.

ii) 구조

두 번째 도전은 사회기술적 구조(sociotechnical structures)가 어떻게 발주자 및 사용자의 역할과 책임에 영향을 끼치는지에 관한 것이다. 발주자 및 사용자가 사업 시행에 끼치는 영향력은 단순히 그들의 의지나 희망사항에 의해서만 결정되는 것은 아니며, 그들의 구조적 위상, 역할, 책임 등도 연관성을 지니고 있다. 즉, 각종 정책, 제도, 시장 상황 등 사회기술적 구조가 발주자와 사용자의 행태와 일하는 방식에 영향을 끼친다는 의미이다. 발주자가 다른 사회기술적 구조에서 어떤 행태를 취하게 되는지에 대한 이해는 발주자와 사용자의 행태를 이해하는데 중요한 사안이다.

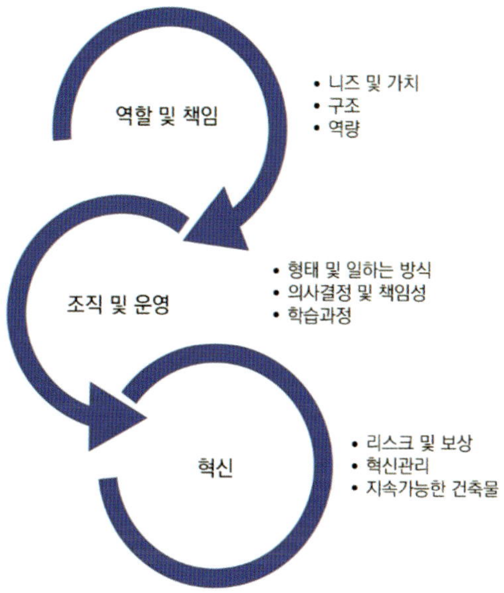

***그림 14** - CIB 연구 로드맵*

iii) 역량

세 번째 도전은 발주자와 사용자에게 요구되는 '역량'이 무엇인가에 관한 것이다. 이와 관련된 이론이나 개념적 프레임웍의 개발을 위해서는 다양한 상황과 환경에 따라 요구되는 역량에 대한 이해가 필요하다. 이를 통해 발주자와 사용자에게 요구되는 역량 모델을 개발하여 핵심 역량을 발굴하고 이를 강화시키기 위한 방안을 마련할 필요가 있다.

[82] 비록 이 사례는 성격을 달리하지만 건설산업비전포럼(CVF)이 연구에도 많은 관심을 가지고 있는 것으로 이해가 되어 향후 연구를 위한 참고자료로 활용할 수 있도록 제시하였다.

발주자 조직 및 운영: client organisation and operation

i) 행태 및 일하는 방식

첫 번째 도전은 발주자와 사용자의 행태 및 일하는 방식(practice)에 대한 이해이다. 다양한 발주자와 사용자의 전략, 역량, 일하는 방식 등에서 나타나는 유사점과 차이점에 대한 깊은 통찰은 연구자와 실무 전문가로 하여금 필요한 조치가 무엇인지를 이해하게 하고, 해법 마련을 위한 다양한 접근방식에 대해 영감(inspiration)을 제공할 것이다.

ii) 의사결정 및 책임성

두 번째 도전은 건설사업 시행과 시설물 운영에 관한 의사결정 과정에서 사용자와 이해관계자들을 보다 효과적으로 참여시키는 것이다. 이를 위해서는 파트너링과 PPP(Public-Private Partnerships)와 같은 협력적 조달방식이 요구되며, 보다 향상된 투명성과 책임성도 요구된다. 또한 사용자 니즈와 조직(예: 발주처)의 목표간의 차이를 어떻게 관리할 것인가도 중요한 도전이 된다. 협력적인 조달, 책임성 강화, 니즈와 목표의 조율 등의 성공은 발주자에게 보다 향상된 투자가치를 제공할 수 있게 한다.

iii) 학습과정

세 번째 도전은 프로젝트의 성공 또는 실패에 대해 학습하고, 어떠한 방법론이 보다 효과적인가를 탐구하는 것이다. 건설사업 시행 과정에서 나타나는 상호작용, 프로세스 및 메커니즘 변화, 정보 관리 등에 관한 연구도 필요하다.

이들 주제에 대한 이해는 발주자와 사용자를 위한 가이드 개발을 위해 필요한 전제조건이다. 예를 들면, 건설사업의 초기 단계를 관리하는 방법과 효과적이고 정형화된 계획을 통해 다양한 대안을 발굴하고 검토하는 방법 등이 중요한 연구주제가 될 수 있다.

발주자 혁신: client innovation

i) 리스크 및 보상

첫 번째 도전은 혁신 추진에 따른 리스크와 보상에 관한 것이다. 최근 수년간 다수 국가의 정책입안자들은 (공공) 조달을 통해 혁신을 자극하기 위해서는 발주자가 보다 큰 역할과 책임을 담당해야 한다고 강조해 왔다. 그러나 혁신을 자극하는 것은 발주자 입장에서는 하나의 딜레마(dilemma)이다. 혁신을 통해 일하는 방식을 개선하는 것이 사업기간, 예산, 품질 측면에서 보다 나은 성과를 가능하게 하는 잠재력을 지니고 있지만, 동시에 필연적으로 리스크를 증가시키기 때문이다. 이로 인해, 예를 들어, 공공 발주자는 서로 상충되는 두 개의 목표 사이에 갇히게 된다: 공공 재원의 안전한(secured) 지출과 새로운 기술의 채택에 따르는 리스크 감수. 따라서 혁신에 따른 리스크와 이에 따른 보상을 어떻게 조화롭게 풀어가는지가 향후 중요한 연구주제라고 할 수 있다.

ii) 혁신 관리

두 번째 도전은 어떻게 그리고 어디에서 혁신을 추진해야 할 것인가에 관한 것이다. 새로운 기술은 다양한 새로운 기회를 제공하지만 발주자와 사용자에게 위협요인(threats)이 될 수도 있다. 건축물은 발주자의 비즈니스를 변화시키는 장치라는 측면이 있다. 동시에 건설산업계가 어떤 기술을 채택하는지는 발주자 요구사항의 내용과 성격에 따라 결정되는 측면도 있다. 따라서 발주자는 어떻게 혁신의 과정을 관리해야 하는지에 대해 보다 합리적인 선택을 할 필요가 있다. 이러한 관점에서 혁신 주제의 발굴과 추진 방법은 의미 있는 연구주제가 될 수 있다.

iii) 지속가능한 건축물

세 번째 도전은 지속가능한 미래를 지향하기 위해 발주자와 사용자가 어떤 지원을 해야 하는가에 관한 것이다. 발주자는 지속가능한 건축물의 조달을 위해 매우 중요한 역할을 담당하며, 사용자 역시 사용과 운영이라는 관점에서 중요한 역할을 담당한다. 따라서 지속가능한 건축물을 위한 발주자·사용자 역할에 대한 통찰, 베스트 프랙티스 발굴, 새로운 가이드라인과 시뮬레이션 방법의 개발 등이 지속가능한 건축물을 위한 중요한 연구주제가 될 수 있다.

4.5. 주요 특징 및 시사점

인텔리전트 발주자와 관련된 주요 자료에서 나타나는 주요 특징과 시사점을 요약하면 다음과 같다.[83]

첫째, 인프라스트럭처 사업의 성과 향상을 위해 장기적인(10개년) 전략과 계획을 수립하고 이를 실행하고 있다는 점에 주목할 필요가 있다. 이는 단순히 부분적이고 단기적인 제도 또는 시스템의 개선이 아니라 인프라스트럭처 사업을 시행하는 장기적인 큰 틀을 확립하고 이를 위한 변혁을 지속적으로 실행하겠다는 의지를 표명한 것이라고 할 수 있다. 특히 '정책부터 운영에 이르는 생애주기투자의 성과 향상'이라는 지향점은 인프라스트럭처 사업의 시행을 하나의 통합적이고 유기체적인 관점에서 접근하겠다는 전략 방향을 시사하고 있다.

또한 인프라스트럭처 사업의 성공적인 수행 결과를 생애주기투자라는 관점에서 설정하고 있다는 것은 단기적인 예산 절감이라는 관점에 비해 진보적인 접근이라고 할 수 있다. 인프라스트럭처 시설물은 장기간에 걸쳐 다수의 국민이 사용한다는 특징을 지니고 있다. 따라서 최종적인 투자가치의 달성을 위해서는 각 시행 과정 및 단계에서 상호 통합성을 지녀야 하고, 각 단계별 단기적 성과가 아닌 생애주기가치의 달성이라는 안목으로 인프라스트럭처 사업을 시행할 필요가 있다.

둘째, 인프라스트럭처사업청(IPA)과 같은 공공 전문 조직의 역할에 주목할 필요가 있다. 인텔리전트 발주자가 되기 위한 핵심은 발주자 베스트 프랙티스에 대한 이해와 실천이다. 인프라스트럭처사업청(IPA)은 대형 공공 건설사업의 성공을 위한 다양한 전략 및 가이드를 발간하고 있으며 이는 공공 발주자가 건설사업의 시행 과정에서 숙지하고 실행해야 할 발주자 베스트 프랙티스를 실무적으로 제시하고 있다. 우리나라에도 공공 건설조달과 관련된 다양한 법·규정과 제도가 존재하고 있다.

그러나 이들 대부분이 '공공 건설조달을 위해 무엇을 해야 하는지'를 제시하고 있지만, '공공 건설조달을 어떻게 해야 제대로 하는 것인지'에 대한 가이드는 충분하지 않은 것 같다. 즉, 미니멈(minimum) 프랙티스를 위한 다양한 실무자산은 존재하지만 베스트(best) 프랙티스를 위한 실무자산은 빈약하다고 할 수 있다. '모난 돌이 정 맞는다'는 공공 건설사업의 문화적 특성이 이에 일조하였다고 할 수 있다. 그럼에도 불구하고 공공 건설사업의 성과 향상은 공공 발주자의 베스트 프랙티스를 기반으로 한다. 따라서 이를 실무적으로 구현 가능하게 하는 공공 전문 조직에 대해 향후 심층적인 연구와 검토가 필요하며 이와 병행하여 공공 발주자의 역량 향상과 실무적 유연성 확보를 위한 방안도 지속적으로 논의될 필요가 있다.

마지막으로 건설고객(발주자)에 대한 이해를 높이기 위한 연구가 전개될 필요가 있다. 한 산업에서 고객이 차지하는 위상은 절대적이다. 고객이 지니는 다양성, 고객이 지향하는 가치, 고객의 비즈니스 등에 대한 이해는 한 산업에 속한 기업과 비즈니스에게 매우 중요한 과제이며 이는 건설산업과 건설비즈니스에게도 예외가 아니다. 그간 전통적으로 건설 관련 연구개발(R&D)은 주로 기술적·공학적(technical and engineering) 측면에 집중된 경향이 있다. 이러한 연구개발 노력도 분명히 중요하고 의미가 있으며 지속되어야 한다. 그러나 이제는 공급자 기술과 역량을 위한 연구뿐만 아니라 수요자에 대한 이해를 증진시키키 위한 연구도 병행될 필요가 있다. 이를 위해서는 경제학, 사회학, 심리학, 인문학 등 다양한 학제적(interdisciplinary) 측면에서 건설고객을 분석하고 이해하는 연구가 진행되어야 한다. 즉, 건설 관련 연구개발(R&D)이 기술적·공학적(technical and engineering) 차원을 넘어서서 건설고객을 대상으로 하는 다차원적으로 확장될 필요가 있다.

[83] 4.5절은 원문(原文) 영문보고서에는 없는 내용이지만, 독자들의 이해를 돕기 위해 역저자에 의해 추가 작성된 부분이다.

5. 인텔리전트 발주자의 모범사례

본 장에서는 인텔리전트 발주자의 모범사례를 제시하고 있다. 컨스트럭팅 엑셀런스(Constructing Excellence; CE)가 조사하여 발간한 사례, 타 기관·단체에서 발간한 사례, 지난 15년간 컨스트럭팅 엑셀런스(CE)가 모범사례로 포상한 사례 등을 비교·분석하여 최종적으로 9개 사례를 선정하였다.[84] 각 사례는 개요, 주요 현안 및 도전, 발주자 전략·접근방식, 주요 성과 및 교훈 등을 중심으로 제시되었다.

5.1. 올림픽사업청 사례

인텔리전트 발주자의 일회적 메가 프로그램 사례

2005년에 개최된 국제올림픽위원회(IOC) 제117차 정기총회에서 런던이 2012 올림픽과 장애인 올림픽의 개최지로 선정되면서 런던은 다음과 같은 목표를 선언하였다.

- 최상의 그린 게임(Greenest Game) 개최
- 쇠퇴한 런던 동부 지역의 재생
- 영원한 유산으로 남을 수 있는 물리적 자산의 확보
- 미래 올림픽 게임과 타 대형사업에서 활용될 수 있는 경험의 공유

84 인텔리전트 발주자의 모범사례로 선정된 사업들에 참여했던 주요 인사들에 대한 인터뷰도 실시하였으며 참여한 인사들은 다음과 같다: Sir John Armitt, Howard Shiplee OBE, Andrew Wolstenholme OBE, Steve Morgan, Prof Nuno Gil, Richard Crosby, Miles Ashley, Terry Stocks, Kevin Thomas, Martin Davis, Steve Johnson, Dr Simon Addyman.

런던 올림픽은 영국 건설산업에게 높은 수준의 성과를 요구하는 거대한 도전의 기회가 되었다. 국가적·산업적 차원에서 영국의 명성에 누가 되지 않도록 대응해야 할 대표적인 도전으로는 예산 초과, 사업일정 미준수, '흰 코끼리(white elephants)' 프로젝트[85] 등이 발생하지 않도록 하는 것이었으며, 글로벌 금융위기에 따른 부족한 민간 투자도 대처할 필요가 있었다.

올림픽파크(Olympic Park)[86]의 발주처인 올림픽사업청(Olympic Delivery Authority; ODA)은 전통적인 사업시행 방식의 한계점을 극복하는 혁신적인 해법을 활용하기 위한 전략을 수립하였다. 기본 방향은 서플라이체인(supply chain)의 창의성과 혁신성을 독려하고 수용할 수 있는 리더십 문화와 환경을 조성하는 것이며 주요 내용은 다음과 같다.

- 강력한 비전 수립과 도전적인 지속가능성 목표의 설정
- 서플라이체인의 조기 참여(early engagement)
- 조달 프로세스에 지속가능성 반영
- 사업 기회에 대한 서플라이체인과의 소통
- 리스크 회피가 아닌 리스크 관리
- 지속가능성 매니저(sustainability managers) 고용
- 지속가능성 목표의 달성 여부에 대한 철저한 점검 절차 실행

올림픽사업청은 건설산업전략포럼(Strategic Forum for Construction; SFC)과 협력하여 발주처와 건설산업의 잠재적인 서플라이어들(suppliers)을 위한 '2012 건설 커미트먼트(Construction Commitments)'를 개발하여 발표하였다. 이 커미트먼트는 영국 건설산업이 최고의 성과를 달성하기 위해 필요한 어젠다(agenda)를 제시한 것이며, 런던 올림픽의 비전을 달성하기 위해 다음과 같은 6대 핵심 주제를 설정하였다.

- 혁신적인 조달과 통합성
- 발주자 리더십
- 디자인 품질
- 인적자원에 대한 존중
- 지속가능성
- 보건 및 안전

2012 건설 커미트먼트 발표 이후, 올림픽사업청에서 실행한 주요 방안은 다음과 같다. 관련 기업들을 초청하여 2012 건설 커미트먼트에 참여시키며(sign up), '발주처와의 만남(Meet the Buyer)' 과 업계와의 대화 등과 같은 다양한 이벤트를 개최하여 발주처와 올림픽 사업에 대한 이해를 높이도록 하였다. 건설사, 제조사, 유통사 등 광범위한 서플라이체인의 조기 참여는 다양한 혁신 방안을 발굴하게 하였으며, 이를 프로젝트 계획서(brief)와 설계에 반영할 수 있는 기회를 제공하였다.

[85] 런던 올림픽과 같은 대형 행사 이후에 활용성이 떨어지거나 방치되는 시설물을 의미한다.
[86] 런던 올림픽을 위해 조성된 지역으로 올림픽 경기장과 선수촌 등 제반시설로 구성되어 있다.

서술시방서 보다는 성능시방서를 광범위하게 채택하여 서플라이체인의 창의성과 혁신성이 발휘되고 이를 통해 기술적으로 가장 적합하고 지속가능한 해법이 도출될 수 있도록 유도하였다. 올림픽사업청이 지니고 있는 구매력을 활용하여 일관성 있는 리스크 관리와 혁신을 추진하기 위하여 콘크리트, 목재 등 주요 자재에 대해서는 프로젝트별 개별 조달이 아닌 통합 조달을 위한 프레임웍(framework)을 구축하였다.

올림픽 사업을 시행하는 초기 단계에서 입찰자 평가 항목과 가중치 등을 포함한 균형성과표(balanced scorecard)를 개발하고 공표하여 투명성을 극대화하고 발주처가 기대하는 바를 이해할 수 있도록 하였다. 이를 통해 발주처가 요구하는 조건과 각 조건의 중요도를 입찰자가 이해할 수 있게 하고, 입찰 준비 과정에서 가격뿐만이 아니라 발주자가 중요시 여기는 가치에도 집중할 수 있도록 하였다. 만일 입찰자가 한 프로젝트에서 탈락한 경우, 탈락한 입찰자에게 탈락한 사유와 개선이 필요한 사항에 대해 피드백을 주어 타 프로젝트에서 보다 높은 점수를 획득할 수 있도록 하였다.

올림픽사업청이 주도하는 베스트프랙티스의 실천이 발주처와 1차 원계약자(Tier 1)[87] 관계에서만 국한되지 않고 서플라이체인 전체로 확산될 수 있도록 베스트프랙티스 원리와 프로세스를 1차 원계약자가 하위 공급자들에게도 적용하도록 강력하게 독려하였다.

상기에 제시된 전략과 실행 방안을 통해 발주처인 올림픽사업청은 두 개의 메시지를 산업에게 명확하게 전달하고자 하였다. 첫째, 올림픽사업청은 설계자, 프로젝트 매니저, 건설사, 제조·공급사 등과의 협력을 통해 높은 수준의 성과를 달성하는 것을 매우 중요하게 생각하고 있다는 것과 둘째, 낮은 (입찰)가격이 아닌 최고의 가치를 달성할 수 있는 입찰자를 선호한다는 메시지였다.

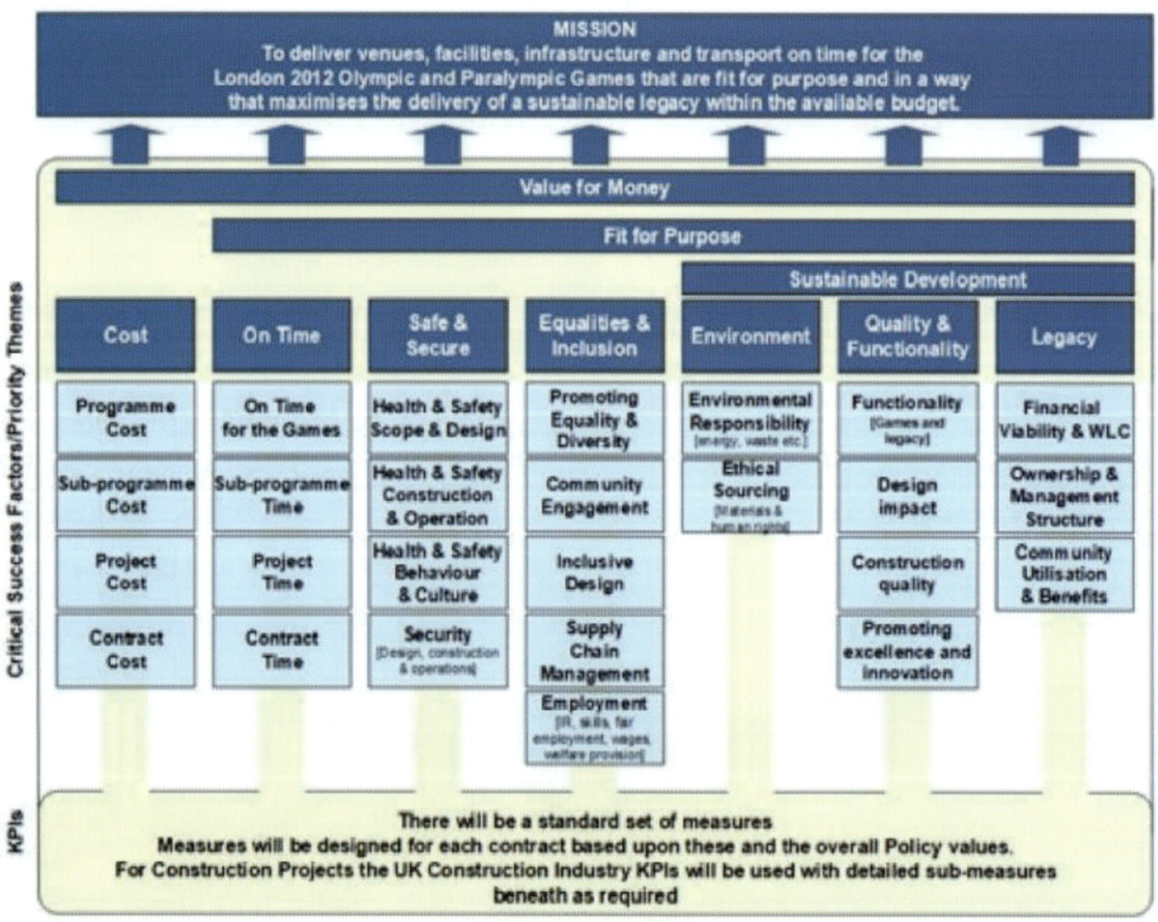

***그림 15** - ODA 균형성과표*

[87] 발주처와 원도급 또는 원계약 관계를 맺는 사업자를 의미하며, 서플라이체인 위계에서 가장 상위에 있는 서플라이어다.

주요 성과

- 약 14조 원(93억 파운드) 규모의 메가 프로젝트에서 사업기간 준수 및 약 7천5백억 원(5억 파운드) 예산 절감.
- 탁월한 보건 및 안전 기록 달성: 피크 타임 시 12,500명, 총 작업 인원 46,000명, 총 8천 1백만 누적 작업 시간에서 126개 보고 대상 안전사고(reportable accidents)로 산업 평균에 비해 월등하게 낮은 안전사고율 기록.
- 재활용, 저탄소, 용수 절감 등 측면에서 높은 수준으로 설정되었던 그린 목표(Green Target) 달성.
- 대부분 미고용 상태에 있던 약 6천여 명의 인력의 고용 및 현장 교육·훈련 기회 제공.
- 자재 및 생산품의 저탄소화: (예) 산업 평균 대비 레미콘 탄소 배출량 42% 저감.
- 철거 폐자재의 90% 이상 재활용.
- 높은 수준의 에너지 효율성 달성: (예) 사이클 전용경기장에서 법적 기준보다 31% 향상된 에너지 효율성 달성.
- 용수 소비량의 현격한 저감.
- 올림픽 사업 참여기업의 70%가 혁신을 통한 경쟁력 향상, 대형사업에 대한 자신감 확보, 시장 평판도 향상, 신규 직원 고용 및 새로운 기술 훈련 등 측면에서 더 높은 수준의 안정성(greater stability)을 확보한 것으로 조사됨.

교훈[88]

- 발주처의 리더십이 핵심이었다. 각 업계의 핵심 인사들을 조기에 참여시켜 이들과 함께 세계적 수준의 건설 스탠더드(standards)를 달성할 수 있는 명확한 사업 비전을 정립하고 보건, 안전, 환경 기준의 우선순위를 정립하였다.
- 협력 문화를 사업 초기단계부터 구축하였다. 정부 및 관련 협단체와 함께 올림픽 사업을 통해 달성하고자 하는 기대사항(expectations)을 설정하고 시장에서 공유될 수 있도록 하였다. 또한 상호 공유될 수 있는 프로세스(예: 로지스틱스)를 구축하였으며, 주요 계약에서 거래·계약 조건에 대한 상호 조율을 통해 목표가격인센티브(target price incentivisation) 방식을 채택한 것도 두드러진 특징이다.
- 발주처가 주관한 사업설명회(roadshow)와 다수 개최된 '발주처와의 만남(Meet the Buyer)' 이벤트 등을 통해 시장(서플라이체인)의 광범위한 조기 참여를 유도하였다. 이 정도 수준의 광범위한 조기 참여와 소통은 영국 건설산업에서도 전례가 없었던 일이며, 후속 타 메가 프로젝트에서도 이를 따라 하는 모범사례가 되었다. 올림픽사업청의 이러한 노력은 올림픽 사업의 조달방식에 큰 변화를 일으켰으며, 올림픽 사업 참여(입찰)에 대한 전국적인 관심도 고취시켰고, 이는 런던 올림픽을 통한 경제적 이득이 런던 지역만이 아니라 전국적으로 공유되도록 하기 위함이었다.
- 올림픽사업청의 성공사례는 발주자와 건설산업에게 영국이 메가 프로젝트를 성공적으로 수행할 수 있는 역량을 보유하고 있다는 자신감을 심어주었다.
- 런던 올림픽 이후 시행된 다수 메가 프로젝트들에서 이전 메가 프로젝트 사례가 유용하게 활용되고, 이들 메가 프로젝트를 따라 이동하는 고급 전문가풀(cohort of senior experts)의 활용을 통해 긍정적인 효과를 얻을 수 있게 되었다.

"이 정도 규모의 지적 자본(intellectual capital)을 활용하고자 노력한 사업은 영국에서도 전례가 없었다."

존 아미트(John Armitt), 올림픽사업청장

[88] 런던 올림픽 사업에 대한 보다 구체적인 내용은 John Mead and Stephen L. Gruneberg가 2013년에 발간한 'Programme Procurement in Construction: Learning from London 2012'을 참조하기를 권장한다.

5.2. 히드로 공항 터미널 5 사례

풍부한 경험을 지닌 인텔리전트 발주자의 신규 터미널 T5 사례

히드로 공항의 확장을 위해 다섯 번째 신규 터미널을 건설하는 T5 사업은 많은 도전적인 사안들이 얽혀있는 복잡한 프로젝트였다. 이 사업은 예산 규모 약 6조 5천억 원(43억 파운드), 사업기간 약 6년(2002년~2008년)으로 터미널 빌딩, 관제탑, 60여 개의 항공기 주기장, 유도로, 수하물처리시스템, 터미널 연결 철도 등을 건설하는 대규모 사업이었다. 히드로 공항의 소유주·운영자이자 발주처인 BAA(British Airports Authority)는 이 사업에서 시스템 통합자(system integrator)와 프로젝트 매니저(project manager)의 역할을 담당하였다.

BAA는 모든 1차 원계약자들과의 관계를 T5A(Terminal 5 Agreement)라는 틀로 정의하는 관계적 계약(relational contracting) 전략을 채택하였다. 이 전략이 지향하는 목표는 서플라이어들이 '기존의 비즈니스 관행(business as usual)'에서 벗어나 '프로젝트 성공을 위해 지속적으로 함께 도전하는 환경'으로 옮겨갈 수 있도록 독려하는 것이다.

계약적 측면에서 이 전략에서는 목표 예산(target cost)과 합의 수익(ring fenced profit)을 기반으로 한 실비정산 계약 방식을 채택하였다. 또한 설계요구사항(design requirements)에 많은 불확실성이 내재되어 있다는 것을 인지한 BAA는 1차 원계약자들에게 설계와 시공을 발주하면서 변경사항을 수용할 수 있는 탄력성을 유지하면서 비용을 줄일 수 있는 방안도 요청하였다.

> *"이 정도 규모와 기간의 사업을 진행하면서 재작업과 반복적인 순환고리(loop)가 발생하지 않을 것이라고 기대하는 것은 비현실적이다. 따라서 우리는 최선의 방법으로 변경(사항)을 관리하며 최소화 시켜야 한다. 처음부터 한 번에 일을 올바르게 진행하기는 어려우며, 우리는 '변경은 삶의 일부'라는 현실을 직시할 필요가 있다."*
>
> *피오나 하몬드(Fiona Hammond), T5 프로젝트 변호사*

T5A의 기본 정신은 사업 시행 과정과 완성된 시설물에서 T5 서플라이어들이 탁월한 성과와 새로운 표준을 달성할 수 있도록 독려하는 것이었다. BAA는 T5A가 상호간에 올바른 관계를 정립하게 하는 견고한 기반이며, 적극적인 문제 해결을 위한 동기 부여의 방법이라고 인식하였다. T5A에서는 문제가 발생하였을 때 비난을 전가하거나 비용을 서플라이어에게 부담시킬 수 있는 대립적인 계약 조항들(confrontational clauses)을 삭제하였다.

> *"서플라이어들에게 리스크를 부담시키고, 가격을 깎으면서 생각했던 것 보다 우리(발주처)가 더 많은 부담을 지고 있다고 불평할 수는 없다.*
> *이는 근본적으로 정직하지 않으며 경제적으로도 무지한 것이다.*
> *우리의 접근방식은 내재된 낭비요소를 제거하여 비용을 낮추는 것과 서플라이어들이 우리만큼 합당한 보상을 받도록 하는 것이다.*
> *우리는 상호간의 이해관계를 조율하도록 노력하고 있다.*
> *각종 배상, 지체상금, 위약금 등을 근간으로 하는 전통적인 계약 접근방식이 발주자를 보호할 수 있다고 생각하는 것은 무의미하다."*
>
> *피오나 하몬드(Fiona Hammond), T5 프로젝트 변호사*

주요 성과

- 연간 3천만 명의 승객을 수용할 수 있는 약 6조 5천억 원 규모의 메가 프로젝트에서 예산 및 사업기간 준수.
- 현장 면적 260 헥타르, 지하 공사가 전체 공사의 70%를 차지하며 피크 타임 시 6,500명의 작업자가 투입되는 사업에서 우수한 안전 성과 달성.
- 700개 이상의 인허가 조건과 영국 역사상 최장기간의 인허가 점검 등이 수반된 사업의 복잡성에도 불구하고, 주요 설계 및 시공 목표 달성을 통해 발주처 만족 확보.
- BIM 활용을 수년 전에 조기 결정함으로서 선제적인 의사결정 및 사업의 확실성 제고.
- 메가 프로젝트의 성공적인 시행을 통한 BAA 명성 제고.
- 일정 및 비용 예측성 향상에 기여하는 프리페브리케이션(prefabrication) 및 탈현장제조(off-site manufacturing)의 가치 확인.

교훈

- T5 프로젝트 시행과정에서 높은 수준의 프로덕션 매니지먼트(high-performance production management)가 이루어질 수 있도록 발주처인 BAA는 핵심적인 역할을 담당하였다. 메가 프로젝트에서 발주자의 리더십은 프로덕션 매니지먼트의 혁신을 포용해야 한다고 BAA는 믿었다. 이에 BAA는 리더십 확보와 실천을 위한 비용을 투자하였으며, 결국에는 이러한 투자가 프로젝트 성과 향상을 통해 회수 될 것이라고 판단하였다.
- BAA는 모듈러와 표준화를 기반으로 하는 프리어셈블리(pre-assembly) 해법의 사용을 적극적으로 추진하는 리더십을 발휘하였다. 서플라이어들도 오프쇼어(off-shore)와 오일·가스(oil and gas) 부문에서 좋은 성과를 거둔 사례들에 자극을 받아 이러한 접근방식이 채택되기를 적극적으로 기대하였다.
- 시멘트, 철근, 골재 등 일부 주요 자재에 대해서는 BAA가 직접 대량 구매를 실시하였으며, 기업들의 개별 구매에 따른 비용 상승의 우려가 있었기 때문이다. 이후 BAA는 직접 대량 구매가 비용 측면에서 유리한 경우도 있지만 그렇지 않은 경우가 있다는 것도 발견하였다. 현재는 히드로 공항 사업에 직접적으로 관련 있는 자재에 대해서만 직접 대량 구매를 실시하는 것으로 방향을 일부 수정하였다.
- 현장 내 매우 부족한 임시보관·저장 공간(lay down area), 한 개소 밖에 확보할 수 없었던 현장진입구 등과 같은 T5 프로젝트의 어려운 조건들이 BAA로 하여금 혁신적인 프로덕션 매니지먼트에 관심을 가지고 투자를 하게 한 리더십 발휘의 배경이 되었다.
- T5A와 같은 관계적 계약 전략의 개발 및 시행을 위한 투자는 사업시행 속도의 가속화, 설계비 및 공사비의 절감, 법적 분쟁 감소, 고품질의 물리적 유산 창출 등의 효과를 통해 회수될 수 있다는 믿음을 BAA는 가지고 있었다.

5.3. 교육부 사례

MMC[89]를 위한 프레임웍(framework) 사례

2014년에 이르러 급격한 학령 인구의 증가에 따른 교육시설 부족의 문제가 심각해지면서 교육부(Department for Education)는 이를 해결해야 하는 상황에 직면하였다. 그러나 정부 기준에 따른 예산으로는 사업을 원활하게 시행할 수 없는 상황이었다. 특히, 영국 남동부 지역은 기능인력 부족과 높은 인건비로 인해 문제가 더욱 심각한 상황이었다.

교육부에게 주어진 임무는 향후 10년간 매년 400개의 신규 학교를 건설하는 것이었다. 그러나 당시 많은 프로젝트에서 예산 초과, 계약 분쟁에 따른 사업 지체, 기능인력 부족에 따른 품질 문제 등이 발생하고 있었다. 양질의 학교시설 부족과 사업 지체에 따른 미개교 학교의 증가는 정치적 현안으로까지 발전하였다.

이러한 문제를 해결하기 위해 교육부에서는 전통적인 접근방식을 탈피하고 탈현장제조(off-site manufacturing) 방식을 채택하여 제조기업들이 학교사업에 참여할 수 있는 기회를 열어주었다. 제조기업들은 표준화된 부품·요소(components)와 볼륨그리드(volumetric grid)에 기반한 설계를 개발하였으며, 이는 서플라이체인에 의해 규모 경제의 장점을 살릴 수 있다는 것을 의미하였다.

교육부는 과도하게 복잡한 기존의 설계 가이드라인을 단순화하는 접근방식도 채택하였다. 복잡한 설계 가이드라인은 이해하기 어려우며, 이러한 복잡성이 리스크를 유발하는 원인이 되었기 때문이다. 설계 가이드라인을 보다 단순화하고 이해하기 쉽게 만들면 건설사들이 보다 확신을 가지고 용이하게 가격을 산정할 수 있으며, 이를 통해 보다 정확하고 신뢰할 수 있는 가격을 제출할 수 있을 것이라고 판단하였다.

이와 함께 설계 공통 원칙(common set of design principles)을 개발하여 각 개별 프로젝트에서 지나치게 기초적인 사항부터 설계를 시작해야 하는 낭비를 줄이게 하여 설계비 및 설계 기간을 줄일 수 있었다.

보다 단순화되고 볼륨그리드에 기반을 둔 설계는 제조사들에게 시장 기회를 열어주었으며, 공통적인 부품·요소와 단순화되고 표준화된 설계 가이드라인이 활용될 수 있도록 조달 체계도 재구성하였다. 교육부는 시장과 기업에 대한 이해도를 높이는 노력도 중요시하였으며 기업이 어떻게 이익을 창출하고 어떻게 적자가 나며 무엇이 효율성과 비효율성을 유발시키는 지에 대한 이해도를 높이고자 하였다.

교육부의 개방적이고 협력적인 접근방식에 대해 서플라이체인들은 매우 수용적인 태도를 보였으며, 그 주된 이유는 그들이(서플라이체인) 더 존중받고 있으며, 그들의 목소리가 청취되며, 프로젝트에 그들의 경험과 지식·기술을 제공할 수 있는 충분한 기회가 주어졌다고 느꼈기 때문이다.

교육부는 학교 시설에 대한 지역별 수요를 국가적 차원에서 조율하고 조정하는 수요 통합 전략도 채택하였다. 즉, 지역별로 일어나는 산발적인 사업 수요를 국가 차원에서 조율하여 가장 효율적인 방식으로 묶어서(batch) 발주하는 형태를 취하였다. 이를 통해 건설사들은 학교 시설 물량과 발주 시기의 흐름에 대해 확실성과 가시성을 확보할 수 있었고, 이는 생산공장에 대한 투자 유인책이 되었다.

상기 노력들을 통해 보다 적정화된 수준으로 '학교 시설이 공장에서 생산' 되고, 제조기업은 보다 효율적인 생산과 유통을 할 수 있었으며, 이를 통해 교육부도 절감의 효과를 누릴 수 있었다.

89 영국 건설산업에서 MMC(Modern Methods of Construction)에 대한 정의는 다양하며 진화하는 경향이지만 일반적으로 표준화, 프리페브리케이션, 탈현장제조 등을 통칭한다.

주요 성과

- 약 7조 5천억 원(50억 파운드) 규모에 이르는 학교 사업들을 진행하면서 기존 사업들과 비교하여 평균 약 35%에 이르는 예산 절감 달성: 최대 50% 절감한 지역도 있음.
- 설계비 절감: 4%~12%.
- 12개월 정도 소요되었던 기존의 전형적인 초등학교 공사 기간이 4개월로 단축.
- 프로그레시브 디자인(progressive designs)[90], 지속적인 개선, 건설사 조기 참여 등을 통해 우수한 제조사 공급망을 구축할 수 있었으며, 이를 통해 예산 준수 및 품질 확보를 달성하고 기존 사업들과 비교하여 공사 기간도 평균적으로 약 50% 단축되었으며, 최대 75%까지 단축된 사례도 있음.
- 교육부의 성공적인 사례가 계기가 되어 2018년 영국 정부는 타 정부 부처에서도 MMC를 우선적인 접근방식으로 채택하도록 하는 정책을 발표함.

교훈

- 사업의 프로세스를 어렵고 복잡하게 만들면 시공사는 리스크 증가로 간주하며 이는 (입찰)가격의 상승으로 귀결된다.
- 복잡한 사업 조건(arrangements)은 경쟁 시장의 폭을 좁히며 사업의 매력을 떨어지게 하고 이는 수요가 공급을 초과하는 상황에서는 심각한 문제가 된다.
- 공급 기반(supply base)에 대한 깊은 이해가 부족하면, 발주자는 생산성이나 비용 측면에서 긍정적인 효과를 거둘 수가 없다.
- 공사비만이 아닌 총사업비 관점에서 예산을 이해하고 편성해야 한다.
- 다수 사업에 대한 수요를 종합적으로 파악하여 이를 묶어서(batch) 발주하는 것은 생산성 향상과 비용 절감 측면에서 긍정적인 효과를 가져올 수 있다.
- 전통적으로 건설사와 제조사가 리스크를 관리하는 방식에는 차이가 있다. 전통적으로 건설사는 발주자나 하위 공급자에게 리스크를 전가하는 방식으로 리스크를 관리하는 경향이 있다. 반면에 제조사에게 최대 비용은 고정 자산(공장)이기 때문에 이런 방식으로 리스크를 관리하기는 어렵다. 제조사가 중요시 여기는 것은 안정적으로 물량이 예측 및 확보되는 것이며 이를 통해 제조사는 투자와 생산성 향상에 대한 확신을 가질 수 있다.
- 발주자가 적극적인 자세를 가지고, 타 주체의 의견을 청취하며, 정확하고 현실성 있는 정보를 활용하면 모든 참여 주체를 위해 바람직한 성과를 가능하게 하는 보다 향상된 의사결정을 할 수 있다.
- 전통적인 시공방식에서 벗어나 탈현장제조 방식으로의 전환은 기능인력 부족 대응, 사업기간 단축, 품질 향상, 보건 및 안전 성과 향상 등의 측면에서 일조할 수 있다.

[90] 건설사를 포함한 서플라이체인 주요 멤버들이 설계 단계에 참여하여 이들의 경험, 지식, 기술 등을 설계에 반영하는 작업 또는 과정을 의미한다.

5.4. 앵글리안 워터 사례

대규모 장기 자산의 소유자인 발주처 사례

앵글리안 워터(Anglian Water)는 영국 남동부 지역에 수돗물 공급과 폐수 처리 사업을 운영하는 기업이다. 앵글리안 워터는 112,000km 파이프를 통해 6백만 명의 고객에게 하루 12억 리터의 물을 공급하며 약 1,300여 개의 폐수처리 시설도 운영하고 있다. 앵글리안 워터의 주요 임무는 고품질 수돗물의 공급과 폐수 처리를 위한 네트워크를 유지·관리하고 개선하는 것이다.

앵글리안 워터의 사업계획은 5년 단위 자산관리주기(Asset Management Period; AMP)를 기준으로 수립되며, 각 AMP당 평균적인 투자 규모는 약 6조 7천 5백억 원(45억 파운드) 수준이다. 다른 인프라스트럭처 사업의 경우와 유사하게 전통적으로 앵글리안 워터의 사업들도 대부분 거래적 방식(transactional manner)으로 시행되었으며, 경제적으로 가장 우수한(most economically advantages) 제안을 한 입찰자를 선정하는 방식을 활용하여 왔다.

AMP4(2005년~2010년) 주기에 이르러 보다 효율적이고 효과적인 해법과 고객 서비스를 위해 앵글리안 워터는 기존과는 다른 조달 방식으로 전환하기로 결정하였다. 이는 앵글리안 워터의 역량을 향상시키고 파트너사와의 보다 효과적인 관계 구축을 지향하는 것이었다.

앵글리안 워터는 다양한 부문의 베스트 프랙티스에 대한 조사·분석을 실시하여 이를 바탕으로 베스트 프랙티스의 주요 특징을 도출하고 이를 새로운 조달 전략에 반영하였다. 기본적인 방향은 보다 통합적이고 협력적인 방식을 채택하고 서플라이체인과 장기적인 협력관계를 구축하는 것이었다.

앵글리안 워터는 고객 의견의 조사·청취 과정을 통해 고객이 기대·요구하는 사항 즉, 고객 성과품(customer outcomes)을 정의하고 이를 파트너사들과의 관계 구축 시 반영하였다. 이를 위해 고객 성과품을 충족시킬 수 있는 역량을 기준으로 파트너사를 선정하고, 과거 성과와 비교하여 개선된 성과에 대해서는 인센티브를 지급하였다.

앵글리안 워터와 주요 파트너사들은 하나의 얼라이언스(alliance)로 결성되었다. 통합적이고 협력적 조직인 얼라이언스는 개별 프로젝트 또는 업무 차원의 성과가 아니라 종합적인 성과에 집중하고, 주요 파트너사와 하위 서플라이체인이 보다 혁신적인 해법을 개발하고 새로운 표준에 도전할 수 있는 기회를 제공하였다.

통합 팀 구성을 위해 얼라이언스는 '최고의 적임자(best for task)' 접근방식[91]을 채택하며 얼라이언스에 소속된 모든 주체들이 사업을 협력적으로 진행하였다. 얼라이언스는 하위 서플라이체인을 관리하는 역할을 담당하였으며, 장기 프레임웍(framework) 방식을 통해 보다 효과적인 관계 구축과 적임 서플라이어의 조기 참여를 확보하고자 하였다. 이 과정에서 주관 통합관리자(main integrator)와 프레임웍 공급자들은 과거 기준(historical baseline)과 비교하여 향상된 가치를 기준으로 보상을 받았다.

얼라이언스가 통합관리자의 역할을 담당한 사례의 하나로 제품기반 수행방식(product-based delivery)을 들 수 있다. 기존의 접근방식은 개별 사업의 특수성을 강조하는 과정에서 설계, 주요 부품·요소(components), 사업 수행 해법 등의 개별성과 다양성이 발생하는 비효율적인 측면이 있었다. 이에 앵글리안 워터는 사업들에서 나타나는 반복성(repeatability) 특징에 주목하였고 제품과 부품·요소 등을 표준화하고 이를 '제품 카탈로그(product catalogue)'로 발전시켜 사업 초기단계에서부터 활용함으로서 기존의 접근방식에 비해 월등하게 향상된 결과를 창출하였다.

[91] 소속 기관/기업에 구애받지 않고 가장 적합한 사람이 얼라이언스 내(內) 직책을 담당하는 접근방식을 의미한다.

앵글리안 워터의 표준화 전략은 디지털 트랜스포메이션(digital transformation) 전략과 함께 추진되었으며, 착공에 앞서 얼라이언스는 설계와 시공을 가상으로 진행하여 리허설과 적정화 효과를 추구하였다. 이러한 전략은 건설사업을 '시공에서 조립으로(from construction to assembly)'라는 개념으로 전환시켰으며, 보건 및 안전 측면에서 우수한 성과를 달성하였다.

상기 전략과 노력을 통해 얼라이언스는 비용, 일정, 탄소배출 등의 측면에서 높은 수준의 실적 개선을 달성하였으며, 이에 미래에도 파트너사들과의 조율되고 협력적인 관계를 더욱 발전시키고자 노력하였다.

앵글리안 워터가 채택한 얼라이언스 모델은 AMP4의 일환으로 2009년에 처음 적용되었다. 이 모델이 성공적인 성과를 달성하면서 2013년 앵글리안 워터는 그 다음 단계를 계획하면서 15년 계약기간의 프레임 계약을 추진하며, 얼라이언스가 AM6주기(2015년~2020년) 투자에서 더 많은 물량을 담당할 수 있도록 하였다.

앵글리안 워터는 AM6주기 투자를 계획하는 과정에서 얼라이언스와 서플라이체인을 조달하는 전략 계획안을 검증하고 개선사항을 반영하기 위해 앞에서 소개한 인프라스트럭처사업청(IPA)의 루트맵(Routemap)을 활용하였다. 루트맵을 활용한 계획 검토는 첫 계약 패키지가 발주되기 8개월 전에 이루어졌으며 이를 통해 개선사항을 발굴하고 이를 기존 계획에 반영하였다.

주요 성과

루트맵 검토(Routemap review)를 통해 나타난 주요 성과는 다음과 같다.

- 앵글리안 워터의 주요 비즈니스 요구사항과 얼라이언스 전략간의 보다 향상된 조율.
- 서플라이체인 매니지먼트, 제조생산방식을 채택한 시공 등 주요 개선방안의 통합적 반영.
- 각종 관련 계획의 조율성 향상: (예) 주요 조달에 앞서 비즈니스 요구사항과 성과물에 대한 확정 등.
- AM6주기 시행계획에 20% 효율성 향상, 캐피털 카본(capital carbon)[92] 20% 저감, 공사기간 40% 단축 등의 목표 반영.

교훈

- 전략적 얼라이언스와 이를 통해 각 파트너사와 서플라이체인이 누릴 수 있는 효과를 명확하고 구체적으로 설명하는 것이 중요하다. 이를 위해서는 다양한 비즈니스의 동기(drives)와 시장에게 요구할 다양한 일의 유형(types of work)에 대한 이해가 선행되어야 한다.
- AMP6 주기를 위한 각종 개선방안을 도출하는 과정에서 현존하는 문화적 장벽들(cultural blocks)이 발견되었으며, 이를 극복하기 위한 조치를 보다 구체화 시킬 필요가 있다.
- 서플라이체인과의 보다 향상된 통합을 통해 기대효과를 거두고자 하는 계약모델과 AMP6 주기 시행방안에 포함된 새로운 시도들 간에 상호 밀접한 연관성을 지니도록 하는 것이 중요하다.
- 보다 일관성 있는 변화 프로그램(change programme)의 개발과 운영을 통해 광범위한 사업 프로그램의 각종 요소들이 순차적(sequenced)으로 실행가능성(deliverable)과 초점(focused)을 가지고 시행 전략 및 계획에 통합되는 것이 중요하다.

[92] 건설공사를 수행하는 과정에서 발생하는 탄소를 의미한다.

5.5. 법무부 사례

상시(repeat) 발주처의 BIM 활용 의무화 사례

이 사례는 디지털 기술과 탈현장제조(off-site manufacturing) 접근방식이 어떻게 건설사업의 생애주기가치를 향상시킬 수 있으며, 발주처가 이를 어떻게 선제적으로 활용할 수 있는가를 제시해주는 사례이다.

법무부(Ministry of Justice)는 영국 중남부 웰링보로(Wellingborough) 지역에 1,680명을 수용할 수 있는 교도소 신축사업을 진행하게 되었다. 약 3천 8백억 원(2억 5천 3백만 파운드) 예산 규모의 사업을 시행하는 초기 단계에서 법무부는 DfMA(design for manufacturing and assembly) 접근방식을 채택하기로 결정하였다. 이는 해당 사업에서 60,000개 이상의 반복적이고 표준화된 부품·요소(components), 어셈블리(assemblies), 하위 어셈블리(sub-assemblies) 등을 적용하고 BIM과 디지털 시공을 설계, 시공, 자산관리를 위한 핵심 요소로 활용하는 것이다. 이 사업은 디지털 건설과 같은 새로운 시도에서 나타나는 지식·경험을 축적하고 이를 추후 법무부가 시행하는 사업들에서 활용하기 위한 선도 사업의 성격을 지니고 있었다.

DfMA 접근방식의 핵심은 법무부 시설물의 설계, 조달, 시공, 자산관리 등을 적정화시키는 것이었다. 이를 위해 이 사업 내 13개 건물을 위해 필요한 반복적이고 표준화된 부품·요소, 어셈블리 등을 파악하여 DfMA 접근방식을 적용하였다.

그 결과로 설계의 약 80%를 표준화 시킬 수 있었으며 이는 웰링보로 교도소 사업을 위해 설계된 부품·요소, 어셈블리 등이 다른 교도소 사업을 위해서 사용될 수 있다는 것을 의미한다. 이를 통해 법무부는 규모 경제의 장점을 활용하고 관련 시방서를 표준화 시킬 수 있게 되었다.

이 사업에서는 프리캐스트 방식을 통해 감방의 문, 창문, 바닥 등을 적정화 시켜 가능한 한 후속 작업을 줄이도록 하였다. 2,400개 창문, 19,680개 배관, 2,100개 바닥 하부 온열매트, 1,682개 샤워기 등에 프리캐스트 방식을 적용하였으며, 기계·전기설비와 목공 공사의 27,000개소에서 현장 드릴 작업을 최소화 시켰다. 또한 기계·전기·배관(MEP) 공사에 프리패브리케이션 방식을 적용하여 작업을 단순화시켰다.

프리캐스트 요소들은 하루에 약 18회~22회에 걸쳐 현장으로 배달되어 7개의 크롤러 크레인을 통해 부품조립 방식(kit of parts)으로 설치되었으며, 한 주에 약 420개~460개의 프리캐스트 요소들이 설치되었다. 이 사업에서는 공기 준수를 위해 적시생산(just-in-time delivery) 전략을 적용하여 24시간 작업 분량의 프리캐스트가 적시에 현장 보관될 수 있도록 하였다.

주요 성과

- 약 20% 이상의 공사기간 단축.
- 십자가 모양의 건물 7개 각 동(棟)이 14주 만에 완성됨. BIM 설계를 통해 프리캐스트 요소의 개수를 약 50% 정도 줄였으며, 이를 통해 각 건물 동마다 크레인 사용시간을 18.5주 단축.
- 약 70% 수준으로 향상된 PMV(Pre-Manufactured Value)[93].
- 80% 표준화된 요소들을 법무부의 타 프로젝트에서 활용 가능.
- 현장 작업인력의 1/3 감소를 통한 안전사고 발생 가능성 저감.
- 서플라이체인과의 광범위한 통합 및 경험의 공유.
- 타 교도소 프로젝트에서도 적용 가능한 부품조립 방식(kit of parts) 플랫폼 개발.
- 프로젝트 전 과정에 걸친 디지털 기술 활용 및 품질 관리.
- 전형적인 타 교도소에 비해 70% 이상의 에너지 효율 달성.
- 오프사이트 제조를 통한 관련 지역의 경제 활성화 및 관련 서플라이체인의 투자 증진.
- 서플라이체인의 기술 혁신 기회 제공과 이를 통한 현장 및 공장 생산성 향상 기여.
- 22명의 견습생에게 약 1,000일 정도에 달하는 디지털 건설 경험 기회 제공.
- 이 사업을 통해 DfMA 방식이 품질 향상 및 일정 단축에 지대한 효과가 있음이 검증되어 법무부의 타 사업으로 적용 확대.

교훈

- 이 대형사업에서 참여주체간에 적극적인 협력은 매우 중요한 현안이었으며, 협력 문화 창출을 위해 법무부는 리더십을 발휘하는 핵심적인 역할을 담당하였다.
- 법무부의 의견을 반영하여 채택된 디지털사명선언문(digital mission statement)은 디지털 기술 활용을 위한 문화와 기대감이 조성되게 하였다. 오프사이트 접근방식을 향상시키기 위해 프로젝트 전(全) 과정에서 광범위한 디지털 도구, 자동화 및 로봇 기술이 활용되었다.
- 이 사업에서 광범위하게 활용된 오프사이트 제조 방식은 관련 지역의 경제를 활성화시키고 관련 서플라이체인의 투자를 확대시켰다.
- 이 사업을 통해 서플라이체인이 기술 혁신을 할 수 있는 기회가 제공되었으며 이를 통해 현장 및 공장 생산성 향상을 유도할 수 있었다.

---

93 탈현장 수준을 표현하는 수치로 영국 내에서도 아직 통일된 공식은 정해지지 않았다. 다만, PMV 수치가 높을수록 탈현장 수준이 높은 것으로 해석된다.

5.6. 더들리대학 사례

과거 좋지 않은 경험이 있었던 소형 발주처의 대담하고 새로운 접근방식 사례

더들리대학(Dudley College)은 첨단 건설기술의 교육을 위해 필요한 신규 훈련시설(Dudley Advanced II) 건립사업에서 통합 프로젝트보험(Integrated Project Insurance; IPI) 모델이라는 새로운 접근방식을 시도하였다. 이 사업은 IPI 모델이라는 혁신적인 접근방식의 효과를 검증하기 위해 2014년 영국 내각부(Cabinet Office)에 의해 승인된 시범사업이었으며, 이 사업 진행에 대한 모니터링과 평가는 컨스트럭팅 엑셀런스(CE)에서 담당하였다.

IPI 모델은 새롭게 등장한 얼라이언싱 모델(alliancing models)이라는 사업 시행방식을 위한 보험의 첫 번째 사례였다. IPI 모델은 상호 협력 환경을 조성하기 위한 것이며, 독립적인 리스크 보증(independent risk assurance)과 독특한 비용 초과 보험(cost-overrun insurance)이라는 주요 특징을 지니고 있다.

이 모델은 발주처, 컨설턴트, 종합건설사, 전문건설사, 주요 서플라이어 등이 기획단계에서부터 얼라이언스(alliance)를 구성하여 통합적이고 협력적인 방식으로 설계, 시공 등을 수행하는 프로세스를 기반으로 하고 있다. 또한 독립적인 퍼실리테이션(independent facilitation)을 통해 모든 얼라이언스 멤버들의 상호 협력을 증진하고, 기술적·재정적 리스크에 대한 독립적인 리스크 보증을 통해 프로젝트·발주처의 리스크를 관리하였다.

IPI 모델 하에서 얼라이언스는 기존의 '비난 기반(blame-based)' 보험과는 다른 독특한 보험 정책에 의해 보호되었다. 이는 비용 초과(cost overrun)에 대해 발주처, 파트너사, 서플라이어, 자금제공자(funder) 등이 보험을 통해 보호되는 것이며, 또한 잠재적 하자에 대해 12년간 무(無)비난(no-blame) 기반으로 보호된다.

발주처인 더들리대학이 IPI 모델을 채택한 주된 이유는 과거 프로젝트들에서 발생했던 예산 초과라는 좋지 않았던 경험을 피하며 예산에 대한 확실성을 높이고 싶었기 때문이다. 즉, 더들리대학은 프로젝트 종료 후 제시되는 (과도한) 청구서 상황을 피하고 그들이 집행하는 예산에 대해 최고의 가치를 달성하고자 한 것이었다. 결국 발주처가 원했던 것은 '사업 시행과 성과의 확실성(no surprise)'으로 요약될 수 있다.

주요 성과

- IPI 모델에 의한 목표 예산(target cost)은 약 150억 원(1천만 파운드)이었으며 투자 목표액(investment target) 대비 6.5% 예산 절감 달성.
- MMC(Modern Method of Construction) 활용을 통한 공사기간 단축 및 품질 향상.
- 저탄소 및 에너지 효율 측면에서 에너지 성능 최고 A등급 획득.
- 더들리대학 내 기존 건물들과 비교하여 운영 및 유지관리 비용이 50% 절감될 것으로 추산.
- 우수 발주처의 탁월한 시설물 명성 확보.

교훈

더들리대학 사례에 대해 레딩대학교(University of Reading)에서 분석 보고서[94]를 발간한 바 있으며 주요 내용을 발췌하였다.

더들리대학 프로젝트(Dudley Advanced II)의 결과(outcomes)는 프로젝트 전략 기획서(strategic brief)에서 정의한 목표에 따라 달성된 것으로 판단되며, 이 프로젝트의 주요 특징은 다음과 같다.

- 얼라이언스를 통해 모든 의사결정에 발주처 참여.
- 파트너사와 주요 서플라이어들의 현금 흐름 안정성 보장을 위한 프로젝트 은행계정(Project Bank Account) 운영.
- 프로세스에 존재하는 비효율성 제거를 통한 시간 및 비용 절감: (예) 디지털 트윈(Digital Twin)을 활용한 설계관리.
- 독립적인 보증(independent assurance) 및 '무(無)비난(no-blame)'이라는 특징이 지닌 혁신성.
- 얼라이언스 계약, 인센티브, 책임제한 등에 대한 위임(empowerment).
- 비용 초과(cost overrun) 대한 보험 조항.
- 최종 비용에 대한 예측성 확보 및 12년 기간의 잠재적 하자 보증.

더들리대학 프로젝트에서 채택한 것과 같은 매우 새로운 시도에 동반되는 주요 도전은 다음과 같다.

- 니즈의 정의: 시설물 운영에서 나타날 수 있는 문제점에 초점을 맞추고 이를 성공 요인과 함께 전략 기획서에 반영하는 것이 중요하다. 또한 니즈 해결을 위해 해법을 (발주처가) 미리 결정하기 보다는, 얼라이언스를 통해 공동으로 해법을 개발하는 것이 필요하다.
- 협력을 위한 헌신: 발주처가 파트너사들과 전적으로 협력하겠다는 헌신이 있어야 IPI 접근방식이 가능하다. 이러한 헌신에는 최저가 입찰을 선택하는 것으로는 발주처 니즈를 충족시키는 것이 거의 불가능하다는 태도도 포함된다.
- 합리적인 비용 벤치마크(benchmark) 설정: 프로젝트 파트너사들에게 개선을 위한 적절한 수준의 도전과 동기를 제공하기 위해서는 현실적이고 감당할 수 있는 비용 목표(cost target)를 설정해야 하며, 이를 위해 적합한 비용 벤치마크를 활용하는 것이 필요하다.
- 시간 투자: 얼라이언스의 선정, 구성, 운영 등에 대해 선제적인 노력(up-front effort)을 기울여야 하며, 이러한 노력은 추후 성과(향상)를 통해 보상받을 수 있다.
- 얼라이언싱(alliancing)은 '소프트 터치(soft touch)'가 아니다: 프로젝트 이슈에 대해 시의적절하게 집중하고 상호 솔직한 의견 표현이 필요하다.
- 협력을 통한 문제 해결: 팀으로서 함께 일하는 것이 도전을 보다 효과적으로 대응하는 방법이며, 문제 해결은 비난이 아니라 협력을 통해 가능하다는 인식을 가지는 것이 필요하다.

[94] Delivering more for less under the IPI Model(2018). University of Reading.

- 기회 및 리스크 관리: 리스크와 리스크 해소에 대한 상호 이해를 증진시키기 위해 보험사와 함께 시너지(synergy) 효과를 창출하는 것이 요구된다. 이를 위해 기회와 동반되는 리스크 해소에 집중하는 것이 중요하다는 것을 더들리 대학은 학습하게 되었다.
- 프로젝트 리더십: 협력을 통한 효과를 창출하기 위해서는 프로젝트를 코디네이트(coordinate)하고 관리하는 역할을 정교하게 조율하는 것이 필요하다.
- 로지스틱스(logistics), 시공 및 인수인계: 비용, 일정, 품질의 성과를 위해 얼라이언스를 통한 시너지 창출이 중요하며, 서플라이체인의 조기 참여는 필수적이다.

"우리(발주처)는 예산 절감을 시도하지 않았다.
우리가 노력한 것은 우리가 지출하는 비용을 통해
최고의 가치를 달성하는 것이었다.
또한 비용 초과나 비용 관련 분쟁 등을 선제적으로 관리하여
프로젝트 종료 후 (과도한) 청구서를 받는 상황을 피하려고 노력하였다.
결과적으로 완성된 건물의 품질은 월등(super)하고 탁월(brilliant) 하다.
단위 면적당 가격으로 볼 때, 이 건물은 우리가 보유한 건물 중
최고 품질의 건물이라고 할 수 있다."

더들리 대학 총장

5.7. 런던 지하철 사례

경험 많은 인프라스트럭처 발주자의 대형 프로젝트 혁신 사례

런던 지하철 네트워크의 업그레이드를 위해 런던지하철공사(London Underground Limited)는 뱅크(Bank) 지하철역을 확장하는 대규모 사업을 시행하였다. 약 8천 5백억 원(5억 6천 3백만 파운드) 규모의 이 사업은 뱅크(Bank)역을 이용하는 현재 및 미래 이용자를 감당하기 위한 것이었다. 뱅크역 확장 사업에는 기존 노던라인(Northern Line)[95]의 남측 방향 터널을 서쪽으로 약 20m 정도 이동 시키는 것을 포함한 대규모 토목공사가 포함되어 있었다.

서플라이체인과의 대화와 자문을 통해 런던지하철공사는 서플라이체인이 보유하고 있는 전문 지식·기술을 효과적으로 활용할 수 있는 ICE(Innovative Contractor Engagement)라는 새로운 접근방식을 개발하였다. 이 접근방식은 사업초기단계에서부터 서프라이체인에 속한 핵심 구성원을 조기에 참여시켜 상호 신뢰를 구축하여 서플라이체인이 보유하고 있는 전문 지식·기술을 활용함으로서 사업 시행의 최적화를 도모하는 것이다.

전통적으로 런던지하철공사는 2단계(two-stage) 입찰을 통해 건설사를 조기에 참여시키는 방식(early contractor involvement; ECI)을 활용하였다. 그러나 이 방식은 그간 다음과 같은 몇 가지 문제점을 지니고 있었다.

- 건설사들이 사업비를 획기적으로 절감할 수 아이디어를 1단계에서 제공하는 것에 대해 소극적이었으며, 그 주된 이유는 이러한 아이디어를 2단계에서 제안하는 것이 입찰에서 유리하기 때문이었다.
- 일부 건설사들은 발주처를 신뢰하지 않았다. 그들은 1단계에서 자신들이 제공한 사업비 절감 아이디어들이 설계에 반영되고, 2단계에서 경쟁사들이 이를 입찰에 활용하는 것을 우려하였다.
- 발주처의 입찰 평가 시, 발주처는 입찰 내용이 발주처가 제시한 내용 또는 기준에 얼마나 부합되어 있는지에 초점을 두고 평가를 하였다. 따라서 건설사 입장에서는 부합되지 않는다고 판정될 소지가 있는 방안을 제시하기 위해 시간이나 노력을 투자하는데 수동적이었다.

런던지하철공사는 이러한 기존 방식의 문제점을 인식하고, 서플라이체인의 피드백을 바탕으로 새로운 접근방식인 ICE 방식을 개발하고 활용하였다. ICE 방식은 3단계 프로세스로 구성되며, 1단계: 건설사, 설계사, 서플라이체인 팀에 대한 사전자격심사(PQ) 실시, 2단계: 비공개 협의(confidential engagement), 3단계: 입찰로 이루어진다.

1단계 사전자격심사는 기존 방식과 유사하게 실시되며, 2단계 비공개 협의가 기존 방식에서 나타난 문제점을 극복하기 위해 새롭게 적용된 프로세스이다. 6개월 일정으로 진행되는 2단계에서 입찰팀들은 발주자가 제공한 사업계획안을 검토하고 개선방안을 개발하여 발주처에게 제안한다. 그러면 발주처는 각 입찰팀과 개별적으로 제안된 아이디어의 실현 가능성에 대해 검토하며 협의를 진행한다. 이때 각 입찰팀이 제시한 방안 또는 아이디어는 타 입찰팀과 공유되지 않는다. 이를 위해 발주처와 각 입찰팀은 비밀준수협약(confidentiality agreement)을 체결하며, 2단계에서 발주처와 비공개 협의에 참여하는 입찰팀에게는 일정 대가가 지급된다.

2단계를 통해 모든 입찰팀과의 비공개 협의가 종료되면 3단계 입찰이 실시되며 발주처는 낙찰된 팀과 목표가격계약(target price contract) 방식으로 계약을 체결한다. 이때 탈락된 입찰팀이 제시한 혁신적인 아이디어 중 해당 사업을 위해 활용되는 아이디어에 대해서는 해당 팀에게 일정 대가가 지급된다.

[95] 런던의 남북을 가로지르는 지하철 노선이다.

주요 성과

- 초기 계획 대비 45% 향상된 비용편익비율.
- 2021년 중반 완공 일정 준수.
- 약 9백 2십억 원(6천 1백만 파운드)의 예산 절감.
- 공사를 위한 일시적 운영 중단 일정 22% 단축 및 뱅크역 운영 상태 유지.
- 일일 40만 명에 달하는 이용자의 이용 및 환승 시간 단축.
- 개선된 설계와 작업계획을 통해 각종 인허가 프로세스에 대한 서플라이체인의 기여 가능.
- BIM 활용을 통한 시설물의 정확한 공간 및 기술 정보 축적과 이를 통한 운영자의 효과적인 운영 및 유지관리 지원.

교훈

- 기존 방식의 문제점을 극복하기 위해 비공개 협의를 진행함으로서 입찰팀이 주요 절감안에 대한 아이디어를 제공할 수 있는 환경을 조성하고, 그들의 아이디어가 입찰에서 경쟁력을 확보 할 수 있도록 하였다.
- 탈락한 입찰팀이 제시한 아이디어 중 채택된 아이디어에 대해 대가를 지급함으로서 그들이 아이디어를 사용하도록 동의하는 동기 부여가 되었다.
- 발주자가 제시한 내용 또는 기준에 얼마나 부합하는지가 아니라, 얼마나 좋은 아이디어를 제안하였는지를 경쟁의 초점으로 하였다. 이는 사업 초기단계에서 발생할 수 있는 발주처와 서플라이체인과의 오해나 소통 착오를 줄이는데 기여하였으며, 발주처와 서플라이체인간에 신뢰를 구축하는데 일조하였다.

HOLD

5.8. 잉글랜드 도로공사 사례

자산관리 프로그램을 위한 파트너사 활용 사례

잉글랜드 도로공사(Highways England)는 잉글랜드 지역의 도로 및 고속도로를 관리하는 공기업이며, 커넥트 플러스(Connect Plus)는 잉글랜드 도로공사의 파트너사로 30년 기한 계약을 체결하고 M25 고속도로[96]의 운영 및 유지관리를 담당하고 있다.

커넥트 플러스는 유지관리 프로그램의 운영을 위해 2단계 오픈북 방식(two stage open book)으로 약 5천 3백억 원(3억 5천만 파운드) 규모의 패키지를 조달하게 되었다. 이 방식은 잠재적 입찰팀을 초청하여 해당 사업에 대한 계획서와 비용 벤치마크(cost benchmark)를 바탕으로 입찰하도록 하는 방식이다. 이때 발주 단위는 개별 프로젝트, 프레임웍, 얼라이언스 등으로 다양하다. 이러한 접근방식은 입찰 업무를 줄이고 신속한 사업 진행을 가능하게 하는 장점이 있으며, 발주처가 단일 통합팀과 조기에 협력하여 설계, 비용, 리스크 등에 대한 검증을 착공 이전에 할 수 있는 기회를 제공한다.

커넥트 플러스는 이 혁신적인 접근방식을 '지속가능 비즈니스 문화 모델(Sustainable Business Culture Model)'이라고 명명하고 실행하였다. 이는 발주처와 서플라이체인에 속한 모든 레벨의 공급자가 통합팀을 구성하고 사업을 시행하는 문화의 변화(cultural change)를 추구하는 것이었다. 이를 통해 문제를 발견하고 해결하는 과정에서 투명성을 향상시키고 혁신과 공동의 리스크 관리를 추구하는 것이며 커넥트 플러스가 채택한 이 접근방식은 ISO 44001 '협력적 비즈니스 관계 관리시스템(collaborative business relationship management systems)'에 기반을 둔 것이다.

주요 성과

- 약 5천 3백억 원(3억 5천만 파운드) 패키지에서 5년에 걸쳐 8% 비용 절감 목표 설정.
- 서플라이체인의 참여 증대를 통한 고객 만족 향상.
- 발주처와 서플라이체인의 협력을 통한 리스크 관리 향상.
- 데이터 공유를 통한 설계와 시공 과정의 비효율성 감소.
- 비용 효과적 해법 발굴을 위한 혁신 가능.
- 환경 관리 및 저탄소 배출 향상.
- 타 프로젝트에서 활용 가능한 개선사항 발굴.

[96] M25 고속도로는 런던 외곽지역을 둘러싸고 있는 순환(ring road) 고속도로로 교통량이 많은 주요 고속도로 중 하나이다.

교훈

- 커넥트 플러스가 채택한 접근방식은 입찰 업무를 줄이고 신속한 사업 진행을 가능하게 하며, 발주처가 단일 통합 팀과 조기에 협력하여 설계, 비용, 리스크 등에 대한 검증을 착공 이전에 할 수 있는 기회를 제공한다.
- 24시간 요구되는 도로망 관리의 효율성 향상을 위해 커넥트 플러스는 전통적인 접근방식에서 탈피할 필요가 있다고 판단하였으며 서플라이체인과의 조기 협력을 해법으로 인식하였다.
- 상호 협력적으로 정보를 공유하기 위해 명확한 프로세스를 정립할 필요가 있었다. 1차 원계약자(Tier 1)가 주도하고, 2차(Tier 2), 3차(Tier) 서플라이체인 멤버들이 참여한 토의 과정을 통해 최선의 방법을 도출하고자 하였다.
- 각 서플라이체인이 통합성을 지닌 유닛(unit)으로 활동할 수 있도록 하였으며 이를 통해 의미 있는 수행 성과가 발휘될 수 있도록 하였다.
- 서플라이체인내에 상호 협력적인 문화가 창출될 수 있도록 전문성 있는 조정전문가(facilitator) 그룹을 활용하였다.
- 상호 협력적인 문화는 설계, 시공성, 환경 관리 등 측면에서 최고의 해법 발굴을 가능하게 하였다.
- 지속적인 개선을 위해 균형성과표(balanced scorecard)를 활용한 벤치마킹을 실시하였다.

"도로와 관련된 다양한 유형의 사업에서
잉글랜드 도로공사와 우리 서플라이체인들과 함께
협력적으로 일하는 우리 스스로를 자랑스럽게 생각하고 있다."

커넥트 플러스 대변인

5.9. 런던 공공주택 사례

공공 주택사업의 효율성 향상을 위해 협력적 조달방식을 활용한 중형 발주처 사례

본 사례는 해크니홈스(Hackney Homes)와 하링게이홈스(Homes for Haringey)라는 두 개 공공 발주처의 공동 사례이며 각각 런던 중북부 해크니 지역과 하링게이 지역에 공공주택(social housing)을 공급 및 관리하는 역할을 담당하는 발주처이다. 서로 인접해 있는 두 지역은 고밀도 다문화 지역으로 실업율이 높고 저소득층 비중이 높아 많은 사회적 현안을 지니고 있는 지역이다.

2009년 이 발주처들은 공공주택 수선과 유지관리를 위한 프로그램의 시행을 위해 서플라이체인 관리 그룹(Supply Chain Management Group; SCMG)이라는 조달 조직을 결성하였다. SCMG의 일원으로서 발주처들은 2단계 오픈북(two-stage open book) 방식을 통해 약 30여 개의 업종(disciplines)이 참여하는 서플라이체인과 통합팀을 결성하고 5년 동안 약 3천억 원(2억 2백만 파운드) 규모의 프로그램을 진행하였다.

SCMG 체계와 관계에서 협력 문화를 정착시키기 위해 필요한 교육과 지원은 발주처들을 통해 이루어졌다. 또한 시범사업(Trial Project Case Study) 기간 동안에 두 발주처는 1차 원계약자를 재선정하였으며, 이를 통해 입찰가격과 최종 비용에서 큰 규모의 예산절감을 달성할 수 있었고, 예산절감액은 과거 유사 사례와의 비교 과정을 통해 벤치마크(benchmark)로 설정되었다. 발주처의 목표는 리스크 저감, 예산절감, 사업기간 준수, 품질 향상 등이었고, 고용 향상 및 훈련 기회 제공 등을 통해 지역 경제에도 기여하고자 하였으며 이 사례에서 나타나는 주요 특징은 다음과 같다.

- 1차 원계약자 조기 선정
- 서플라이체인 내(內) 중소기업 2차 계약자 및 3차 계약자의 조기 선정
- 주 계약자(main contractor) 조달 시 예산 절감 달성 및 추후 1차 원계약자 및 2차·3차 계약자와의 협력을 통한 예산 절감 달성
- 린(Lean) 프로그램, VE(Value Engineering), 시방서 합리화 등을 통한 낭비 요소 저감
- 새로운 가격 책정 방식 및 현장개설(mobilisation) 시스템을 통한 상당한 일정 단축
- 중소기업 하도급업체 및 서플라이어의 비즈니스, 고용 및 스킬(skills) 향상 측면에서 새로운 기회 창출

주요 성과

- 약 3천억 원(2억 2백만 파운드) 예산에서 31% 수준의 예산 절감.
- 기존 사업과 비교하여 일정 및 비용의 확실성 증대.
- 윈윈(win-win) 상황을 통한 발주처, 입주자, 건설사, 서플라이체인 만족도 향상.
- 하자 및 재작업 감소.
- 지역 내 사업자를 위한 지출 증가.
- 지역민을 위한 고용 및 훈련 기회 제공: (예) 첫 해, 29명의 기능공 훈련 및 배출.
- 발주처 및 건설사 리스크 감소.
- 입찰 비용 85% 감소: 1백만 파운드 기준, 기존 4,808 파운드에서 710 파운드로 감소.
- 지속적인 개선을 위한 지식 축적 및 공유.
- 품질 향상을 통한 보증 기간 연장.
- 컨설턴트 비용 절감.

교훈

- 소규모 발주처의 물량을 통합하여 하나의 프로그램으로 발주하면 서플라이체인의 관심을 높이고 가격을 낮출 수 있는 효과가 있다. 또한 유사 작업의 반복 수행을 통해 학습 효과와 지속적인 개선을 거둘 수 있다.
- 하도급업체 및 서플라이체인에게 일감에 대한 연속성을 제공하면 예산 절감의 효과를 누릴 수 있다.
- 프로젝트에 참여하는 인원의 변경이 발생될 경우, 교육·훈련을 실시하여 협력적 접근방식과 협력 문화의 기조가 유지될 수 있도록 할 필요가 있다.

5.10. 주요 특징 및 시사점

앞에서 제시된 9개 모범사례는 서로 다른 성격을 지닌 사업들이다. 사업 유형이 상이하며, 발주처 성격, 사업 배경, 사업 규모, 예산의 성격, 해당 사업의 지향 가치 등 측면에서 서로 다른 특징을 지니고 있다. 그럼에도 불구하고 이들 사례에서는 인텔리전트 발주자가 지녀야 할 중요한 공통적인 속성들이 관찰되고 있다.

가치에 대한 이해: understanding value

많은 발주자, 특히 인텔리전트 발주자가 추구하는 것은 단순히 시공 서비스의 구매가 아니라 새로운 시설의 사용과 자산의 창출이다. 발주자는 자신의 비즈니스나 사회적 서비스를 제공하기 위해 공간 또는 시설물을 통해 가치를 추구하고자 하며, 시공은 이러한 수요를 충족시키기 위해 주기적으로 필요한 하나의 수단일 뿐이다.

컨스트럭팅 엑셀런스(CE)에서는 2007년 '가치를 위하여(Be Valuable)'라는 보고서[97]에서 건설의 가치에 대해서 "건물의 품질은 사용·운영의 경제적 성과와 삶의 질에 막대한 영향을 끼친다."라고 제안하면서 다음과 같은 다양한 가치의 예시를 제시하였다.

- 근무 현장의 생산성은 사용자에게 제공되는 공간의 레이아웃과 건강한 실내 환경과 연관성을 지니고 있다.
- 판매 및 레저 시설에 대한 투자의 경쟁력은 입주자와 고객에게 접근성과 운영성 측면에서 얼마나 매력적인 것을 제공하는가에 달려 있다.
- 의료시설에서 치료의 속도와 효과는 환자에게 얼마나 청결하고 쾌적한 환경을 제공하는가에 달려 있다.
- 높은 수준의 교육시설이란 효과적인 교육을 제공하며 교육의 성과를 달성할 수 있는 시설을 의미한다.
- 개선된 주거 환경과 편의 시설에 대한 접근성 향상 등을 추구하는 지역 재생에 대한 투자는 범죄율 감소, 의료수요 충족, 교육 불평등 기회의 해소 등을 가치로 한다.

건설사업을 시행한다는 것은 발주자 또는 사업이 추구하는 가치를 달성하기 위함이며 따라서 인텔리전트 발주자는 해당 사업이 추구하는 가치를 이해하고 이를 달성하도록 사업을 시행하는 발주자이다.

예산과 예산 감당 수준: budget and affordability

발주자의 유형에 따라 프로젝트의 금전적 가치에 대한 관점은 다를 수 있다. 민간 디벨로퍼 발주자라면 투자수익의 관점에서, 공공 발주자라면 가용 예산의 관점에서 이를 판단할 것이다. 비록 차이점은 있지만 인텔리전트 발주자는 프로젝트가 지니고 있는 금전적 가치와 이를 감당할 수 있는 능력에 대해 명확한 이해를 가지고 있어야 한다.

앞에서 제시된 다수의 사례에서 발주처는 자신이 감당해야 할 예산의 수준에 대해 잠재적인 서플라인체인들과 사업 초기 단계에서부터 소통한 것으로 나타나고 있으며 이는 가용한 예산으로 가치를 극대화할 수 있는 방안을 모색하기 위한 것이었다. 사례에서 제시된 발주처들은 최저가 입찰이라는 기존의 접근방식에 의존하지 않았다. 이는 최저가 접근방식이 예산 준수·절감을 위한 하나의 방편처럼 보일 수도 있지만, 이에 따르는 부정적인 영향과 최종 비용의 측면에서 적합한 접근방식이 아니었기 때문이다.

또한 사례에서 일부 공공 발주처는 다수의 유사 프로젝트를 분석하여 벤치마킹하고, 코스트 데이터베이스를 구축하여 활용하는 '당위적 비용(should cost)'이라는 접근방식을 예산관리에 활용하였으며 이를 향후 프로젝트를 위한 비용 벤치마크(cost benchmark)를 설정하는데 활용하였다.

[97] Constructing Excellence (2007) Be valuable: A guide to creating value in the built environment.

인텔리전트 발주자는 사업 초기단계에서부터 서플라이 체인과의 소통을 통해 예산 감당 수준을 가늠하고, 유사 프로젝트에 대한 코스트 벤치마킹 활동을 통해 자신이 지불 또는 감당해야 할 수준의 예산을 설정하고 관리하는 접근방식을 채택한 것으로 나타나고 있다.

환경적·사회적 지속가능성: environmental and social sustainability

앞에서 제시한 사례들에서 발주처는 정부 또는 기업의 정책이나 가치를 달성하기 위해 조달이 지니는 영향력을 인식하고 활용한 것으로 나타나고 있다. 발주처에 따라 환경적 지속가능성을 조달 전략에서 반영한 사례도 있고, 사회적 지속가능성을 반영한 사례도 있었다. 또한 지역사회 재생을 통해 발주처에게 중요한 사회적 가치를 달성한 사례도 있었다.

인텔리전트 발주처는 환경적·사회적 지속가능성을 조달 전략 및 조달 과정을 통해 구현할 수 있다는 것을 인지하고 이를 사업 시행과정에서 반영한 것으로 나타나고 있다.

발주자 리더십: client leadership

사례에서 제시된 발주처들의 공통적인 특징은 역할 수행이나 의사결정 사안에 대해 깊은 이해의 폭을 지니고 있으며(well informed client), 열정적으로 프로젝트 팀을 이끌었다는 것이다. 그들은 또한 수동적인 역할이 아닌 능동적인 역할을 담당하였다.

또한 발주처의 규모나 경험 수준에 차이는 있었지만 발주자 리더십과 서플라이체인과의 협업이 매우 중요한 것으로 나타났다. 서플라이체인과 프로젝트 성공의 비전에 대해 소통하고, 이를 통해 프로젝트 팀이 지속적으로 프로젝트의 성공에 집중하도록 하는 것이 인텔리전트 발주자가 발휘해야 할 리더십으로 나타나고 있다.

협력과 협업: collaborative working

사례에서 제시된 발주처들은 모두 공통적으로 협력과 협업(collaborative working)을 강조하였다. 이러한 정신은 컨스트럭팅 엑셀런스(CE)의 핵심 기저이며, "하나의 일체화된(seamless) 팀으로 상호간 조율된 이익을 달성하기 위해 공동의 목표을 향해 함께 일하는 것"[98]으로 정의하고 있다.

컨스트럭팅 엑셀런스(CE)에서는 협력과 협업을 위한 다음과 같은 3대 핵심원칙을 제시하고 있으며, 앞서 소개된 사례들에서는 이들 원칙이 명시적 또는 암묵적으로 실천된 것으로 나타나고 있다.

- 공동의 비전과 리더십
  (common vision and leadership)
- 협력 문화 및 행태
  (collaborative culture and behaviours)
- 협력 프로세스 및 도구
  (collaborative process and tools)

컨스트럭팅 엑셀런스(CE)에서는 상기 3대 핵심원칙과 연계하여 6대 핵심성공요인도 제시하고 있으며 이 역시 앞서 소개된 사례들에서도 관찰되고 있다.

- 조기 참여(early involvement)
  - 해당 프로젝트의 가치 달성에 공헌할 수 있는 서플라이체인을 광범위하게 참여시켰다. 사례들에서는 사업 초기단계에서부터 서플라이체인의 참여가 이루어진 것으로 나타나고 있다. 이는 시장(market)과의 대화를 통해 잠재적인 서플라이체인들을 이해하고 해당 프로젝트에 대한 관심의 고조와 건전한 경쟁을 유도하기 위한 것이었다.

---

98 Constructing Excellence(2011), Collaborative working: the principles.

- 가치 기반의 사업자 선정(selection by value)
  - 대부분 사례에서 주요 사업자의 선정은 상호 관계의 잠재적 '품질'과 생애주기 비용 및 편익(whole life costs and benefits)을 기반으로 이루어졌다. 이는 최저가 입찰을 통해 가장 싼 초기 가격[99]을 선택하는 것이 아니라 최고의 생애주기 해법을 선택하는 것이었다.

- 거래조건의 조율(aligned commercial arrangements)
  - 거래조건의 조율이란 협력의 정착과 촉진을 위해 필요한 거래 또는 계약의 조건과 내용을 서플라이체인과 상호 협의하여 조율하는 것을 의미한다. 각 사례마다 차이는 있지만 협력적 계약서(collaborative forms of contract) 채택, 리스크 공유 및 관리, 오픈북 방식을 통한 인센티브 지급, 손실·이득(pain and gain) 공유 기반의 타겟 코스트(target cost) 방식, 공정하고 신속한 대가 지급을 위한 프로젝트 단일 은행 계정(single project bank account) 운영, 프로젝트 보험 등이 거래조건의 조율에 해당되는 방안들이다.

- 공통 프로세스 및 도구(common process and tools)
  - 상호 역할과 노력의 중복을 피하기 위해 공통 프로세스 및 도구를 사용하는 것이며 합동 사무소, 엑스트라넷(extranet), BIM 등이 대표적인 예시이다.

- 성과 측정(performance measurement)
  - 발주자 지향적인 핵심성과지표(Key Performance Indicators)를 통해 프로젝트의 성과를 지속적으로 검토하고 측정하여 프로젝트 성공의 관점에서 프로젝트 진행 상황을 진단하고 지속적인 개선을 위한 기반으로 활용하는 것이다.

- 서플라이어와의 장기적 관계(long-supplier term relationship)
  - 개별 프로젝트별 입찰·계약이 아니라 서플라이 체인과의 프로젝트 팀 구성, 프레임웍(framework) 방식 등을 활용함으로서 서플라이체인과의 장기적 관계 구축을 통해 신뢰를 구축하고 협력·협업의 경험을 활용하고자 하는 노력이 사례들에서 나타나고 있다.

앞서 소개된 9개 모범사례에서는 상기 6대 핵심성공요인 중 많은 요인들이 실천된 것으로 나타나고 있으며, 따라서 프로젝트에서 협력과 협업을 성공적으로 실천되도록 하는 것이 인텔리전트 발주자의 주요 속성이라고 할 수 있다.

혁신: Innovation

앞서 소개된 사례들 중 많은 사례에서 혁신을 프로젝트 초기 단계에서부터 추진한 것에 주목할 필요가 있다. 이들 발주처들은 기존의 일상적인 해법이나 일하는 방식의 '표준(norms)'이 프로젝트 성공을 위해 충분하지 않다는 것을 인식하였고, 프로젝트 초기 단계에서부터 이를 명확하게 강조하였다. 이들 발주처들이 해당 프로젝트를 혁신적으로 시행하기 위해 채택한 대표적인 방안들을 요약·정리해보면 다음과 같다.

- 서플라이체인과 프로젝트가 직면한 도전에 대한 소통을 통해 최적·최고의 해법 발굴
- 서플라이체인 조기 참여
- 인센티브 제공
- BIM 등 디지털 기술 활용
- 로지스틱스 및 프로덕션 관리
- MMC(Modern Methods of Construction) 활용
- 혁신적인 조달 프로세스 및 방식 채택
- 혁신적인 접근방식을 테스트하기 위한 시범사업 시행

상기와 같은 혁신적인 방안들은 발주처와 서플라이체인에게 혁신과 베스트 프랙티스에 대한 동기를 부여하고 새로운 시도를 가능하게 하며 서플라이체인이 해당 프로젝트의 참여를 보다 매력적으로 느끼게 하였다.

---

[99] 원문 보고서에서는 'cheapest initial price'로 표현되어 있으며, 최저가 낙찰을 통해 결정된 저가(低價)가 최종적으로는 수치적·내용적 측면에서 저가(低價)가 아닌 현상을 지칭한 것이다.

학습 유산의 축적: Learning Legacy

학습 유산의 축적이란 프로젝트 시행을 통해 경험되고 학습된 지식과 정보를 조사·정리하고 이를 축적하여 향후 프로젝트에서 활용할 수 있도록 하는 활동을 의미한다. 앞선 사례에서 언급된 올림픽사업청(ODA)은 올림픽 사업의 경험을 활용하여 학습 유산을 축적하는 작업을 선제적으로 추진하였으며, 이러한 작업이 이루어진 것은 영국에서 시행된 대형 프로젝트에서 처음 있는 일이었다.

올림픽사업청은 컨스트럭팅 엑셀런스(CE), 다수의 학자 및 관련 전문 협단체 등과 공동으로 올림픽 사업에 대한 학습 유산의 축적을 추진하였으며, 올림픽 사업과 이를 통해 습득된 경험, 지식, 정보 등에 대한 다양한 분석과 연구를 독려하였다. 이러한 노력의 성과로 'Learning Legacy'라는 웹사이트가 개설되었으며 이 웹사이트에는 수백 건의 서류, 사례 분석 및 기타 관련 분석 자료 등이 수록되어 있다. 런던 올림픽 이후 이 웹사이트는 아카이브 형태(archived)로 운영되고 있다.[100]

올림픽 사업과 같은 대형사업에서 축적된 학습의 유산은 이후 시행된 대형사업에서도 활용되었으며, 올림픽 사업이 종료되면서 이 사업에 참여했던 많은 전문가들이 그 다음 프로젝트로 연결되었다. 올림픽 사업과 같은 메가 프로젝트의 성공적인 시행을 통해 영국 발주자와 건설산업은 자신감을 가지게 되었고, 이는 이후 다수의 메가 프로젝트가 시행되는 계기가 되었으며, 크로스레일(Crossrail), 테임즈 타이드웨이 터널(Thames Tideway Tunnel), 힝클리 포인트(Hinckley Point) C 원자력 발전소, HS2 고속철도 등이 대표적인 후속 대형사업이다. 이들 후속 대형사업에서는 이전 대형사업에서 경험을 축적한 전문가 집단들이 한 대형사업에서 다른 대형사업으로 이전하는 경향이 나타났다. 또한 각 후속 대형사업은 이전 대형사업을 벤치마크로 하여 개선의 노력을 하고 있으며, 학습 유산의 축적을 위해 각자의 'Learning Legacy' 웹사이트 개설하는 사례도 나타났다. 이러한 'Learning Legacy'의 운영은 인텔리전트 발주자에게 추천할만한 아이디어이다.

프로젝트 차원의 관리를 넘어서는 프로그램 매니지먼트의 활용: Program management not just project

앞서 소개된 여러 사례에서는 개별 프로젝트 차원의 관리를 넘어서는 종합적인 프로그램 관리가 강조되고 있다. 이는 보다 광범위하고, 보다 일관성 있게 변화 프로그램(change programme)을 관리해야 하는 발주처의 수요에 기인한 것이었다. 인텔리전트 발주자는 프로젝트 차원의 관리를 넘어서는 프로그램 매니지먼트를 통해 확장, 축소, 재배치, 디지털화 등 조직에서 일어나는 변화와 연계하여 다수의 프로젝트로 구성된 프로그램을 통합적으로 계획하고 실행한 것으로 나타났다.

---

[100] https://webarchive.nationalarchives.gov.uk/20180426101359/http://learninglegacy.independent.gov.uk/

6. 결론 및 제언

본 장에서는 영국 건설산업 혁신운동의 '최전선'에서 활동해왔던 저자들의 경험을 바탕으로 변화와 혁신의 실천에 장애(barriers)가 되는 요인들에 대해 논의하고 있다. 또한 이번 연구에 대한 요약과 한국 발주자 및 건설산업을 위한 제언도 제시하고 있다.

6.1. 변화와 혁신의 장애요인

아래에서 논의하고 있는 변화와 혁신의 장애요인들은 영국뿐만 아니라 타 국가에서 발주자 혁신을 추진할 때에도 고려해야 할 현안이며, 동시에 혁신 추진의 초기 단계에서부터 해결을 위해 노력해야 할 현안이라고도 할 수 있다.

상업적·계약적 거래조건 및 리스크 관리 측면: commercial arrangements and risk management

영국 건설산업에서 상업적·계약적 거래조건의 전통적인 기조는 리스크를 타인에게 전가하는 것이다. 발주자는 원도급자(principal contractor)에게 리스크를 전가하고, 원도급자는 이를 서플라이체인 하부에 있는 하도급자와 서플라이어들에게 전가하는 것이다. 이 과정에서 어느 주체가 리스크를 가장 잘 관리할 수 있는지와 리스크에 대한 합당한 가격은 얼마인지에 대한 고려는 거의 없었다.

상업적으로 적대적인 환경에서 각 주체는 서로를 비난의 대상으로 삼게 되고, 각자의 상업적(commercial) 이익을 보호하기 위해 상당한 자원과 시간을 투입하게 되며 결국에 이는 비용으로 귀결된다. 발주자 관점에서 이는 가치 창출에 아무런 기여도 하지 않는 비싼 무가치 활동(expensive non-value adding activities)일뿐만 아니라 더 큰 문제는 발주자가 결국에는 그 비용을 감당하게 된다는 것이다.

이러한 환경의 배경에는 높은 경쟁 강도에 기인한 낮은 수익성과 최저가 낙찰 기조가 있다. 건설사 입장에서는 수주를 위해 매우 미미한 이윤으로 최저가 입찰을 해야 하는 상황에 내몰리게 되며, 발주자가 중요한 정보를 시방서에서 누락시켰기를 기대하거나, 설계변경 등을 통해 추가 비용 청구나 클레임 기회를 찾게 되다.

발주자, 특히 경험치가 낮은 발주자가 건설사에게 리스크를 전가하는 이유에 대해 이해가 되는 부분도 있다. 건설사는 건설사업에 대한 전문가이지만, 발주자는 그렇지 않기 때문이다. 그러나 깨어있는 발주자(informed client)는 건설사업의 리스크에서 자유롭기 어렵다는 사실을 인지하고 있다.

프로젝트에서 문제가 발생 되었을 때 어느 주체가 어느 정도의 책임을 부담해야 하는지를 명확하게 구분하기 어려운 경우가 많고, 비록 발주자에게 유리한 결론이 나오더라고 이를 해결하는 과정에서 발생하는 클레임과 법률 비용은 발주자에게 영향을 준다. 만일 건설사나 서플라이체인이 추가 비용을 부담하더라도 반드시 발주자에게 바람직한 상황이라 간주하기도 어렵다. 이들이 추가 비용을 투입하기 꺼리거나 또는 감당하기 힘든 상황이라면 프로젝트 결과물이 빈약해지거나, 파산에 이르는 상황까지 이어질 가능성이 있다. 프로젝트에서 발생하는 파산 상황은 사업일정 지체와 추가 비용으로 귀결되는 것이 일반적이어서 발주자에게 재정적인 문제가 되거나 발주자의 명성에 누가 되기도 한다.

사업일정 지체의 경우, 발주자는 계약서에 명시된 지체상금 조항을 통해 보상을 위한 권리를 행사 할 수 있다. 그러나 서플라이어가 법적 분쟁 없이 순순히 비용을 부담하려고 할까? 이 비용을 감당할 수는 있을까? 이러한 상황이 파산을 유발시키지는 않을까? 상황이 어떻게 해결되든지 사업일정 지체는 적시 입주나 사용을 하기 어렵게 만들며, 발주자의 비즈니스나 수익 창출에 부정적인 영향을 미치게 된다.

근래 영국에서 상기 논의와 관련된 두 개의 최악의 사례가 있었다. 많은 생명을 앗아간 그렌펠 타워(Grenfell Tower) 대화재 사건(2017년)과 영국에서 두 번째로 컸던 대형 건설사인 칼리온(Carillion)의 파산(2018년)이다. 칼리온 파산으로 인해 수천 명이 일자리를 잃고, 수억 파운드에 이르는 대금 미지급과 계약 중단 사태가 발생한 적이 있다.

궁극적으로 발주자는 리스크를 피할 수 없다. 따라서 발주자는 리스크에 대한 이해도를 높이고, 리스크를 가장 최선의 방법으로 저감시킬 수 있는 거래조건을 구상해야 하며, 자신이 담당한 리스크에 대해서는 최선을 다해 관리해야 한다. 이를 위해 발주자는 서플라이어들의 역량뿐만 아니라 그들의 니즈(needs)는 무엇이며, 무엇이 그들을 움직이게 하는지(drive)에 대해 더욱 깨어있어야 한다.

리스크 관리의 진리(mantra)는 리스크를 가장 잘 관리할 수 있는 주체에게 리스크를 관리하도록 맡기는 것이다. 이때 비용 절감이나 보다 효과적인 리스크 관리를 위해 바람직하다고 판단되는 경우, 일부 리스크는 발주자가 감당하고 관리하는 것도 하나의 방안이 될 수 있다. 그 이유는 건설사들은 리스크 관리에 대한 불확실성으로 인해 리스크에 높은 비용을 매기는 경향이 있기 때문이다.

최저가 낙찰 기조 측면: lowest price wins

수십 년 동안 발주자와 건설사는 최저가 낙찰 기조에 고착되어 있었다. 최저가 낙찰 기조에는 모든 입찰이 발주자·계약 요구조건에 부합하며, 따라서 가장 낮은 가격이 - 실제의 품질이 무엇이든 간에 - 최고의 가치를 대변한다는 가정이 깔려있다. 또한 최저가 낙찰이 부패와 부정을 예방한다는 보편적인 믿음도 있으며, 모든 계약적 의무를 이행하도록 강제한다면 계약 금액이 최종 금액이 될 것이라는 가정도 있다.

그러나 이는 경험적으로 사실이 아닌 경우가 많다. 건설사업은 예측 가능한 것이 아니며 예상하지 않았던 사안들이 반드시 발생하게 된다. 최저가 입찰이 수주를 위한 방법이라고 판단되면, 건설사는 리스크를 전혀 반영하지 않거나, 시공 과정에서 설계변경 등을 통해 이익을 확보하는 방법을 취하게 된다. 이러한 '게임'이 건설산업에서는 일상적이었으며 그 결과는 불만족한 발주자, 사업 지체, 비용 초과 등 이었다.

발주자를 위한 핵심 메시지는 서플라이어들의 동기(motivations)와 비즈니스 방식 그리고 그들이 어떻게 비용을 책정하고 관리하는지에 대한 이해가 필요하다는 것이다. 그 이후, 발주자는 진정으로 필요로 하는 것이 무엇인지와 어느 정도의 예산을 감당할 수 있는지를 판단하고 작위적인 최저가 기반이 아닌 가치에 기반한 조달을 시행할 필요가 있다. 이러한 접근방식이 발주자에게 보다 향상된 비용 확실성(cost certainty)을 제공하며, 혁신을 촉진하고, 서플라이어들과의 신뢰를 쌓게 하는 것이다.

발주자 역할에 대한 훈련과 가이드 부족 측면: lack of training and guidance

발주자는 건설사업에서 수동적인 역할을 담당하는 경향이 있기 때문에, 건설사업의 프로세스와 비용에 대한 이해를 위해 필수적인 스킬(skills)을 갖추는 것에 대해 필요성을 느끼지 못해왔다. 발주자가 원도급자(principal contractor)에게 리스크를 전가하는 계약 방식들은 종종 발주자를 소극적으로 만들거나(hands-off), '내 문제가 아니야(not my problem)'라는 태도를 가지게 한다.

그 결과로 발주자는 서플라이어가 어떻게 일을 하는지, 어떻게 비용이 형성·구성되는지 등 건설사업에 대한 낮은 이해도를 가지게 된다. 발주자가 이에 대한 이해도를 높이기 전까지 어떻게 성공적인 결과에 대한 확신을 가지고 사업을 시행할 수 있을지 상상하기가 어렵다.

또 다른 이슈는 발주자가 발주자의 역할을 컨설턴트에게 아웃소싱하는 것이다. 컨설턴트가 올바른 역할과 역량을 통해 가치를 달성할 수 있도록 프로젝트를 시행할 수 있다면 이 자체가 문제가 되는 것은 아니다. 그러나 좋은 조언과 나쁜 조언을 식별하기 위해서는 발주자도 일정 수준의 지식을 가지고 있어야 한다. 특히 공공 건설사업의 경우, 예산 삭감의 영향으로 조직이 축소된 공공 발주자는 조달이나 발주자의 역할을 아웃소싱(outsourcing)에 전적으로 의존하게 되며 그 결과로 컨설턴트의 조언을 해석하고 이해하기 어려운 상황도 발생한다.

건설사업에 대한 발주자의 이해 부족은 발주자가 혁신적인 방안을 채택하는데 큰 장애요인이 된다. 발주자는 혁신의 추진을 서플라이체인과 컨설턴트에게 의존해야 하지만 이를 위한 동기 부여가 되어 있지 않으면 혁신을 추진하기 어려워진다. 또한 발주자에게 자문을 제공하는 주체들(client advisors) 중 일부는 새로운 시도를 하나의 위협으로 인지하여 발주자가 이를 원하는 경우라도 반대하는 경우가 발생하기도 한다.

상호 이익 충돌 측면: vested interests

타 국가들의 경우와 유사하게 영국 건설산업도 파편적(fragmented)이라는 특징을 지니고 있다. 이는 건설사업에 각자의 상업적 이익을 추구하는 주체들이 매우 다양한 층(layers)으로 형성되어 있다는 것을 의미한다. 이러한 환경에서 적대적인 거래조건(commercial arrangements)은 서로를 대립적인 위치에 두게 되며, 공동의 목표를 향해 상호 조율하기 보다는 각자를 보호하는 문화를 형성하게 한다.

또한 변화나 새로운 기술과 혁신에 대해 이해하지 못하는 주체들은 이를 위협으로 간주하며, 이러한 행태는 목표, 리스크, 보상 등이 제대로 상호 조율되지 않았을 때 항상 나타나는 현상이다.

발주자 베스트 프랙티스 공유의 미흡 측면: inefficient sharing of best practice between clients

공통 관심사에 대해 함께 사고하고 대처하는데 있어서 발주자들간의 응집력 부족은 발주자들간 상호 지식의 공유를 어렵게 만든다. 정부 중앙부처와 지방자치단체가 대표적인 예가 될 수 있다. 외견상으로 보면 이들이 지식과 교훈을 상호 공유하는데 장벽이 없어야 하지만, 현실에서는 상호 공유를 위한 플랫폼 또는 프로세스의 미비와 예산 확보를 위한 경쟁으로 인해 상호 배타적인 상황이 벌어지기도 한다.

그간 건설산업계에서는 전문 협단체를 통해 베스트 프랙티스를 연구하고 보급하는 활동을 꾸준히 해왔다. 그러나 앞서 소개한 건설발주자그룹(CCG) 같은 일부 두드러진 사례를 제외하면 일반적으로 발주자들은 이러한 활동에 취약한 측면이 있었다. 그러나 최근 정부 중앙부처들간에 상호 공유를 위한 고무적인 움직임이 일어나고 있으며 대표적인 사례로 앞서 소개한 교육부와 정부건설위원회(GCB)를 들 수 있다.

6.2. 결론

본 연구는 영국 건설산업의 인텔리전트 발주자 혁신운동에 관한 주요 내용, 주요 성과 및 교훈에 초점을 두고 진행되었으며 다음과 같이 구성되었다.

1. 인텔리전트 발주자 및 발주자 베스트 프랙티스와 관련된 정부 및 건설 관련 협단체의 각종 모델, 프레임웍, 가이드 등
2. 인텔리전트 발주자의 9개 모범사례
3. 인텔리전트 발주자의 속성

다양한 관련 자료와 사례 분석을 통해 아래 4개의 '프레임웍'이 인텔리전트 발주자를 위한 또는 인텔리전트 발주자가 되기 위해 가장 유용하게 활용될 수 있다고 판단하였다.

- 인프라스트럭처 사업 성과의 전환: 인프라스트럭처 사업청(IPA) - 고위급 레벨을 위한 상위 레벨의 전략 프레임웍
- 프로젝트 구상·기획 루트맵: 인프라스트럭처사업청(IPA) - 자가 진단 및 실천을 위한 상세 도구
- 인텔리전트 발주자 역량 프레임웍: 영국 건설기술자협회(ICE) - 발주자 역할을 담당하는 또는 위임 받은 건설기술자의 스킬(skill) 평가를 위한 도구
- 발주자와 사용자를 위한 연구 로드맵: 건설연구혁신국제위원회(CIB): 향후 연구·개발이 필요한 어젠다(agenda)

우리 저자들은 인텔리전트 발주자의 혁신적인 접근방식이 예산 및 생애주기비용 절감, 사업기간 단축, 부정적인 환경 영향 감소, 고용 활성화 등의 측면에서 긍정적인 영향을 끼친다는 것을 발견하였으며 주요 영향·성과를 요약하면 다음과 같다.

- 사업일정 및 예산 측면의 확실성 제고.
- 5%~20% 수준의 예산 절감: 50% 수준의 예산 절감 사례도 있었음.
- 사업일정 단축: 33% 수준의 단축 사례도 있었음.
- 폐기물 재활용, 저탄소, 에너지 효율 등 측면에서 환경적 성과 향상.
- 품질 및 가치 달성: 발주처 및 최종 사용자의 높은 만족도, 의도한 기능을 온전하게 발휘하는(fit for purpose) 시설물, 투자 효과 제고, 안전사고 감소 등.
- 사회적 가치 실현: 기능인력 훈련, 지역 고용 및 지역 기업 활성화 등 지역사회 공헌.

가장 주목해야 할 점은 모범사례들에서는 컨스트럭팅 엑셀런스(CE)가 제시하는 인텔리전트 발주자의 속성 또는 인텔리전트 발주자가 채택해야 하는 테마(theme)의 대부분이 실천되었다는 것이다.

- 가치에 대한 이해
- 예산 및 예산 감당 수준에 대한 이해
- 환경적·사회적 지속가능성에 대한 고려
- 발주자 리더십
- 협력·협업 환경의 조성
- 혁신의 추진
- 교훈(Learning Legacy)의 공유
- 프로젝트 단위의 관리를 넘어서는 프로그램 관리

인텔리전트 발주자를 위한 각종 혁신적인 프레임웍이나 가이드를 적용하는 것이 그리 단순한 일이 아니라는 것을 우리 저자들은 인식하고 있기에 변화와 혁신 추진의 장애요인에 대해서도 논의하였다.

- 상업적·계약적 거래조건 및 리스크 관리
- 최저가 낙찰 기조
- 발주자 역할에 대한 훈련과 가이드 부족
- 상호 이익 충돌
- 발주자 베스트 프랙티스 공유의 미흡

6.3. 한국 발주자와 건설산업을 위한 제언

영국 건설산업의 다양한 혁신운동에 참여했던 경험과 이번 연구를 바탕으로 우리 저자들은 한국 발주자와 건설산업을 위해 다음과 같은 제언을 드립니다.

1. 한국 발주자들은 인텔리전트 발주자의 역량이라는 관점에서 스스로를 진단하고 각자의 실무 환경에 비추어 해결해야 할 현안을 발굴하며 어떤 개선과 변화가 필요한지 고려할 필요가 있다.

2. 서플라이어들은 이 보고서를 통해 발주자들이 직면하고 있는 동기(drivers)와 도전(challenges)에 대한 통찰을 얻을 수 있기를 기대한다. 특히 영국, 영국의 영향을 받은 타 국가 또는 유사한 경험이 있는 국가에 진출하고자 하는 기업들에게 이 보고서는 잠재적인 발주자와 시장 환경에 대한 이해를 위해 유용한 참고자료가 될 수 있을 것이다.

3. 학연 관계자들은 한국 건설산업에서 인텔리전트 발주자의 개념이 어느 수준까지 확산 또는 실천되고 있는지에 대해 연구 및 평가의 기회를 포착하고, 인텔리전트 발주자 개념의 적용에 대한 이해와 확산을 통해 긍정적인 효과를 거두기를 기대한다.

4. 한국 건설시장에서 발주자 수요(물량) 동향 및 전망(pipeline)에 대한 분석과 발간이 이루어지면, 서플라이어들의 전략적 계획 수립과 발주자 특성에 대한 이해 증진을 위해 매우 유용하게 활용될 수 있을 것이다.

5. 인텔리전트 발주자가 되기 위한 역량 개발에 관심이 있는 또는 관심을 가져야 하는 발주자들이 함께하는 '건설발주자포럼(가칭)' 같은 모임의 결성을 제안한다.

6. 한국 환경에 적합한 인텔리전트 발주자 역량 프레임웍의 개발을 제안하며, 본 연구에서 제시된 사례들이 참고자료로 유용하게 활용될 수 있다.

7. 발주자가 참여하는 벤치마킹 프로그램의 개발 및 운영을 제안하며, 예를 들면, '건설발주자포럼(가칭)' 같은 조직이 벤치마킹 프로그램을 운영하며 성과 분석과 개선전략 개발 등의 역할을 담당하는 것이다. 또한 모범사례를 발굴하여 민간 또는 국가 차원으로 포상(award)을 하는 방안도 제안한다.

8. 인텔리전트 발주자 및 혁신적인 접근방식에 대한 발주자 교육·훈련 프로그램의 개발을 제안한다. 이러한 프로그램은, 예를 들면, '건설발주자포럼(가칭)' 같은 조직이 운영할 수 있으며 컨스트럭팅 엑셀런스 인터내셔널(Constructing Excellence International)에서 파트너십을 통한 지원을 제공할 수 있다.

9. 건설산업계를 위한 교육·훈련 프로그램의 개발도 제안한다. 건설산업계도 인텔리전트 발주자와 혁신적인 접근방식에 대한 이해가 필요하기 때문이다. 이번 연구를 통해 도출된 중요한 통찰 중 하나는 서플라이체인의 조기 참여가 중요하다는 것이며 이를 위해서는 발주자가 시장과 서플라이체인의 역량에 대한 이해도를 높여야 하며, 서플라이체인도 발주자의 니즈(needs)와 가치를 이해할 필요가 있다.

10. 우리 저자들은 이 보고서가 건설산업비전포럼(Construction Vision Forum)을 통해 한글판으로 발간될 것으로 이해하고 있다. 한글판 보고서 발간 이후 공동 세미나의 개최를 제안하며, 이를 통해 인텔리전트 발주자 혁신운동에 대해서 서로 논의하는 기회가 있기를 희망하며 적극적인 지원을 아끼지 않을 것이다.

"오늘날 비즈니스는 그 어느 때보다
고객의 만족을 달성하는 것을 의미한다."

Pries 외[101]

[101] Pries, F., Dorre, A., Veen, B. V. D. & Vrijhoef, R. (2004) Note: The role of leaders' paradigm in construction industry change. Construction Management and Economics, 22, 7-10.

역저자 에필로그

대학에 온 이후 지난 20여 년 동안 지속적으로 관심을 가진 대표적인 주제를 하나 손꼽으라면 '혁신'이라고 말할 수 있을 것 같다. 건설산업 혁신과 발주자 혁신에 대한 연구와 고민이었다. '영국 건설산업의 혁신전략과 성공사례(2003)', '발주자가 변하지 않고는 건설산업의 미래는 없다(2006)', '35명의 전문가에게 건설의 길을 묻다(2013)', '건설 새 판을 짜자(2016)', 건축주 내비게이터(2017) 등 (공동) 집필이 그간 연구와 고민의 여정이자 기록이었다.

그래서 이번 번역 작업은 큰 의미가 있었다. 그간 영국 건설산업의 혁신운동을 살펴보면서 '외부 관찰자'가 지니는 한계와 갈증이 있었기 때문이다. 이번 기회를 통해 '내부자'의 생생한 경험과 목소리를 들을 수 있었다.

원문(原文) 보고서를 번역하며 학습하는 과정에서 재확인할 수 있었던 것이 하나 있었다. 건설사업의 성공은 '공짜'가 아니라는 것이었다. 그 배후에는 성과 향상을 위해 새로운 도전을 선택하고, 이를 감당하기 위해 치열하게 고민하고 노력한 인텔리전트 발주자가 있었다. 인텔리전트 발주자의 10가지 조건도 정리해볼 수 있었다.

1. '불만족스러운' 발주자의 자각과 욕심이다. 기존 건설사업의 성과와 서비스에 대한 불만족, 기존 건설사업 시행방식에 대한 불만족 등 기존 성과, 서비스, 일하는 방식(practice)에 대한 불만족을 바탕으로 이대로는 안 된다는 자각과 더 나은 성과를 위한 욕심이 있어야 인텔리전트 발주자이다.

2. 발주자의 영향력을 인지하는 것이다. 발주자는 건설사업에서 가장 힘이 센 주체이다. 발주자는 주문자(注文者)이자 전주(錢主)이고 주요 의사결정자이기에 건설사업의 성패에 가장 큰 영향력을 행사한다. 서플라이체인(supply chain)[102]의 행태(行態)는 발주자의 행태에 대한 반작용이다. 발주자가 '선한 또는 악한' 영향력 중 어떤 영향력을 행사하는가에 따라 서플라이체인의 반작용과 건설사업의 성과가 결정된다.

3. 발주자의 열린 마음과 학습 태도이다. 건설사업을 위한 해법은 발주자가 아니라 서플라이체인이 가지고 있다. 닫힌 마음은 닫힌 해법을 부르며, 새로운 것을 학습하지 않으려는 태도는 낡은 해법에만 기회를 준다. 서플라이체인을 향한 발주자의 열린 마음과 학습을 위한 경청이 중요한 이유이다. 시장과 '플레이어'에 대한 이해도 필수적이다. 이를 통한 공감은 서플라이체인과의 협력을 위한 필수조건이기 때문이다.

4. 니즈(needs)와 추구하는 가치를 명확하게 정의하며 소통하는 것이다. 발주자에게 건설사업은 목적이 아니라 수단이다. 건설사업의 결과물(시설물)을 통해 발주자는 자신의 니즈와 가치를 충족하려 하기 때문이다. 발주자의 '애매모호함'은 건설사업의 대표적인 비효율성 요인 중 하나이다. 해당 건설사업을 통해 구현하려는 니즈와 가치를 명확하게 정의하고 서플라이체인과 소통하는 것이 관건이다. 발주자가 무엇을 중요시 여기는지 서플라이체인이 이해해야 이에 부응할 수 있다. 이 과정에서 니즈와 가치가 실현될 수 있도록 건설사업을 시행하는 것이 인텔리전트 발주자에게 주어진 중요한 과제이다.

5. 발주자의 올바른 역할과 필요한 역량을 이해하는 것이다. 실패하는 건설사업에서 나타나는 공통적인 특징 중 하나는 발주자가 '구경꾼'이나 '방관자'로 머무는 것이다. 발주자도 역할이 있는 건설사업의 참여자라는 의미이다. 또한, 인텔리전트 발주자는 저절로 되는 것이 아니라, 발주자에게 필요한 역량에 대한 이해를 통해 만들어지는 것이다. 발주자 베스트 프랙티스를 이해하고 실천하는 것이 핵심이다.

---

102 설계자, 시공자, 감리자·건설사업관리자, 자재·기기·장비 공급자, 관련 컨설턴트 등 건설사업에 참여하는 주체를 통칭한다.

6. 팀워크(teamwork)의 가치를 이해하고 조성하는 것이다. 건설사업은 다주체(多主體)에 의한 다단계 분절(多段階分節) 생산이라는 특징을 지니고 있다. 구조적으로 팀워크를 발휘하기 어려운 환경이며, 태생적으로 건설사업에 내재되어 있는 리스크까지 보태지면 공동의 목표 추구보다는 각자도생(各自圖生)이나 '폭탄 돌리기' 환경이 자연스럽게 형성될 수밖에 없다. 팀워크가 필요한 이유이다. 팀워크는 '정신교육'을 통해서 조성되는 것이 아니라 팀워크를 발휘할 수 있는 메커니즘을 통해 만들어지는 것이다. 핵심은 건설사업의 리스크를 어떻게 분배·공유하며 관리할 것인가이다.

7. 높은 '눈높이'로 수준 높은 성과를 요구하는 것이다. 건설사업은 주문생산이기 때문에 주문자(발주자)의 눈높이와 요구 수준에 따라 건설사업의 수준이 결정된다. 성공사례를 통해 발주자가 갖추어야 할 높은 눈높이와 수준 높은 성과를 요구하는 노하우(knowhow)를 이해하고 이에 어울리는 건설사업 수행환경을 만들어 줄 수 있어야 한다.

8. 건설사업 '전반전'의 중요성을 이해하는 것이다. 건설사업을 축구에 비유하면 전반전(시공이전단계)과 후반전(시공단계)으로 구분된다. 축구는 전반전이 부실해도 후반전에서 역전 승리의 가능성이 있지만, 건설사업은 전반전에서 승부가 결정된다. 관건은 전반전을 충실하게 관리하는 것, 후반전 '플레이어'를 전반전에 조기 참여시키는 것이며 연장전(유지관리단계) '플레이어'까지 함께 참여시킬 수 있다면 '금상첨화(錦上添花)'이다.

9. 지식과 경험의 축적과 재활용이다. 특히 반복적인 상시 발주자가 인텔리전트 발주자가 되기 위한 중요한 조건이다. 건설사업 실패의 습관은 이상할 정도로 반복되는 경향이 있다. 상시 발주자라면 기수행 건설사업을 통해 습득된 지식, 경험, 시행착오 등을 바탕으로 교훈(lessons learned)을 축적하여 추후 건설사업에서 재활용할 필요가 있다.

10. 발주자 리더십을 발휘하는 것이다. 건설사업에는 리스크, 비효율성, 비생산성, 갈등과 분쟁을 유발하는 요인들이 잠재되어 있다. 서플라이체인과 건설사업의 '쓴맛'을 경험해본 발주자는 이러한 '불편한 진실'을 알고 있지만 '방 안의 코끼리'처럼 외면당하기 일쑤이다. 건설사업에 존재하는 '방 안의 코끼리'는 어느 한 주체의 힘으로 몰아낼 수가 없다. 함께 힘을 모은 팀워크로 몰아낼 수 있으며 강력한 리더를 필요로 한다. 가장 힘이 세고 가장 영향력이 큰 발주자의 리더십이 필요한 이유이다.

인텔리전트 발주자의 10가지 조건을 압축하면 자연스럽게 인텔리전트 발주자에 대한 정의도 가능해진다.

인텔리전트 발주자란 건설사업 성공과 실패의 조건과 원리를 이해하고, 올바른 역할과 역량을 바탕으로 서플라이체인과 팀워크를 조기에 발휘하며 높은 성과를 낼 수 있는 조건과 환경을 만들어주는 발주자이다.

지금까지 논의된 인텔리전트 발주자의 속성을 요약하는 의미에서 'Intelligent'라는 단어를 이용해서 크로스워드(crossword)를 만들어 보았다.

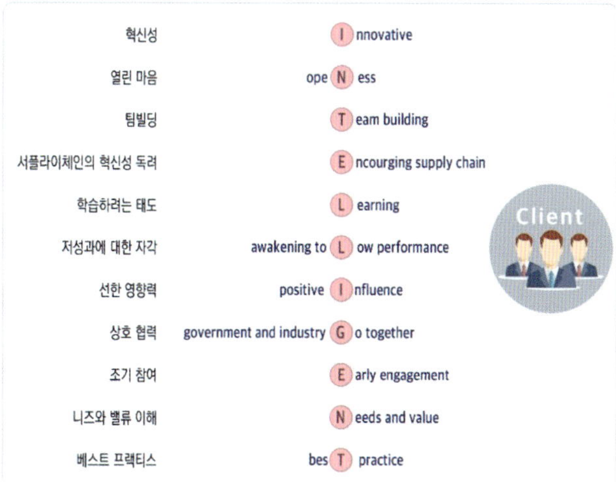

그림 16 - *인텔리전트 발주자 크로스워드*

이번 번역 작업을 통해 인텔리전트 발주자에 대한 이해와 실체에 더 가까워질 수 있었다. 가장 인상적인 것은 인텔리전트 발주자의 성공이 서플라이체인의 성공과 혁신으로 이어지는 윈윈(win-win)의 가능성을 보았다는 것이다. 건설산업과 건설사업 혁신의 동력이 발주자 혁신이라는 것을 모범사례가 실증적으로 보여주었기 때문이다.

우리 건설산업을 위한 세 가지 도전이 떠올랐다. 첫째는, 우리 건설산업에서 인텔리전트 발주자 운동이 필요하다는 것이며, 둘째는 인텔리전트 발주자와 동상동몽(同床同夢) 할 수 있는 인텔리전트 서플라이체인이 필요하다는 것이다. 마지막으로 이런 꿈을 함께 공유하며 실행하는 협력의 장(場)이 필요하다는 것이다.

인텔리전트 발주자는 서플라이체인을 인텔리전트하게 만들며, 건설산업을 인텔리전트한 산업으로 만들 수 있다. 인텔리전트 발주자와 인텔리전트 서플라이체인이 상생하는 건설산업. 그것이 우리가 함께 꿈꾸어야 할 건설산업의 미래이다. 이번 보고서를 통해 우리 건설산업의 발주자와 서플라이체인에게 '인텔리전트'라는 화두와 방향성이 제시되고 이 '불씨'가 지속되기를 바라는 마음이다.

컨스트럭팅 엑설렌스 인터네셔널 소개

컨스트럭팅 엑설렌스(Constructing Excellence; CE)는 영국 건축연구원(Building Research Establishment; BRE, www.bregroup.com) 산하 비영리단체로서, 영국 건설산업 혁신을 위한 플랫폼을 제공하는 역할을 담당하고 있는 단체이다. 컨스트럭팅 엑설렌스는 발주자, 건설사, 컨설턴트, 제조사, 기타 건설 관련 기업 등의 기업 회원제(corporate membership)로 운영되고 있으며 베스트 프랙티스 및 관련 지식 보급을 주요 업무로 하고 있다. 1990년대 레이썸(Latham) 보고서와 이간(Egan) 보고서 발간 이후 영국 발주자와 건설산업 혁신을 위한 플랫폼이 필요하게 되었으며 CE의 설립 배경이 되었다. 이 책의 대표 저자인 돈 워드(Don Ward)는 컨스트럭팅 엑설렌스의 CEO를 역임한바 있다.

www.constructingexcellence.org.uk

컨스트럭팅 엑설렌스 인터네셔널(Constructing Excellence International; CEI)은 영국 건축연구원(BRE)으로부터 라이센스를 받아 영국 외 국가에서 활동하고 있는 브랜드(brand) 명칭이다. 2021년 현재 대한민국을 포함한 10개 국가의 유관 단체들과 협력관계를 맺고 활동하고 있다. 컨스트럭팅 엑설렌스 인터네셔널은 각국의 유관 단체들과의 협력을 통해 건설산업의 성과 향상을 위한 혁신, 베스트 프랙티스, 관련 지식 등을 국제적으로 보급하고 교류하는 것을 주요 업무로 하고 있다.

www.CEinternational.org

CONSTRUCTING EXCELLENCE
International
delivered with bre

The Intelligent Client in UK construction

A report for the

Construction Vision Forum, Korea

The Intelligent Client in UK construction

A report for the

Construction Vision Forum

Contents

List of Figures

List of Tables

List of Images

Executive Summary

> ***"Intelligent people know they are intelligent. They also know that one person cannot know all, hence a person is not stupid simply because he [or she] is ignorant of one thing or another. They know that to another intelligent person they will not appear stupid in asking for an explanation of what they do not know, and so their ignorance on any particular issue does not become an embarrassment."***
>
> Lynsay Sands, Love Is Blind

This is the final report of the project commissioned in June 2020 by the Construction Vision Forum to address the following question:

> *"Do UK Intelligent Clients (initiatives and movements) give positive impacts on the efficiency, productivity, and/or performance of UK construction industry and projects and what are the evidences?".*

We thank the CVF for this commission. In the report we provide a context of the UK construction sector; set out the results of our literature search; highlight key documents which provide a number of frameworks which best define the UK Intelligent Client approaches and represent good practice guidance; identify nine case studies from different sectors of UK construction and learnings which arise from these; and set out our conclusions and recommendations.

Chapter 2 provides a UK context for Korean readers, providing an overview of the UK construction sector and the effects of the Covid-19 global pandemic including the policy responses which have affected the sector. **Chapter 3** then sets out the landscape of UK construction clients, giving a 'typography' of different kinds of client which should be directly relatable to Korea and listing the Top 50 clients by value.

In **Chapter 4** we review the development of the concept of the 'Intelligent Client', comprising with a review of the main UK initiatives which have been aimed at improving client performance in the last 25 years and the main reports and other literature which document the concepts. **Chapter 5** develops this by focusing on the most useful strategic frameworks for the processes and guidance which are of most value for a UK Intelligent Client and how best to apply these. This is supported by the inclusion in two Appendices (B and C) of two valuable assessment tools, one for the organisational level of capability and one for individuals' capability.

Chapter 6 presents a set of nine case studies of Intelligent Clients in different sectors over the past two decades since the programme of projects required for Heathrow Airport and the 2012 London Olympics first showcased many of the key concepts. The other case studies featured are programmes or projects by the following clients: Department for Education, Anglian Water, Ministry of Justice, Dudley College, London Underground, Highways England, and Hackney Homes and Homes for Haringey. Each of these highlight different aspects of the capability frameworks set out in the previous chapter.

Chapter 7 captures the wide range of benefits measured on these case studies and from 55 other projects from a range of other sources, including other published Constructing Excellence case studies and award winners. Together with the case studies, and the fact that UK government clients and industry leaders have whole-heartedly embraced the approaches, we conclude that there is a very clear evidence base for this better way of working which delivers better results for the client and also for the supply side.

The range of benefits identified include the following:

- Much higher certainty of delivery on time and budget
- Capital cost savings reported typically in the range 5%-20%, up to 50% or more
- Time/programme benefits of up to 33%
- Environmental benefits including over 90% of waste recycled, 30-50% embodied carbon savings, better energy efficiency and water economy of completed facilities
- Quality and value benefits including much higher levels of customer and end-user satisfaction, 'fit for purpose' facilities, commercial returns exceeding the business case, much better safety reducing the economic and social costs of accidents
- Social value benefits including high numbers of apprentices, local jobs and local firms employed, with wider economic impact in the local community.

Chapter 8 comprises a discussion of a number of issues which cropped up during the study, under the broad headings of barriers to implementation of Intelligent Client approaches and the potential future impact of the Covid-19 global pandemic. Even without such uncertainty about the future, it is evident that achieving Intelligent Client performance is not necessarily an easy transition.

Finally, in **Chapter 9** we set out our main conclusions including recommendations for how Korea might learn from the UK experience and how the Construction Vision Forum could support a programme of activity to help Korean clients improve performance. We contend that such approaches are fully transferable to Korea, with the caveat of some adjustments to suit the local context, and our recommendations include collation of the forward pipeline of client demand; the creation of a Korean Construction Clients Forum (KCCF); the production of a Korean framework for Intelligent Client capability drawing on the UK examples presented in the report; and benchmarking and training programmes to support development of the approaches.

We understand that CVF will translate this report into Korean, after which a conference to launch the report is proposed. We commend the report to the CVF and look forward to supporting its launch.

Don Ward
CE International

1. Introduction

1.1. Terms of reference for the study

The question we were asked to address in this report was as follows:

> "Do UK Intelligent Clients (initiatives and movements) give positive impacts on the efficiency, productivity, and/or performance of UK construction industry and projects and what are the evidences?"

The study focuses on developments in the UK over the last 25 years, and whilst we were not asked to make comparisons with the market in Korea, recommendations were invited for a way forward for the Korea construction industry based on the study and lessons learned in the UK.

1.2. About the authors

Don Ward was the project lead, he is the Managing Director of Constructing Excellence International under license to the UK construction best practice organisation Constructing Excellence. Don is an international expert in industry change, supply chain integration, collaborative working, benchmarking and sustainability, with 35 years' experience of studying, implementing and learning from best practice and change programmes in the housing, construction and infrastructure sectors in the UK and overseas.

He was Chief Executive of Constructing Excellence from 2006 to 2019, having previously led the Construction Industry Board and Design Build Foundation after an early career in sustainable construction. He was an advisor to the UK government's Cabinet Office, secretary to the British Standards Institution's committee on construction procurement, and a Simon Industrial Fellow at Manchester Business School. He has undertaken speaking engagements and advisory roles in over 30 countries including Hong Kong, Japan, Korea and most recently the Middle East.

More information available at www.linkedin.com/in/don-ward-8203269/ and he can be contacted at don.ward@CEinternational.org.

Mark Beirne was a lead researcher for the project. He is a Constructing Excellence Collaborative Working Champion with over 30 years' experience in the UK construction sector including procurement / supply chain development, business growth and change. His career in construction has spanned infrastructure, housing and nuclear decommissioning. A business owner and SME advocate with a passion for modern methods of construction, currently working within the off-site manufacturing sector, Mark credits Constructing Excellence as the pathway enabling him to develop a greater awareness and understanding of the barriers and challenges to industry change. A former board member of Constructing Excellence in Learning Limited, Mark has also served on industry boards working with government ministers, clients, and supply chain to support SMEs, and training and skills, and is currently on the board of offsite manufacturing group, Off-site Alliance.

Mark can be contacted at markbeirne.red@gmail.com. or through LinkedIn www.linkedin.com/in/mark-beirne-a1410a41.

Eira Rowe is a highly experienced business, marketing and communications professional with over 30 years in the UK construction and built environment sector. She has a wealth of experience in best practice, sustainability, innovation, stakeholder engagement, knowledge transfer, communications, business support and event management. She is experienced as a senior project administrator and has previously worked at the Construction Industry Board, and as a consultant for the Construction Industry Council. She is a former board member of the Rethinking Construction Centre for Wales and was instrumental in the establishment of Constructing Excellence Wales.

Eira can be contacted at eira@gorwel.cymru

Tim Warren is Managing Director of Constructing Excellence in New Zealand, the NZ arm of Constructing Excellence. He has over 20 years' experience of management in the construction sector, operating at an executive programme level and leading tangible performance improvement through nationally significant design and construction projects across the aviation, highways, retail and research/education sectors in the UK and New Zealand. With a background in civil engineering he has the ability to engage with technical and commercial leaders across a major client base and unite often disparate groups in the delivery of a productive construction solution.

Tim was part of the project team for its first phase.

Tim can be contacted at tjwarren@constructing.co.nz.

1.3. Acknowledgements

We are honoured by the Construction Vision Forum (CVF) and their Secretary General O Kyung Kwon in commissioning us for this study. We would also like to thank Professor HS Kim who was attached to the project for the purpose of producing a Korean 'translation' of our report.

This project was conceived when Don Ward visited Seoul in 2019 on behalf of Constructing Excellence to sign a Memorandum of Association with CVF and HamniGlobal, and we would particularly like to thank Mr JH Kim, Chairman of HamniGlobal, for his generous hospitality and enthusiastic encouragement of our work.

Finally, we acknowledge with gratitude and heartfelt appreciation the role of so many individuals and organisations over at least the last 25 years whose work we reference directly or indirectly in this report, who worked so hard to lead reform and client-led improvement in the UK construction sector.

2. Background

2.1. Overview of the UK construction sector

Throughout this report we have sought to provide relevant UK background and explanation of organisations, systems and processes to help Korean readers understand the UK context. Here we provide a brief introduction to the UK construction sector, elsewhere in the report we include the occasional box explaining key organisations or ways of working.

The United Kingdom of Great Britain and Northern Ireland (UK) comprises the nations of

England
Scotland
Wales
Northern Ireland.

The first three of these make up Great Britain

Output

In 2019, the last full 'normal' year before the impact of the Covid-19 global pandemic, construction sector output for Great Britain exceeded £176 billion at current prices[1] . This is approximately 7% of UK Gross Domestic Product (GDP). Of this, £119 billion was for newbuild work (67%) and £57 billion was repair and maintenance work to existing buildings.

The breakdown of this work by sector was as follows, in summary 40% of newbuild work was for housing, 40% for non-domestic buildings, and 20% for infrastructure projects[2] :

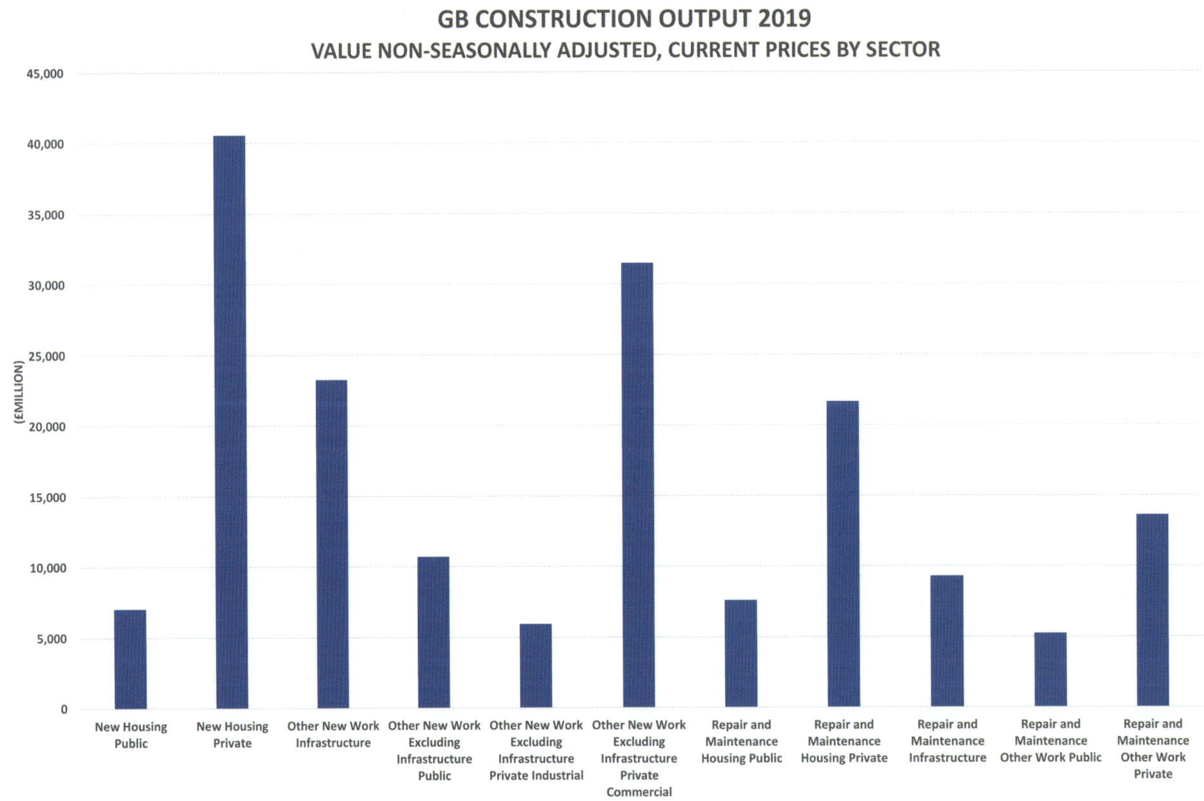

***Figure 1** - GB Construction output 2019 - value non-seasonally adjusted, current prices by sector*

1 www.ons.gov.uk/businessindustryandtrade/constructionindustry/datasets/outputintheconstructionindustry downloaded 3rd December 2020
2 ibid

'Narrow' versus 'wider' construction

It should be noted that, in common with much reporting of such data around the world, the output data presented in this report only includes the 'narrow' definition of "construction" as represented by the output of "contractors". It excludes other related sectors such as manufacturing of construction products, or professional services and "real estate services", which instead are included in other statistical categories.

If we include these other categories we can identify a "wider construction sector", and in 2001 it was estimated[3] that value added in the construction sector was as follows:

VALUE-ADDED IN THE CONSTRUCTION SECTOR 2001 (%)

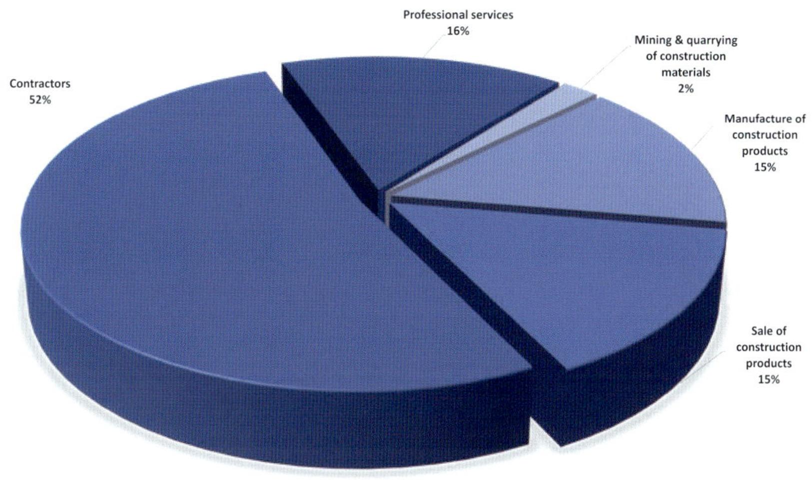

***Figure 2** - Value-added in the Construction Sector 2001 (%)*

This analysis has not been updated in detail for the purposes of this study, but the authors are unaware of any reason why the broad conclusion would not still apply, i.e. that "wider construction" has an output of approximately double that of 'narrow' (contractors-only) construction.

Even this estimate does not include the value of output from the "Real estate services" sector, which in 2016 was an additional 56% of the value of 'narrow Construction'[4] , meaning that a rough estimate of the output of the wider "built environment" sector would be approximately 2.5 times that of narrow Construction.

3 The social and economic value of construction – the construction industry's contribution to sustainable development, Pearce, nCRISP (2003).

4 https://www.ons.gov.uk/economy/nationalaccounts/supplyandusetables/datasets/ukinputoutputanalyticaltablesindustrybyindustry downloaded 18 December 2020

Employment

Employment in construction at the end of 2019 was 2.31 million[5] , or approximately 7% of all UK jobs. Of this number, 36% were self-employed, and 12.3% were women.

As with the output data above, this employment data only includes "construction", other related sectors include "real estate" (382,000), manufacturing of construction products, or professional services, which are included in other statistical categories.

Size of firms

Like most developed countries in the world, UK construction firms are predominantly small and micro businesses, there are very few large firms. The UK definition of a Small or Medium-sized Enterprise (SME), consistent with that used across the European Union, is a firm which employs fewer than 250 people, and the chart shows that for UK construction at least 99% of firms fall within this definition[6] .

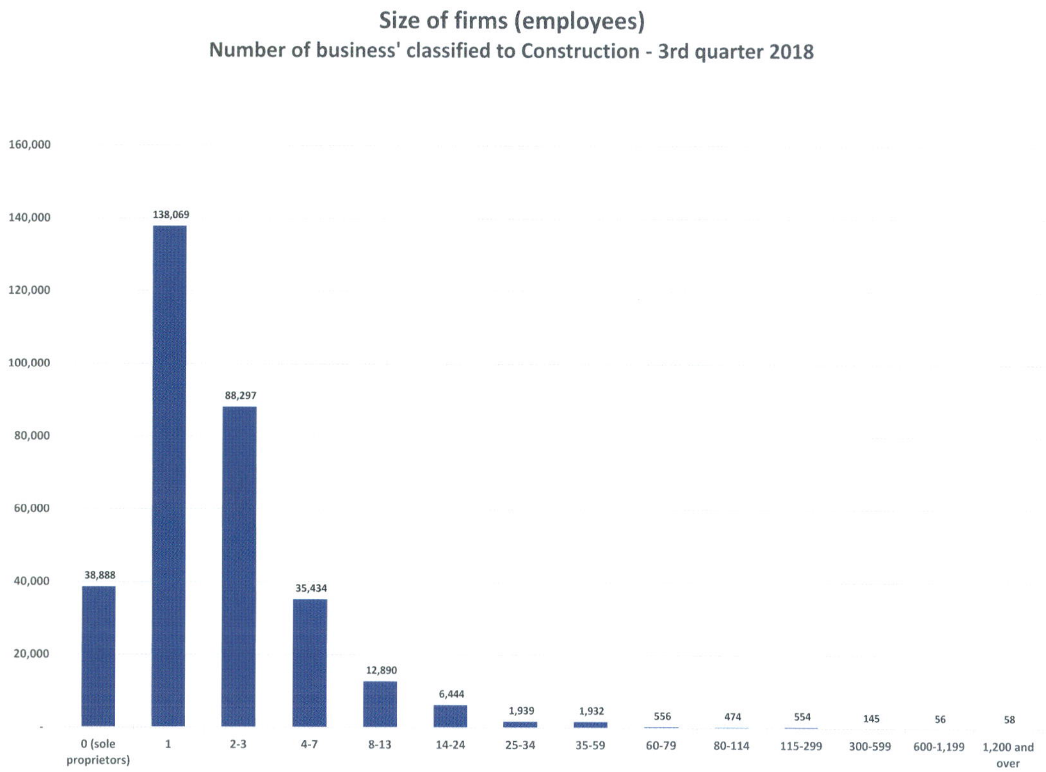

***Figure 3** - Size of firms (employees) - Number of business' classified to Construction - 3rd quarter 2018*

Project performance

For 20 years up to 2018 Constructing Excellence published an annual report of the UK industry's performance in delivering projects[7]. Measures reported included predictability (the extent to which projects are delivered on budget and on programme), safety, client satisfaction, profitability, productivity, people satisfaction, as well as a number of environmental measures and others relating to the performance of particular parts of the supply chain, e.g. contractors or consultants.

As well as allowing policy makers to track trends in sector performance, the KPIs were designed to provide a framework for individual suppliers and clients to compare their own project performance against the wider industry. Such benchmarking is now commonplace in the industry and amongst Intelligent Clients.

---

5 https://www.ons.gov.uk/employmentandlabourmarket/peopleinwork/employmentandemployeetypes/datasets/employmentbyindustryemp13 downloaded 18 December 2020
ons.gov.uk/employmentandlabourmarket/peopleinwork/employmentandemployeetypes/datasets/workforcejobsbyindustryjobs02 downloaded 18 December 2020

6 https://www.ons.gov.uk/businessindustryandtrade/constructionindustry/datasets/constructionstatisticsannualtables downloaded 18 December 2020

7 see https://constructingexcellence.org.uk/kpi-reports/ downloaded 10 January 2021

The latest KPI data available relates to projects delivered in 2017. Anecdotally the authors do not believe that performance levels changed dramatically in 2018 or 2019, although due to Covid-19 this may be a different story for 2020. Nevertheless the best data we have available is for 2017, and some headlines are as follows.

Improving safety on construction sites has been a particular focus in the UK for two decades, with government and clients taking a particularly strong lead alongside industry leaders and trade associations. An impressive reduction of 75% in the rate of reportable accidents has been recorded.

***Figure 4** - Safety*

Cost and time predictability has improved slowly but steadily over the same time frame, but it remains the case that 1 in 3 of all projects suffer a cost overrun and/or a time overrun. Clients need to understand this underlying performance and factor it into their procurement and contracting strategies, depending on how important delivery on time or within budget may be on their own project.

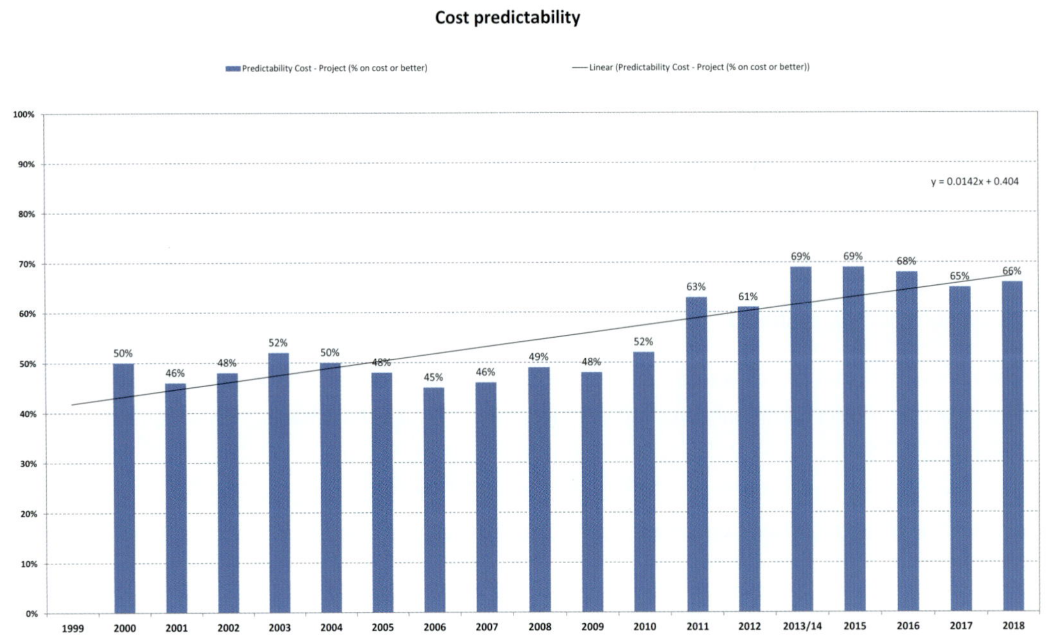

***Figure 5** - Cost predictability*

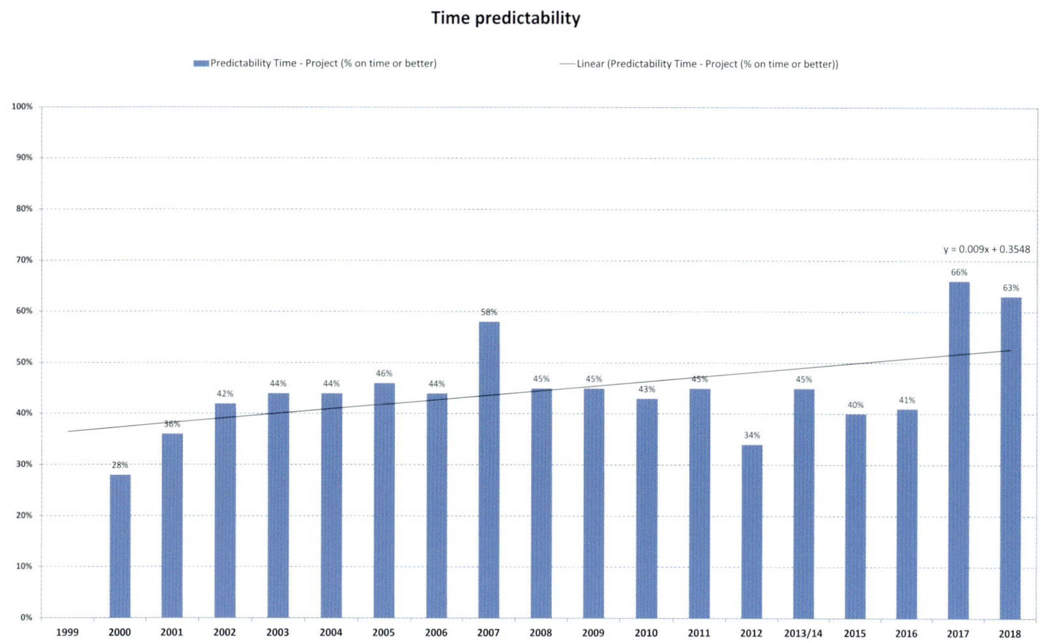

Figure 6 *- Time predictability*

The final KPI selected by the authors for comment is industry profitability. In common with many construction sectors around the world, profitability of contractors is not high due to (arguably excessive) high levels of competition. This low profitability presents challenges if clients are looking for investment in innovation, technology, new methods or training, or are simply concerned to ensure that their suppliers are financially viable and will not suffer cashflow difficulties or insolvency during their project. The effect of the Global Financial Crisis is evident in 2012, the authors believe that the Covid-19 global pandemic will have had a similar impact on the industry's profitability in 2020.

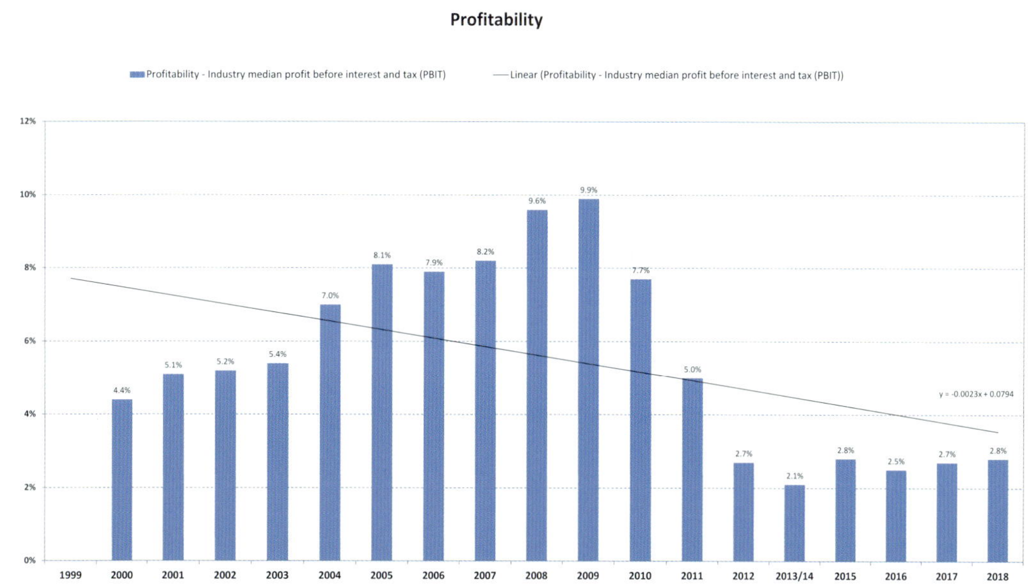

Figure 7 *- Profitability*

2.2. Impact of the Covid-19 pandemic

After this project was commissioned, the full effect of the Covid-global 19 pandemic began to be felt around the world. Many economic recovery plans have been announced by national governments, with investment in infrastructure and other construction projects often featuring strongly. This is positive news for the sector, but on the downside the industry has been hit by an inevitable reduction in demand in many sectors, for example offices, retail, airports, and the UK is not alone in having published 'recovery plans' to help the construction sector through what will be a difficult period of maybe some years.

The impact of the pandemic on UK construction output is clear from the following two charts. First, comparing quarter 2 (April to June) 2020 with the same quarter a year before in 2019, a huge reduction in output is apparent across all sectors, with an average reduction of 38%. This was consistent across newbuild and repair & maintenance, with new build housing particularly badly hit.

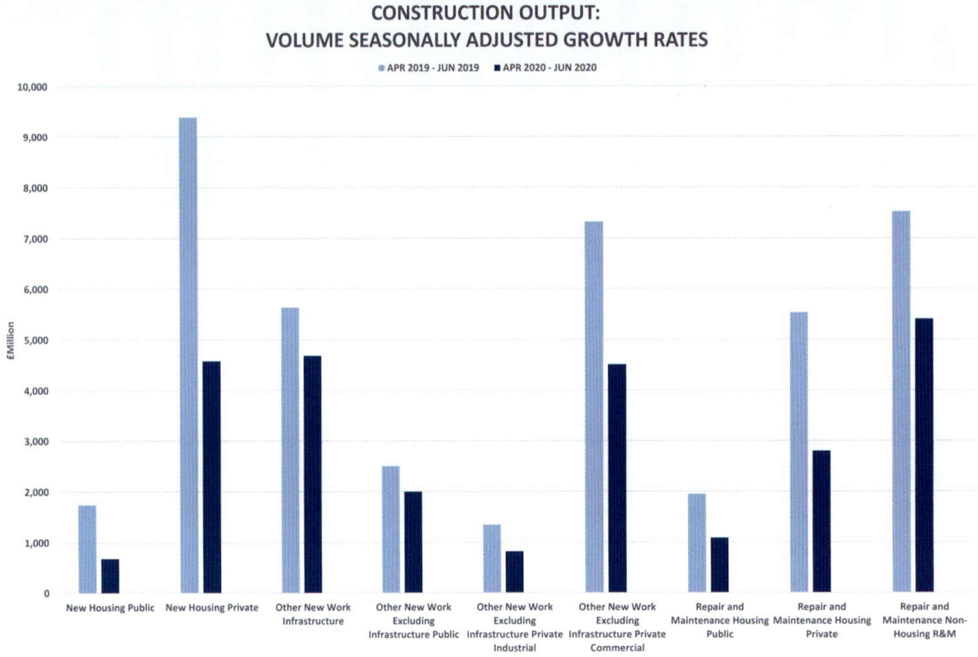

Figure 8 *- Construction Output: Valume seasonally adjusted growth rates*

The second chart below shows that bounce-back has been significant, with the average growth rate in the last quarter to September 2020 amounting to 42% quarter-on-quarter. The recovery in new private housing was particularly impressive due to emergency government incentives for house-buyers.

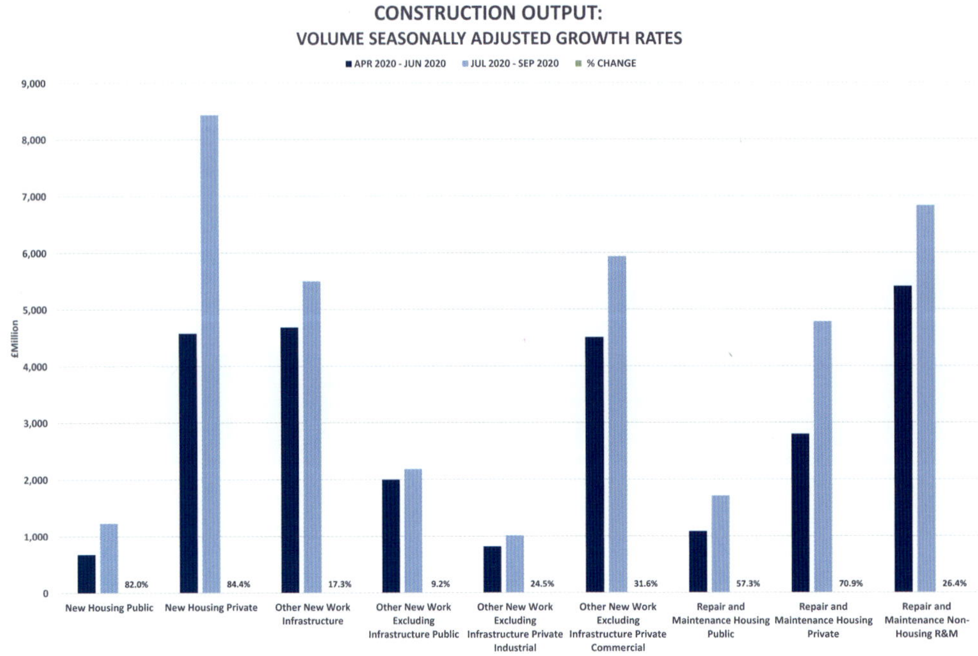

Figure 9 *- Construction Output: Volume seasonally adjusted growth rates*

It is not the purpose of this report to comment directly on pandemic recovery plans, but the long-term health of the 'supply side' of the industry should be of concern to any customer for services, and there is some evidence that some UK clients are addressing this aspect – and it is our contention that the Intelligent Client should certainly do so.

Time will tell what actually happens, but in this report and particularly in the recommendations and we will seek to identify specific issues which we feel the Intelligent Client should bear in mind as a result of the pandemic.

2.3. Policy responses to the Covid-19 global pandemic

In this section we provide a brief overview of the most relevant policy responses from the UK government and the construction sector.

Furlough – Job Retention Scheme

The word 'furlough' was almost universally unrecognised in British people's vocabulary pre Covid-19. On 20 March 2020, the Government announced the Corona virus Job Retention Scheme ('the scheme')[8] to provide support for employers to enable them to continue paying part of their employees' salaries rather than lay them off. In summary the scheme involves the UK government paying up to 80% of employees wages through company payrolls. Initially running until the end of May and then June, the Chancellor has extended the scheme a number of times and as of December 18th it has been announced that the scheme will now run at least until the end of April 2021.

Other government financial support

The government also offered 'self-employed' workers financial support similar to the 'furlough' scheme based on average income over 3 years. Small businesses were also offered one off grants and a range of other mechanisms including interest free loans[9] .

Industry measures for site safety and health and well-being of workers

Industry organisations such as the Build UK trade association developed measures early on in the pandemic which allowed many construction sites to remain open, including guidelines on safe working[10] .

Other industry initiatives

A number of leading construction organisations came together under the umbrella of the Construction Leadership Council (CLC) to produce guidance and leadership on UK construction recovery out of the pandemic[11] .

The above guidance helped keep most construction sites open in the UK, but the impact on productivity has been severe, and as already noted the consensus has been an impact of approximately 35%. Later in 2020 this improved considerably, perhaps to a near-normal level, as more testing and an improved understanding of safe and productive working developed.

---

8 https://www.gov.uk/government/collections/financial-support-for-businesses-during-coronavirus-covid-19#support-for-businesses-through-the-coronavirus-job-retention-scheme

9 https://www.gov.uk/government/collections/financial-support-for-businesses-during-coronavirus-covid-19?priority-taxon=09944b84-02ba-4742-a696-9e562fc9b29d#support-for-businesses-affected-by-coronavirus-restrictions

10 See for example https://builduk.org/coronavirus/, https://builduk.org/wp-content/uploads/2020/03/Site-Operating-Procedures.pdf, https://builduk.org/managing-covid-19-within-contracts/

11 It is not the purpose of this report to document these in detail but examples include https://www.constructionleadershipcouncil.co.uk/wp-content/uploads/2020/06/CLC-Roadmap-to-Recovery-01.06.20.pdf and https://www.constructionleadershipcouncil.co.uk/news/road-to-recovery-clc-covid-19-recovery-plan-update/.

Government initiatives to stimulate demand

In the wake of the 'first wave' of the pandemic, towards the end of the 2020 summer, the UK government announced a series of policy initiatives under the banner headline "Build, Build, Build"[12] . These ranged from the building of new homes and hospitals on a huge scale, as well as reforms to the planning system to accelerate the process. Again it is not the purpose of this report to analyse these initiatives in depth, but leading sector forecasters have taken these into consideration when they project a moderately strong recovery for the sector in 2021 and beyond, with the sector perhaps returning to a pre-Covid-19 level of output at some time in 2022 – see for example the respected CPA 'scenarios' (not a forecast) below.

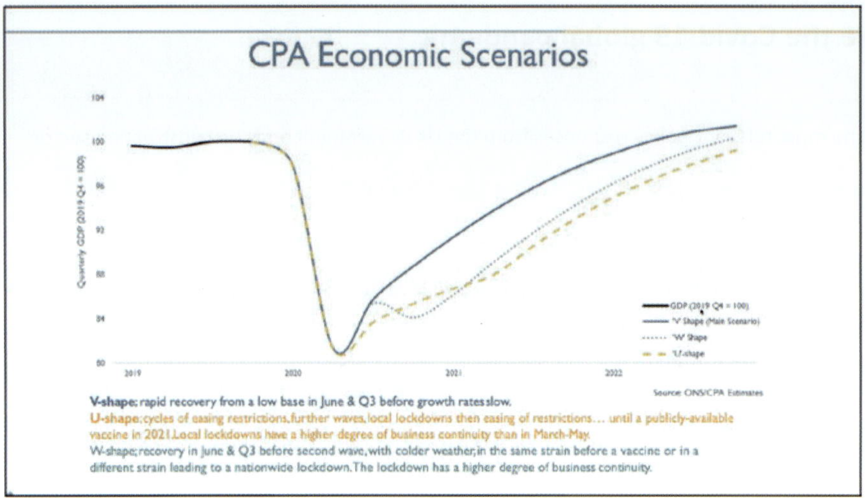

Figure 10 - *Noble Francis, Construction Products Association, for the CIB W55 webinar 25th September 2020*

12 See for example https://www.gov.uk/government/news/pm-build-build-build and https://www.gov.uk/government/news/build-build-build-prime-minister-announces-new-deal-for-britain

3. UK construction clients

In this section we set out a classification of the major types of client, and identify and discuss the largest clients as of late 2020.

UK "public" and "regulated" sectors

Responsibility for expenditure in the 'public sector' in the UK is often devolved from central government to local, regional or national (eg Scotland, Wales) government or other entities such as regional police authorities. Budgets are fully or partially determined at a national level, but policy decisions and delivery as well as local tax-raising powers are devolved to the local body.

Other organisations, mainly in the utilities sector, have been privatised and fall into a hybrid 'Regulated' category where the organisations are now privately owned as public companies but must comply with a set of trading rules and targets as specified by a government-appointed economic regulatory body for their sector, whose job is to address the market failure resulting from the quasi-monopolistic position which most utilities hold and to protect the consumer from commercially-exploitative practices.

Classification of UK clients

The following classification draws on Boyd[13] with the authors adding the commentary on key characteristics which determine the likely expertise and key drivers for each type of client.

13 Boyd (2006) *ibid*

Client classification in the UK	Description	Typical construction projects	Characteristics
Public sector			
Central government	Department of Health/ National Health Service Department for Education Highways England Environment Agency Ministry of Justice Ministry of Defence	Hospitals, primary care centres Schools Roads, bridges Environmental and flood protection Prisons Military facilities	Mid-large sized projects, say £5m-£250m. Public sector procurement regulations apply except to small projects (EU Regulations will be replaced by UK-specific regulations post-Brexit, i.e. from 2021). A high degree of standardisation of process as recommended by bodies such as the IPA, with common policies for e.g. use of BIM, offsite manufacturing, environmental sustainability, skills certification.
Local government/wider public sector	Local authorities (Metropolitan, County, District, Unitary) Housing Associations Emergency services Devolved national governments of Scotland, Wales and Northern Ireland	Schools, Social housing Facilities for police, fire and ambulance services All the above at a national level	Small-mid sized projects, say £1/2m - £100m. Plenty of refurbishment, upgrade or extension projects. Same comment as above about public sector procurement regulations. Less standardisation, with processes and procedures determined by local factors to a greater extent, including policies for local employment.
One-off mega projects	Projects such as with a huge public sector budget	London 2012 Olympics Crossrail HS2 Nuclear power stations	Huge projects, worth £ billions. Huge public interest and profile, a Public Planning Inquiry and UK government legislation usually required. Client organisation is often a Special Purpose Vehicle or a bespoke project company. Same comment as above about public sector procurement regulations. Projects have high visibility and often target best practice standards. Usually a mix of building, civil and process engineering projects.
Regulated (mostly privatised) utilities			
	Network Rail Power and water utilities Airports	Most national rail projects Process plant and associated facilities Alternative energy and conventional power stations	Mainly infrastructure/civil engineering projects. A similar but different set of utility procurement regulations apply (also to be replaced by UK-specific regulations post-Brexit)
Private sector			
Private developers	Property owners and landlords who let to tenants	Offices Retail, mixed use developments Housing Ports	Project viability is highly market sensitive, secondary 're-lets' create a refurbishment/upgrade market. Operating costs will usually accrue to the occupying tenants so the owner has limited interest in whole life costs.
Private owner-occupiers	Corporates Leisure, Hospitality Universities	Factories, laboratories, production facilities, offices, campuses cinemas, restaurants	Projects usually based on a financial rate of return from the core business housed within the facility. Operating costs accrue to the same organisation as the capital costs, so the owner tends to have a greater interest in whole life costs.
Small or occasional (private) clients	Small businesses Charities	Offices Facilities of all kinds	Often working to a (tight) budget and/or timetable and staffed by individuals who have little or no knowledge of the construction sector or the client role .

Table 1 *- Classification of UK Clients*

3.1. Top UK construction clients 2020

The following table presents the top 50 procuring clients by value for the year to end November 2020 .

Rank	Client	Deals (number)	Total (£m)	Sector	Sub-sector
1	Department for Transport	63	2,282.5	Public	Central government
2	Department of Health	297	1,786.4	Public	Central government
3	Network Rail	87	778.4	Regulated	Transport
4	Legal & General	25	502.6	Private	Developer
5	Department for Education	54	430.6	Public	Central government
6	Westminster City Council	15	426.5	Public	Local government
7	National Grid	27	393.4	Regulated	Utility
8	Environment Agency	34	336.2	Public	Central government
9	Royal Borough of Greenwich	11	323.2	Public	Local government
10	British Land	12	305.0	Private	Developer
11	IDI Gazeley	9	264.8	Private	Retail
12	University of Oxford	12	264.6	Private	University
13	Segro	10	237.0	Private	Developer
14	Lidl	63	222.6	Private	Retail
15	Clarion	16	200.1	Public	Social housing
16	Mountpark Logistics	5	197.8	Private	Developer
17	Native Land	3	196.5	Private	Developer
18	Ministry of Defence	55	195.4	Public	Central government
19	West Midlands CA	2	193.0	Public	Local government
20	LB of Southwark	19	176.4	Public	Local government
21	LB of Waltham Forest	12	171.5	Public	Local government
22	Peabody Trust	7	169.2	Public	Social housing
23	Prologis	7	168.2	Private	Developer
24	Southern Housing	3	168.0	Public	Social housing
25	LB of Hammersmith & Fulham	19	167.4	Public	Local government
26	City Fibre	3	167.0	Regulated	Utility
27	University of London	16	162.6	Private	University
28	Sanctuary	11	159.6	Public	Social housing
29	University of York	4	153.2	Private	University
30	Cornwall Council	7	150.0	Public	Local government
31	Welsh Assembly	24	144.8	Public	National government
32	City of Edinburgh Council	24	143.7	Public	Local government
33	LB of Barking & Dagenham	16	142.9	Public	Local government
34	Suffolk County Council	8	140.2	Public	Local government
35	Land Securities	10	139.2	Private	Developer
36	Leeds City Council	14	137.1	Public	Local government
37	LB of Newham	9	135.4	Public	Local government
38	Bradford MDC	9	130.6	Public	Local government
39	British Telecom	5	128.0	Regulated	Utility
40	Devon County Council	12	127.3	Public	Local government
41	Northamptonshire CC	3	121.7	Public	Local government
42	SHE Transmission	3	119.0	Regulated	Utility
43	Buckinghamshire CC	16	118.0	Public	Local government
44	Barnsley MBC	3	115.9	Public	Local government
45	University of Cambridge	18	111.2	Private	University
46	Birmingham City Council	10	110.3	Public	Local government
47	LB of Tower Hamlets	12	108.4	Public	Local government
48	Bristol City Council	9	108.3	Public	Local government
49	Co-operative Group	122	106.2	Private	Retail
50	A2Dominion	7	105.8	Private	Social housing

Table 2 *- Top UK Construction Clients 2020*

Note that this league table[14] includes about eight months of the year which will have felt the impact of Covid-19 as described in chapter 2.2.

The aggregate value of projects commissioned by these Top 50 clients in the year to November was £13.4 billion. Note that these projects would often span over a period of more than one year, but for comparison purposes this amount approximates to 11% of the total newbuild demand (pre-Covid) reported in section 2.1 above of £119 billion. This indicates that, as well as a fragmented supply side of the industry, the client side is also fragmented rather than consolidated, and we estimate that 'small or occasional' clients (SOCs) may account for around half of newbuild demand. We shall return to this idea of SOCs in chapter 5.

By sector these large clients can be categorised as follows:

- Public sector (30 no.) 66%
- Regulated sector (5 no.) 11%
- Private sector (15 no.) 23%.

The chart showing the further breakdown of this Top 50 into sub-sectors.

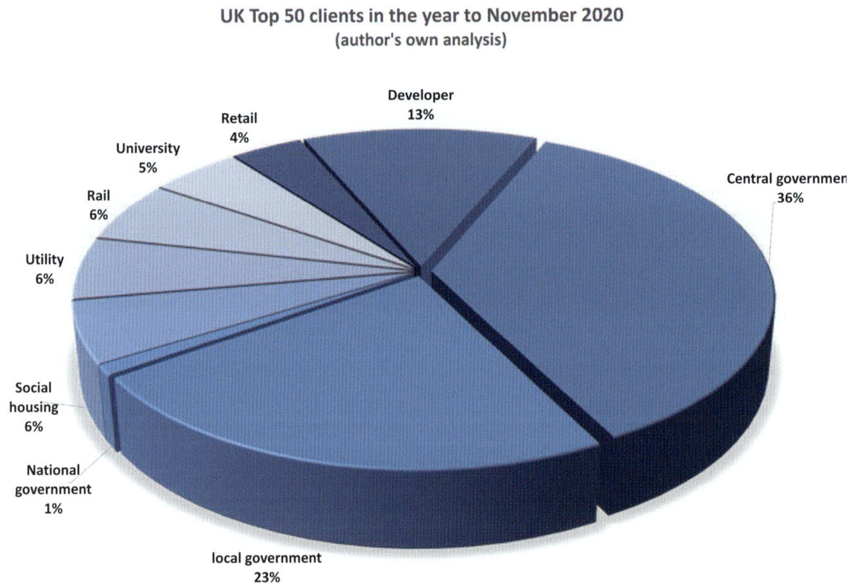

Figure 11 *- UK Top 50 clients in the year to November 2020*

Thus, it can be seen that the public sector provides proportionately more of the larger clients in the sector.

14 Construction News - Top 50 clients – contracts awarded year to November 2020. https://www.constructionnews.co.uk/construction-industry-company-league-tables/ downloaded 18 December 2020

4. Introducing the 'Intelligent Client'

4.1. UK client initiatives

"Implementation begins with clients. Clients are at the core of the process and their needs must be met by the industry. But clients are dispersed and vary greatly..."

Construction the Team (1994)
Sir Michael Latham

Ever since Sir Michael Latham highlighted the key role of clients in his landmark report *Constructing the Team*[15] the client has been a major focus of reform in the UK construction sector. Sir John Egan's government task force report four years later (*Rethinking Construction*[16]) was led by clients, and from around that time the UK government has prioritised client-led improvement and better procurement as a critical factor to secure better value-for-money in publicly-funded projects. Our position as major actors in the UK construction sector reform movement means we have had first-hand involvement in many of these initiatives, and we highlight the following initiatives and reports.

Since the Latham and Egan reports of the mid-late 1990s there have been a number of major initiatives, strategies and programmes related to Intelligent Client and client innovation in the UK construction sector. This section is not a comprehensive report of every initiative, the UK government in particular has launched a plethora of initiatives which many commentators have found excessive and confusing, but we have provided summarises of those shown in the box which we feel represent a good cross-section of the more successful initiatives and which have most relevance for Korea:

Construction Clients Forum

Confederation of Construction Clients

Construction Clients' Group

Government Construction Clients' Panel

Local Government Task Force

"Achieving Excellence"

Clients' Charter

Client Commitments

Government Client Board

Infrastructure Client Group

Project 13

15 Constructing the Team (1994), Sir Michael Latham, HMSO
16 Rethinking Construction (1998), Report of the Construction Task Force, HMSO

Construction Clients Forum (CCF), Confederation of Construction Clients (CCC), Construction Clients' Group (CCG)

Following a recommendation in the Latham Report, the CCF was launched in 1994. It brought together a number of trade associations and other representative bodies from various clients sector, eg the British Properly Federation, Confederation of British Industry, Local Government Association, to provide a pan-sector client focus for reform. It was succeeded by the CCC in 1999 after a number of large client organisations sought more influence over the agenda.

The CCF and CCC struggled to be financially viable, and were replaced by the CCG in 2003. The latter came under the auspices of Constructing Excellence from 2007, thereby securing its longer-term future. An important lesson was that client groups are difficult to sustain, at least in the UK (the model has been copied in other countries including in New Zealand and Scandinavia), but it is in the interest of supply side bodies to sustain such a client voice to achieve a level of standardisation of client processes and thereby reduce inefficiencies resulting from bespoke client approaches, and under CE's auspices the supply members have been pleased to collaborate and, in effect, subsidise the participation of enlightened client members.

Government Construction Clients' Panel, Local Government Task Force (LGTF)

These were set up as part of the implementation of the Egan Report, reflecting the fact that the drivers, processes and procedures of central government departments and local authorities and other devolved bodies were different to those of private sector clients, and worthy of their own focus. Activities were similar to those of other client sector bodies, and the LGTF came under the auspices of Constructing Excellence from 2005 whilst the GCCP's functions became part of the remits of Infrastructure and Projects Authority and the Government Construction Board.

"Achieving Excellence"

From 1999 this government strategy sought to promote the construction change agenda across government spending departments by reference to a series of targets for improved performance. Targets included the use of partnering teamwork and the development of long-term relationships, amongst others. The strategy achieved such success that in January 2001 the National Audit Office was able to draw on the practical achievements of four Departments (MOD, NHS Estates, Highways Agency and Environment Agency) in its report 'Modernising Construction' and to dedicate four pages to the subject of 'partnering' or collaborative working on the basis that "partnering offers good potential to improve the value for money of construction".

Clients' Charter, Client Commitments

The Construction Clients' Charter was called for by Deputy Prime Minister John Prescott in 1999, identifying the need to bring together several strands of work aimed at empowering the client and encouraging them to show leadership to their supply chains. It was published by the CCC in 2001, and set out a commitment in four key areas of client leadership, integrated team working, a quality agenda, and people. One of the Charter's key tenets of client leadership was to "adopt a partnering approach wherever possible" and promote a "team-based, non-adversarial approach amongst clients, advisers and the supply chain".

The Charter was a tool to enable clients to develop their working culture through achieving a better understanding of their role, improving communication, team working and staff development. Two years on, Brian Wilson, MP, Minister for Construction said of the Charter "The adoption of the Charter principles helps clients gain maximum value from construction procurement. It is central to the industry's improvement agenda ..." (January 2003). The social housing sector in particular responded well, and over 400 mainly public sector clients signed up to the Charter, which was supported by an assessment and benchmarking process which aimed to support continuous improvement.

In 2005 London was awarded the rights to host the Olympic and Paralympic Games in 2012. Working with the Olympic Delivery Authority the Strategic Forum for Construction helped develop a set of "2012 Construction Commitments" for the ODA client and potential suppliers from the construction industry to showcase the best of British construction performance.

The Commitments brought together six key areas now seen as vital to delivering the Games' vision, namely:

- Procurement and Integration
- Client leadership
- Design quality
- Commitment to people
- Sustainability
- Health and safety

and pledged to exceed current best practice.

After the Olympics the Strategic Forum updated and re-badged the Construction Commitments, and the CCG produced a tailored version for clients which is still available to download[17] . More detail on the ODA as a leading case study of an Intelligent Client and the 2012 Commitments is presented in Chapter 6.

Government Construction Board

The Government Construction Strategy was published in May 2011 with the intention to reduce the cost of public sector construction by up to 20% by the end of the parliament and to stimulate growth in construction. The strategy was overseen by the Government Construction Board (GCB), which comprised senior officials from the government's main constructing departments and agencies along with departments that have a policy interest in construction and efficiency, and also the National Improvement and Efficiency Partnership which focused on local government.[18] More detail on the ODA as a leading case study of an Intelligent Client is presented in Chapter 6.

Infrastructure and Projects Authority (IPA)

The Infrastructure and Projects Authority (IPA) is the United Kingdom government's centre of expertise for infrastructure and major projects. The IPA sits at the heart of government, reporting to the Cabinet Office and HM Treasury. The core teams include experts in infrastructure, project delivery and project finance who work with government departments and industry. The IPA supports the successful delivery of all types of infrastructure and major projects; ranging from railways, schools, hospitals and housing, to defence, IT and major transformation programmes. The IPA leads the project delivery and project finance professions across government. The IPA was formed in 2016 by the merger of Infrastructure UK (IUK) and the Major Projects Authority (MPA); IUK was established in 2010 to support major infrastructure projects involving public sector capital, and the MPA was established in 2011 with a mandate to oversee and assure the largest government projects.

Infrastructure Client Group and Project 13

In 2016 the ICE first convened its Infrastructure Client Group comprising a number of large clients of the civil engineering construction sector in particular. Their 2017 report 'From Transaction to Enterprises' (see section 2.4 below) was followed by the launch of Project 13 as an industry-led response to infrastructure delivery models that failed not just clients and their suppliers, but also the operators and users of infrastructure systems and networks. It seeks to develop a new business model – based on an enterprise, not on traditional transactional arrangements – to boost certainty and productivity in delivery, improve whole life outcomes in operation and support a more sustainable, innovative, highly skilled industry.[19] Later in 2017 the government's IPA published its own response to this challenge, 'Transforming Infrastructure Performance' (also see section 2.4 below), seeking to increase the effectiveness of investment in infrastructure by improving productivity. As of December 2020 this remains the government's lead strategy in the area of client performance, complemented by the Department for Business, Energy & Industrial Strategy's 'Construction 2025', which in effect is the agenda for the supply side to improve productivity. This strategy is not specifically addressed in this report but is highly complementary and is recommended reading for the supply side wishing to respond to the government/client reform agenda.

---

17 https://constructingexcellence.org.uk/client-commitments/ downloaded 3rd December 2020.

18 www.designingbuildings.co.uk/wiki/Government_Construction_Board downloaded 3rd December 2020

19 www.p13.org.uk downloaded 3rd December 2020

4.2. Literature review

The Annex lists a large number of research papers and other reports which have been published in the UK over the last twenty years. In particular we have identified ninekey documents which remain current, often superseding previous titles, and are recommended reading for anyone wanting to understand the detail of the UK Intelligent Client agenda:

- *Understanding the construction client* (2006), Boyd and Chiniyio, Blackwell
- *Improving Infrastructure Delivery: Project Initiation Routemap* (2016), Infrastructure and Projects Authority, UK Cabinet Office
- *Intelligent Client Capability Framework* (2014), Institution of Civil Engineers
- *From Transactions to Enterprises* (2017), Institution of Civil Engineers
- *Transforming Infrastructure Performance* (2017), Infrastructure and Projects Authority
- *Programme procurement in construction: Learning from London 2012* (2013), Mead & Grunenberg
- *Construction 2025* (2013), Department for Business, Energy & Industrial Strategy
- *Construction Playbook* (2020), UK Cabinet Office
- *Research Roadmap Report. Clients and Users in Construction* (2013), CIB.

Summaries of each of these key titles are as follows:

1. Understanding the construction client (2006), Boyd and Chiniyio, Blackwell

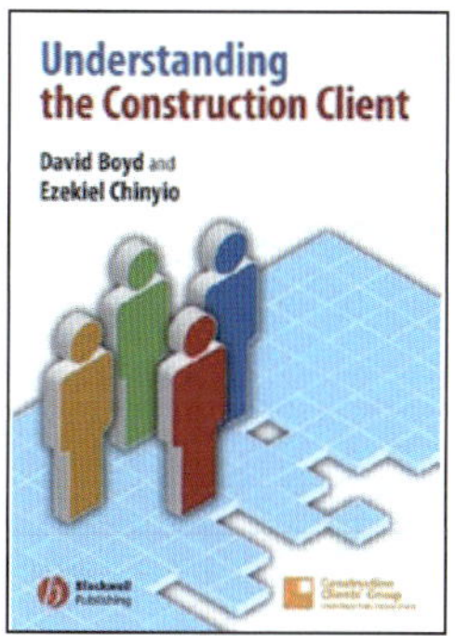

This book breaks new ground by creating a framework to understand clients' actions and needs. Most construction management books focus on improving the construction process; this one focuses on a better engagement with the client. It challenges conceptions of both the construction industry and clients' businesses so that a more effective process and greater client satisfaction can be achieved. The book suggests that 'buildings are not about building but about changing and developing the client'. The technical, organisational and psychological aspects of this are described and analysed in detail so that current experience can be explained and better practice determined. The book offers well-researched information about clients in a number of sectors-developers, supermarkets, NHS, government, airports and housing associations-which will help you understand what these client's business or service needs are and how construction fits into this. It demonstrates how to develop an appreciation of the client's perspective with a toolkit for ensuring successful client engagement. This makes the book a user-friendly and practical guide, as well as a significant text for academia.

2. Improving Infrastructure Delivery: Project Initiation Routemap (2016), Infrastructure and Projects Authority

To achieve more efficient outcomes and address the high cost of delivering infrastructure in the UK it is necessary for both public and private sector clients to ensure their capability aligns with the challenges they face and to optimise their approach to engaging their supply chains. The NAO [National Audit Office] report on Delivering Major Projects in Government (2016) and the Infrastructure UK Cost Review (2010) both noted that projects continued to encounter problems in their early stages – and, particularly that projects often publicly announced timelines and costs before plans have been properly tested. The Routemap update will help address these challenges by offering support on strategic decision making during project initiation based on the latest thinking and knowledge acquired from delivery of Major Projects. Through a series of structured exercises it enables sponsors and those responsible for project delivery to properly align complexity with the necessary capabilities and plan enhancements to ensure a more successful outcome.

3. Intelligent Client Capability Framework (2014), Institution of Civil Engineers

The framework is for Civil Engineers who are in roles supporting Client organisations for the delivery of major projects and programmes. It is a supplement to the ICE Competency Framework for Professional Development post-professional review. The Framework is not intended as a guide for client organisations, but as a tool for individual members who wish to reflect on the capabilities they may require in support of the client function. It is discussed further in Chapter 5 and is reproduced in full at Appendix C.

4. From Transactions to Enterprises (2017), Institution of Civil Engineers

This report was commissioned by the Infrastructure Client Group (ICG) with support from the ICE. The ICG recognised the need for a new approach to delivering the UK's infrastructure that will encourage innovation, produce better outcomes and reduce waste in the delivery process. In particular the aim was to identify more intelligent ways to organise competition, generate more value for end users, and provide the right structure for suppliers to invest in improving their capabilities.

The work was directed by a task force drawn from infrastructure clients, the construction industry and leading academics, and proposals were derived from consultations with infrastructure companies and their suppliers and from studies of projects in three different infrastructure programmes, those of Anglian Water Services, the Environment Agency, and London Underground. These projects represent the spectrum of the new approach from effective working with traditional contractors to an alliance in its twelfth year of improving performance. The Bartlett School of Construction and Project Management at University College London (UCL) has led these project studies. Through the consultations the report describes what success looks like for all the parties involved in delivering new infrastructure and the factors that would encourage them to invest in innovation and in their capabilities.

The analysis of leading-edge practice allowed the team to identify five features that taken together form the basis of the new approach to delivering infrastructure. The report describes these key features and through case studies demonstrates how their deployment has delivered substantial benefits for infrastructure owners and their customers. The report also provides a critical analysis of more traditional approaches to delivering new infrastructure. It provides evidence that these approaches often lead to costly and sub optimal solutions for infrastructure owners while at the same time damaging the capabilities of the supply chain.

5. Transforming Infrastructure Performance (2017), Infrastructure and Projects Authority

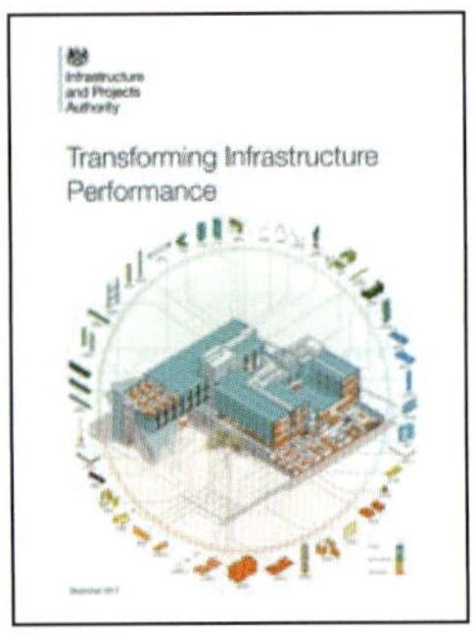

Having modern and accessible infrastructure throughout the country is essential to our future growth and prosperity. It is one of the five foundations of productivity set out in the government's Industrial Strategy, along with Ideas, People, Business Environment and Places. In recognition of the importance of infrastructure, government has recently set out a number of key policy commitments. These include increasing the National Productivity Investment Fund (NPIF) to £31 billion, supporting investments in transport and housing infrastructure, and boosting our digital infrastructure, including £176 million for 5G and £200 million for local areas to encourage roll out of full-fibre networks in support of the Industrial Strategy's objectives.

A productivity programme for infrastructure: Transforming Infrastructure Performance (TIP) is the government's plan to increase the effectiveness of investment in infrastructure – both economic infrastructure such as transport and energy networks, and social infrastructure such as schools and hospitals – by improving productivity in the way we design, build and operate assets. It is a substantial change programme with a ten-year horizon that builds on existing best practice and tackles the systemic issues that still limit the performance of UK infrastructure, and it is an important part of the government's plan to implement the Industrial Strategy. TIP will significantly improve the ways in which infrastructure is planned, procured and delivered to focus on the whole life performance of systems, moving beyond the capital efficiency of individual projects within the system. It will encourage promoters to consider how to integrate projects and programmes across traditional sector boundaries, exploit the opportunities made possible by using new technologies and ensure that the outcomes provide maximum benefit against the expenditure incurred. It will help industry – including delivery organisations, contractors and supply chains – to invest with confidence in more efficient methods of construction and to integrate technology into existing infrastructure to improve its operational performance and the productivity of the sector.

6. Programme procurement in construction: Learning from London 2012 (2013), Mead & Grunenberg

Successful construction is often attributed to one or more aspects of the delivery process from good planning, design and clever engineering to efficient project management and quality construction. Before any of these disciplines can begin, they all require some form of procurement to select the team or supply chain to meet a client's or a project's specific requirements. The concept of PSE - Purchase and Supplier Engineering - originated in the procurement of the construction and infrastructure required to stage the 30th Olympiad in London during 2012. At the time of writing PSE has successfully delivered almost £25bn of public procurement meeting client and project requirements and without legal challenge.

How does one buy the stage for an Olympic Games? How does one manage the details of thousands of contracts and the many firms of contractors, subcontractors and material suppliers and ensure that no one organisation adversely affects any other to the detriment of the programme? How are a client's requirements beyond those of the capital asset realised as part of the investment? How does one measure programme exposure, or manage performance? How does one measure capacity and the ability of firms to cope with the work and manage the risks involved? Offering techniques, tips and lessons learnt from the implementation of PSE on London 2012 and Crossrail, this book is aimed at public and private sector clients, developers, senior management and those businesses and professionals involved in undertaking the procurement, supply chain management and delivery of multiple construction projects or complex major construction programmes.

> *"This book ... adds to the impressive 'legacy' of learning which is still emerging from the successful delivery of the London 2012 construction programme. The authors combine the reforming zeal of a champion for change, who was there every step of the way, with academic rigour, and the result is delivered with impressive passion and commitment to the topic ... All spenders and suppliers need to read this, to understand how conventional understandings of procurement fall so dramatically short when applied to high value-high risk acquisitions, which invariably is what large construction projects represent."*

(from the jacket foreword by Don Ward, Chief Executive, Constructing Excellence, UK)

7. Construction 2025 (2013), Department for Business, Energy & Industrial Strategy

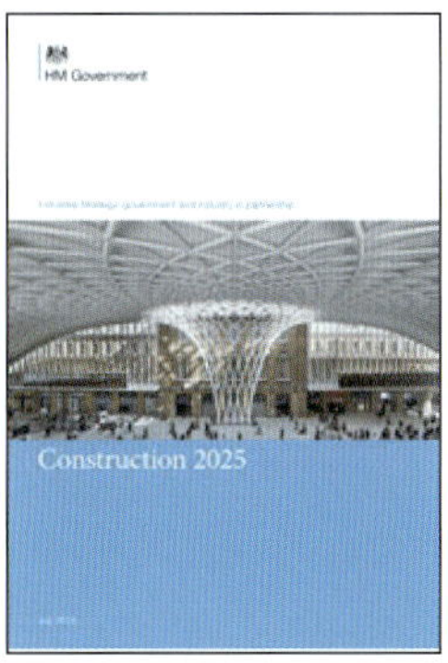

Construction is a sector where Britain has a strong competitive edge. We have world-class expertise in architecture, design and engineering, and British companies are leading the way in sustainable construction solutions. It is also a sector with considerable growth opportunities, with the global construction market forecast to grow by over 70% by 2025.

Changes in the international economy are creating new opportunities for Britain. To help boost the economic recovery, Government is doing all it can to help British businesses grow and have the aspiration, confidence and drive to compete in the global race. This includes reforming the planning system, ensuring funding is available for key infrastructure projects and supporting the housing market through key initiatives such as the Help-to-Buy Equity Loan Scheme and the Funding for Lending Scheme.

The Government wants to work with industry to ensure British companies are well-placed to take advantage of these opportunities. As part of our Industrial Strategy policy, the Government is building long-term partnerships with sectors that can deliver significant growth. Construction is one of those sectors. Over the last six months, Government has been working with people across the construction industry to develop a long-term vision. The result is 'Construction 2025' a joint strategy which sets out how industry and Government will work together to put Britain at the forefront of global construction over the coming years. This document summarises the key themes and commitments within the strategy which can be downloaded from www.gov.uk/government/publications/construction-2025-strategy

8. The Value Toolkit (2020), Construction Innovation Hub

This is under development in 2020 by the Construction Innovation Hub to address one of the priority themes of Construction 2025, namely how to procure for whole-life value.

Many projects fail to realise their intended value, and even for projects that are delivered on time and on budget, the anticipated benefits do not always materialise. It is clear that inconsistencies in approach, a lack of alignment in decision-making and a narrow focus on controlling cost and transferring risk in the capital phase – the historical approach – are not going to solve this. We need a different approach that targets value and whole-life performance.

The toolkit starts by defining what is meant by "value", which is not just initial capital cost but needs to consider a range of metrics such as wider social, economic and environmental factors across the full investment lifecycle. Delivering this definition of value needs a change in approach to address broader, strategic policy objectives; respond to local ambition and meet the needs of users, owners and operators; support informed decision-making throughout the lifecycle; and provide industry with the opportunity to innovate to deliver value in design, delivery and operation.

The toolkit remains under development and early trialling as of December 2020[20] . The toolkit will eventually comprise a suite of tools to support faster, value-based decision-making across the investment lifecycle to enable clients procure systematically and transparently for such value.

9. Construction Playbook (2020), UK Cabinet Office

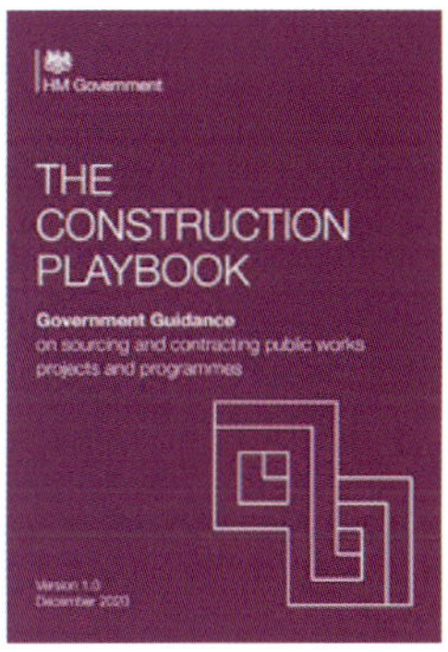

This was published in December 2020[21] and sets out key policies and guidance for how public works projects and programmes should be assessed, procured, and delivered. Building on the government's Construction 2025 Strategy (see above) and the National Infrastructure Strategy, the Playbook has seven key aims:

- Set clear and appropriate outcome-based specifications
- Favour longer-term contracting across portfolios
- Standardise designs, components and interfaces
- Drive innovation and modern methods of construction
- Create sustainable, contracting arrangements for better outcomes
- Strengthen financial assessment of suppliers just in case things go wrong
- Increase project and programme delivery

Provides 14 specific policies for improvement as follows:

i) Commercial pipelines – details of future projects and programmes published 3 to 5 years ahead of requirement.

ii) Market health and capability assessments – drawing from the Project Initiation Toolkit above.

iii) Portfolios and longer-term contracting – standardising elements of design to support investment in MMC.

20 https://constructioninnovationhub.org.uk/value/ downloaded 16th January 2021

21 Reproduced with permission of Tom Oulton, Operance, December 2020 – https://www.linkedin.com/pulse/construction-playbook-reviewed-rated-tom-oulton/?trackingId=k9Gmtam%2FSDmyAqyVtinJ4g%3D%3D

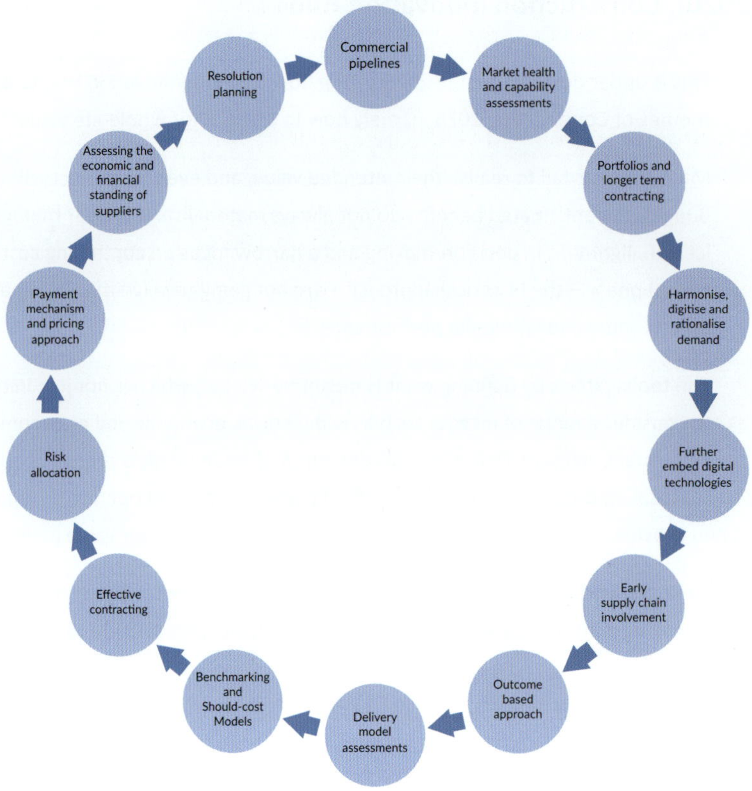

***Figure 12** - 14 policies for improvement - reproduced with permission fo Tom Oulton, Operance, December 2020*

iv) Harmonise, digitise and rationalise demand - using digital tools to aid collaboration, interoperability, cross-sector cooperation and generally improving performance.

v) Further embed digital technologies – accelerating the digitisation of construction, promoting the further development of building information modelling (BIM), and embedding technologies such as digital twins and the UK BIM Framework.

vi) Early supply chain involvement – facilitates early input of contractors, other suppliers and facilities managers in the design process where the opportunity to understand the client's brief and contribute ideas to the design (ie "innovation") is at its highest.

vii) Outcome-based approach – focusing on the wider themes of "why" rather than the traditional, transactional "what". Forces early consideration and formal articulation of the benefits to be delivered by a project.

viii) Delivery model assessments - a well-articulated six-point plan to determine the best delivery model, followed by five strategic approaches that are designed to deliver the best client outcome in each scenario.

ix) Benchmarking and Should-Cost Models – calculating the anticipated whole-life cost of the project using robust benchmarking against centralised data to support decision making.

x) Effective contracting – standard forms NEC, JCT and PPC2000 are all advocated with some add-on clauses. Each amendment to a contract makes the form less standardised and increases the legal resource required by the contractor to check their acceptability.

xi) Risk allocation – risk should not be distributed to the supply chain without consideration, as it often flows down the chain. With a good explanation of risk in the commercial lifecycle, the Playbook advocates active risk management to avoid inappropriate allocation of risk.

xii) Payment mechanism and pricing approach – taking a holistic approach to procurement to focus on outcomes and value.

xiii) Assessing the economic and financial standing of suppliers – prompt and digital payment processes are advocated. Financial due diligence during the selection process is advised.

xiv) Resolution planning – mitigating the impact of a major insolvency, a sad indicator of the current economic climate. Project Bank Accounts are advocated unless there are compelling reasons not to use them.

The Construction Playbook goes on to describe key points for good contract management and advocates building and maintaining supply chain relationships, with a particular focus on SMEs who make up the bulk of the industry.

10. Research Roadmap Report. Clients and Users in Construction (2013), CIB

This research roadmap is intended to establish the key issues in the field of clients and users in construction in order to provide the international focus of activity and lead the research agendas for agencies around world. Three research themes are identified: i) Client roles and responsibilities, ii) Client organisation and operation, iii) Client innovation. An updated Summary version of the report was published in 2016 [22].

This is discussed in more detail in the next Chapter.

22 https://site.cibworld.nl/dl/publications/CIB_Publication_408_Summary.pdf downloaded 23 December 2020

5. How to be an Intelligent Client

This chapter draws on the key guidance identified in chapter 4 to identify the attributes of Intelligent Clients. It presents the best frameworks in the authors' opinion and sets out the key attributes.

No matter the size of client or the sector in which they operate, the fundamental **requirement**s for an Intelligent Client of a potential project or programme are to understand[23] :

1. **the explicit value or need for the investment, and how to measure or assess this value;**
2. **the budget or affordability criteria including risk parameters;**
3. **how to communicate and provide leadership to the supply side.**

It will be seen that these three fundamentals underpin all of our chosen frameworks.

5.1. Glossary of terms/roles

Drawing on the above literature search and in particular the key documents listed, we highlight the following definitions of owner, client, user/occupier, sponsor, and Intelligent Client, to ensure clarity of understanding of the terms we are using:

The **Owner**[24] is the organisation that owns and operates the infrastructure, promotes the investment in the infrastructure programme and receives the completed facilities and puts them into operation.

Occupiers or **End Users** are the people or organisations who will occupy or make use of the completed facility.

The **Asset Manager**[25] is the organisation (or parts of) that is responsible for day-to-day operations and maintenance of the asset. The asset manager may be a part of the sponsor or client organisations or a separate entity. Similarly the operator and maintainer of the assets might be separate entities.

The Sponsor organisation secures the funding, owns the business case and is responsible for specifying the requirements to the client. The Sponsor ensures that the project remains strategically aligned and viable, and that benefits are on track to be realised. In some contexts the Sponsor and Client could be from the same organisation.

Intelligent Client organisations are capable of specifying the requirements to external participants and managing the delivery outcomes. Fundamental to this is the selection of appropriate private sector participants and the management of those relationships to maximise value.

The **Client** for a construction project is the organisation that is responsible for fulfilling the requirements and delivering the benefits. The client translates the requirements from the Sponsor and manages the delivery outcomes. The client selects the most appropriate supplier/s to meet project objectives.

It may be helpful to define three other terms which are sometimes used interchangeably[26]:

A **Project** is a unique, transient endeavour undertaken to bring about change and to achieve planned objectives.

A **Programme** is a unique, transient strategic endeavour undertaken to achieve beneficial change and incorporating a group of related projects and business-as-usual (steady-state) activities.

A **Portfolio** is a collection of projects and/or programmes used to structure and manage investments at an organisational or functional level to optimise strategic benefits or operational efficiency.

23 Private communication Don Ward with Paul Morrell, then Government Construction Advisor, 2012

24 From transactions to enterprises (2017), Project 13, ICE

25 Improving Infrastructure Delivery: Project Initiation Routemap - Organisational Design and Development Module (2014), Infrastructure and Projects Authority

26 Association of Project Management, downloaded from https://www.apm.org.uk/resources/glossary/#p 9th September 2020

5.2. Strategic frameworks

In chapter 4 we identified a number of valuable guidance documents, from which we have selected four 'frameworks' which together form the most useful and comprehensive package. All come from a different perspective or objective, and our rationale is that all have distinct value as shown: :

1. IPA's Transforming Infrastructure Programme (2017) – a high-level strategic framework for the boardroom;
2. IPA's Project Initiation Routemap (2016) – a detailed corporate toolkit for self-assessment and implementation (see also Appendix B);
3. ICE's Intelligent Client Framework (2014) - a skills assessment for individuals who find themselves in the client role or related positions (see also Appendix C);
4. CIB's research roadmap (2013, 2016) - an agenda for future work.

More detailed descriptions are set out in the remainder of this chapter.

1. IPA's Transforming Infrastructure Programme (2017)

As introduced in section 4.2 above, this is an integrated change programme with ambitious objectives to address three core issues for the next 10 years. Its focus is infrastructure, but the principles apply equally to buildings projects.

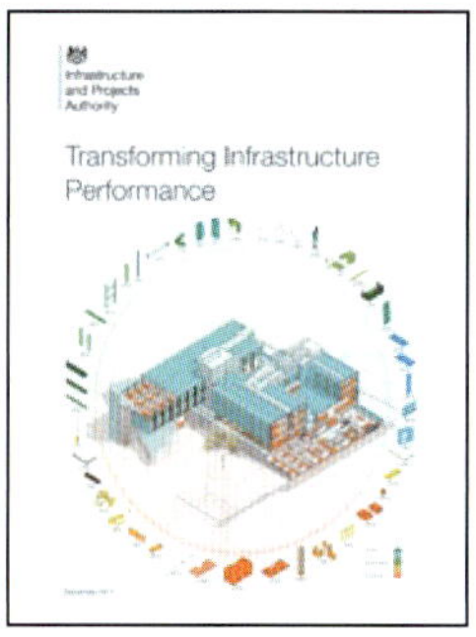

1. Prioritising investment in the right projects

Investment in economic infrastructure contributes to economic growth, which also generally drives increasing demand for infrastructure services. However, it is vital to prioritise the right projects in order to maximise the benefits delivered for the amount invested.

2. Improving productivity in delivery

In common with other advanced economies around the world, the UK industry's rate of productivity improvement lags behind other sectors of the economy which harms wages, long-term economic growth and living standards, and increases the cost of construction. Analysis suggests that significant productivity gains could be achieved through the adoption of digital and manufacturing technologies and the transition to new collaborative business models and better integrated supply chain management practices, creating skilled jobs in manufacturing and digital design.

3. Maximising the overall benefits of infrastructure investment

The demands on infrastructure networks are changing as a result of demographic movements, population growth, regional rebalancing, the impact of digital technology, and changes in the way business operates and citizens interact. Advances in technology provide new opportunities to enhance the performance of existing assets and future-proof the design of new infrastructure through increased integration between networks and across sectors. They also provide opportunities to enhance performance using smart sensors, artificial intelligence (AI) and data.

The Transforming Infrastructure Programme (TIP) framework has four main components as follows "to drive improved performance spanning the whole investment lifecycle from policy to operation".

Benchmarking for better performance

The use of cost, schedule and performance benchmarks to support the selection, budgeting and design of projects. This means developing disciplined approaches to the definition of required outcomes and ensuring that they can be delivered in line with whole life performance, cost and schedule targets. Before a project is initiated, government should articulate the desired outcomes from infrastructure investment. At this policy stage the primary interface is between the centre of *Government* (through setting strategic cross-cutting policy and regulation) and the *Sponsor* (in many cases a government department).

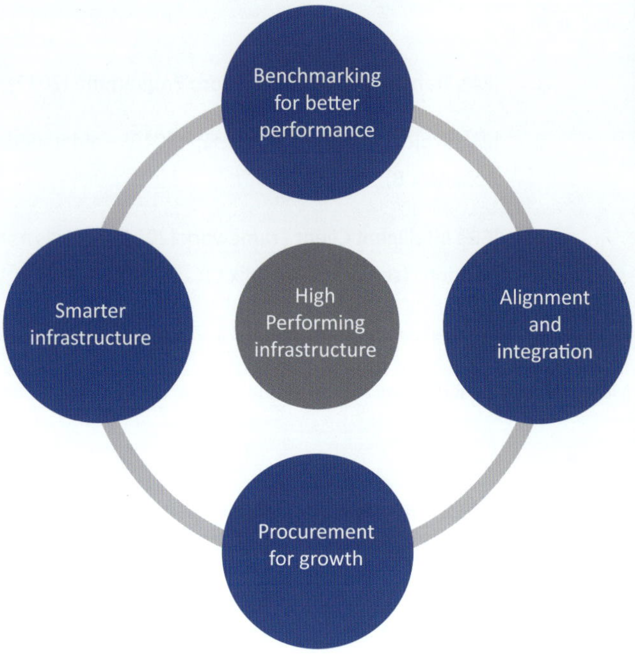

Figure 13 *- reproduced from Transforming Infrastructure Performance (2017), Infrastructure and Projects Authority*

Alignment and integration

Interventions to ensure that projects and programmes are planned in an integrated way, looking across sectors and tiers of government so that they are designed from the outset to support priority economic, social and environmental objectives. As projects are initiated and planned, these objectives must flow through the interface between the *Sponsor* and *Client*. This is to ensure the projects are set up to meet the intended investment outcomes.

Procurement for growth

Building smarter commercial relationships between clients and the supply chain to drive long-term value for taxpayers and the users of infrastructure, and ensure a sustainable supply chain. This will include examining traditional procurement and contracts. As projects move to market, into procurement and a commercial relationship, the primary interface is between the *Client* and the *Supply Chain*.

Smarter infrastructure

Interventions to increase the use of technology and innovation to drive more productive delivery and smarter operation of our infrastructure assets. The government will use its large and stable pipeline of projects to drive more investment into state of the art technology for construction, as well as providing public funding for skills and R&D. Through delivery and into operation, the interface transfers from the *Supply Chain* back to the *Asset Owner/Operator*.

2. IPA's Project Initiation Routemap (2016)

Understand the delivery environment you HAVE, then CREATE the one you need."

Andy Mitchell, Chair of Infrastructure Client Group

This is a process that walks clients through the key considerations for initiating a 'Major project' – BUT the authors feel strongly that the principles can and should be applied by clients to any size or complexity of works, even though the actual resource spent on many of the steps would be much less than for a large or complex project. This view is supported by the UK government's publication of its Construction Playbook (see section 4.2 above).

The Routemap has a suite of tools and guidance that helps clients and sponsors to better understand:

- Where complexity needs to be managed;
- The existing vs. required level of delivery capability;
- The implications of your strategic decisions and how to apply best practice from other major projects.

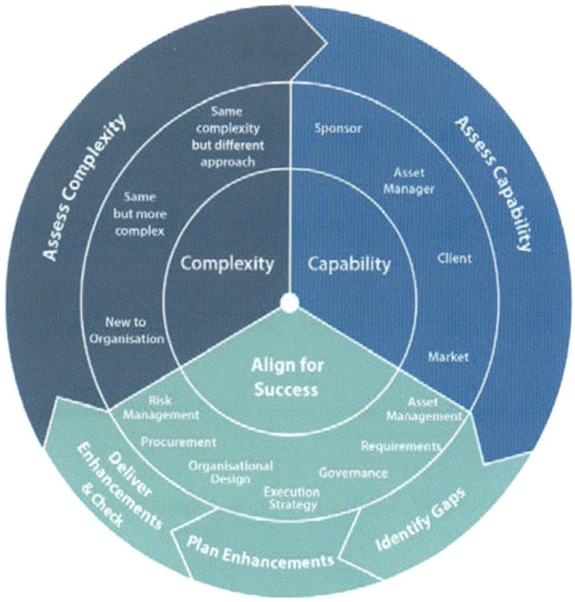

Figure 14 *- Project Initiation Routemap (2016)*

The Routemap is designed to support the development of a robust business case, by offering early insight into the challenges the project needs to address before moving into the delivery phase. It enables sponsors, clients and others responsible for project delivery to properly align complexity with the necessary capabilities and plan improvement to ensure a more successful outcome. Common capability gaps that need to be addressed include blurred governance structures or lack of alignment between benefits and requirements.

The tools within the Routemap can be used as a self-assessment, peer-assessment or external assessment. These assessments typically comprise information gathering (interviews, surveys, documentation review), gap analysis and enhancement plans.

1) **Complexity Assessmen**t: the consideration of the challenges, complexity and risks to delivery of the project, policy or area of work.

2) **Capability Assessments**:

a) **Sponsor** - strengthens understanding of the requirements for the sponsor's capability during the investment and delivery planning process

b) **Asset manager** - highlights key operational constraints and requirements to be considered

c) **Client** - considers the ability of the client organisation to engage effectively with an appropriately selected supply chain, and to manage the delivery outcomes

d) **Market** – reviews the market's ability and appetite to respond to the requirements.

A series of supplementary modules help with topics that commonly need to be addressed, there are currently seven modules that provide advice on enhancing capability in the following areas:

- Requirements
- Governance
- Execution Strategy
- Organisational Design and Development
- Procurement
- Risk Management
- Asset Management.

In the view of the authors, the Organisational Design and Development module has particular merit, as it emphasises how important it is that the sponsor/client organisation/s align their capability to the complexity and timescale of the project, and provides an assessment approach at the corporate level. It is reproduced in full in Appendix B.

Small or occasional clients

Work by the Construction Clients' Forum in the 1990s first coined this phrase for the less experienced client organisation which has little or no experience of the client role – **and cannot be expected to have**. In practice such clients are in the majority in terms of number of projects if not total value.

In the context of this report, in thinking about 'Intelligent Client capability', the expectation is that the capability is resourced by the client through in-house roles. However, for a small or inexperienced organisation this may be unrealistic, in which case the option is to source appropriately skilled advisors and other suppliers to deliver much of the capabilities. It should be noted that this cannot absolve the client organisation of the need to lead in communicating the business case for the investment including their definition of value, and to ensure that the consultants are working collaboratively in the client's and project's best interests.

3. ICE's Intelligent Client Capability Framework (2014)

The value of this framework is as a tool for individuals to assess the capabilities requires in support of the client function.

The framework outlines client capability in seven key areas and breaks it down into the individual capabilities that have the potential for development in support of the delivery of major project or programme outcomes. The purpose of this framework is to provide a guide for members who find themselves working in a 'client' capacity. The Framework incorporates the principles used in the Project Initiation Routemap as described above.

It provides a structured means of self-assessment, helping members to reflect on their own practice and identify areas for development and the incorporation of best practice associated with the role during project/programme initiation, procurement and delivery including:

- Adequately testing the business case;
- Providing continuity of investment/funding;
- Accurately translating and communicating the high level requirements to key stakeholders;
- Ensuring maximum value is derived from all relationships;
- Supporting those relationships with responsible and effective governance arrangements and appropriate interface management; and
- Articulating the nature and shape of the organisation required to deliver.

In the view of the authors this perfectly complements the corporate-level assessment in Appendix B and it is attached in full in Appendix C for reference.

4. CIB's Research roadmap (2013, 2016)

This is not the same kind of framework as the previous ones in this chapter, which are intended as tools for clients, sponsors etc, but the authors recognise the CVF's interest in research and therefore consider worthy of inclusion.

The CIB (International Council for Research and Innovation in Construction and Built Environment) has described the research agenda for Clients and Users under three main themes, which provide an alternative framework for consideration:

- Client roles and responsibilities,
- Client organisation and operation, and
- Client innovation.

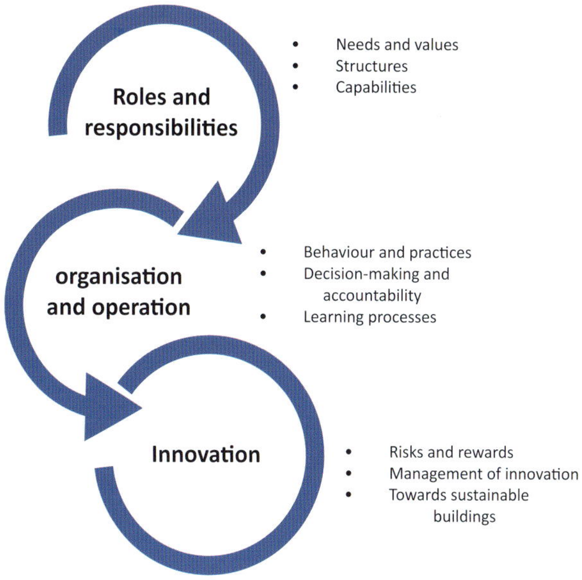

Figure 15 *- CIB's Research Roadmap 2013, 2016*

Client roles and responsibilities

i) **Needs and values**

A central challenge is the need for a shift in focus from building as an end in itself to building as a means to achieve objectives related to the activities of the users of a building during its lifecycle. Consequently, a prerequisite for clients and users is to be knowledgeable about their own values and needs, and to juxtapose, converge or otherwise position these in relation to other stakeholders. Thus, it is important to fully explore client needs and user values in different domains by mapping the content and scale of clients' and users' value chains in various national and institutional contexts.

ii) **Structures**

A second challenge is related to how sociotechnical structures shape the roles and responsibilities of clients and users in construction. The ability of clients and users to influence the course of events is not only linked to their own will and wishes, but is shaped in part by their structural position, among others their roles and responsibilities. Public regulation, policy making, market conditions etc. are among the conditions that shape the practices and behaviour of clients and users. Understanding how clients' independent action works under different structural conditions is essential for identifying the space for action available to clients and users.

iii) **Capabilities**

A third challenge is the question of what capabilities constitute a "client" and a "user". Understanding both terms and their various configurations under different structural conditions are imperative in order to develop theories and conceptual frameworks, which can be used to build a coherent model or even the theory of clients and users. Viewed from a management perspective, the problem could be expressed as contingencies, convergence and contradictions in an organisation between the different roles and associated responsibilities. This will be essential for identifying the clients' and users' core competences and how these can be developed.

Client organisation and operation

i) **Behaviour and practices**

A first challenge to the improved performance of built facilities depends on the behaviour and practices by clients and users. Insights into the differences and similarities of these strategies, competences and practices will provide researchers and practitioners with the understanding of the scope of action, useful inspiration on different approaches to solve problems etc.

ii) **Decision-making and accountability**

A second challenge is to better involve users and stakeholders in decision-making processes in the construction as well as the operation of built facilities. These methods need to include new types of collaborative arrangements like partnering and public-private partnerships which support a construction industry oriented more towards user demands. This requires working with much greater transparency and accountability. Other parts of this challenge consider managing the differences between user needs and organisational objectives. The success of this will deliver more value for money to the clients.

iii) **Learning processes**

A third challenge is to enable learning from successful/ failed projects and to investigate why some tools etc. may be more appropriate than others. Studies of interactions and changes of processes and mechanisms are relevant because they are instrumental in bringing about sustainability, they identify boundaries, and they manage information and develop briefing tools. This understanding is a prerequisite for developing appropriate guidance material for clients and users. For example how to manage the early phases of the construction project and where keeping many options open has to be balanced by effective formal planning.

Client innovation

i) **Risks and rewards**

In recent years, policy makers in many countries have advocated that construction clients take on a greater responsibility for stimulating innovation through (public) procurement of construction products and services. Stimulating innovation is a dilemma for construction clients as doing things differently potentially offers great rewards in time, cost and quality, but inevitably increases risks. Thus, for example public construction clients will often be caught between two different objectives: spending public money in a secure manner and taking on risks for adopting new technologies.

ii) **Management of innovation**

A second challenge is related to how and where innovation will take place. While new technologies may offer a range of new opportunities, they also pose threats to clients and users. Clients are placed in a double position as intermediary between users and the construction industry. On one hand, buildings themselves are instruments in the hands of clients to change the very business of the client organisation. On the other hand, clients' setting of requirements shape which technologies the construction industry applies to deliver buildings and services. In both cases, clients need to make conscious choices on how to manage the innovation process.

iii) **Towards sustainable buildings**

A third challenge is how clients and users can support the move towards a sustainable future. Clients play a particular important role with regard to procurement of sustainable buildings and refurbishments, while the behaviour of users has an equal importance with regard to the operation of buildings. Providing insights, showcasing best practice and developing new guidelines and simulation methods could be valuable contributions towards a sustainable future of the built environment.

6. Case studies

After reviewing much published material including Constructing Excellence case studies, third party case studies including IPA's, and Constructing Excellence award winners of the last 15 years, we have selected nine case studies which represent a mix of sectors and, perhaps more importantly, a mix of 'Intelligent Client attributes'.

1) Olympic Delivery Authority (London 2012)
2) Heathrow Airport
3) Department for Education
4) Anglian Water
5) Ministry of Justice
6) Dudley College
7) London Underground
8) Highways England
9) Sutton Housing.

6.1. Nine case studies

In this section we set out the client challenges, attributes and actions which led to a successful outcome in each case.
The descriptions draw on published material wherever possible, and also draw on learning events hosted by Constructing Excellence[27]

27 We also acknowledge input from private meetings and discussions held by the authors with key actors in several of the case study organisations as follows: 1) Sir John Armitt, Howard Shiplee OBE, 2) Andrew Wolstenholme OBE, Steve Morgan, Prof Nuno Gil (Alliance Manchester Business School); 3) Richard Crosby; 4) Miles Ashley; 5) Terry Stocks; 6) Kevin Thomas, Martin Davis, Steve Johnson; 7) Dr Simon Addyman.

6.1.1 Olympic Delivery Authority (London (2012)

Intelligent Client delivery of a one-off mega programme

In winning the rights to host the 2012 Olympic and Paralympic Games, London pledged to host the 'Greenest Games' ever, to renew a badly run-down area of East London, and to leave a lasting legacy of physical assets and learning to be shared with future Games and other major projects. This provided a huge opportunity for the UK construction industry to rise to the challenges and deliver a breakthrough in performance. These challenges included the Political and corporate reputational risk of cost overspend, or worse late delivery, a danger of 'white elephant' projects (facilities that have no use after the Games are finished), and what emerged as a lack of private sector funding due to the effects of the Global Financial Crisis.

As the client on the Olympic Park, the Olympic Delivery Authority (ODA) put in place processes to overcome the traditional barriers to using innovative solutions by creating the leadership culture and conditions to encourage and embrace creativity and innovation from the supply chain. These processes included:

- setting a strong vision and developing challenging sustainability targets;
- engaging early with the supply chain;
- embedding sustainability into procurement processes;
- communicating contract opportunities;
- managing risk, rather than avoiding it;
- employing sustainability managers; and
- implementing a strong auditing procedure to track delivery of sustainability targets.

As already introduced in chapter 4.1, in partnership with the Strategic Forum (the main representative forum for the industry), the ODA develop a set of "2012 Construction Commitments" for the client and potential suppliers from the construction industry to set an agenda for how they would showcase the best of British construction performance. The Commitments brought together the six key areas seen as vital to delivering the Games' vision as follows, and pledged to exceed current best practice:

Figure 16 *- 2012 Construction Commitments*

- Procurement and Integration
- Client leadership
- Design quality
- Commitment to people
- Sustainability
- Health and safety

Companies were invited to sign up to these Commitments, and 'Meet the buyer' events and industry sector days were held around the UK and beyond to help suppliers understand the details of what would be expected. This early and extensive engagement with contractors, manufacturers and distributors helped to identify innovation across a wide range of products and services, allowing project briefs and designs to be changed to embrace new solutions. Performance-based specifications were widely adopted, rather than being prescriptive about technological solutions, encouraged creativity and innovation from the supply chain and resulting in the most technologically appropriate and sustainable solutions. The ODA also established a number of site-wide supply frameworks for key materials including concrete, timber, waste and fuel, to manage risk and encourage innovation in a consistent way across projects given that ODA as the overall client had more 'buying power' than the lead contractor on each individual project.

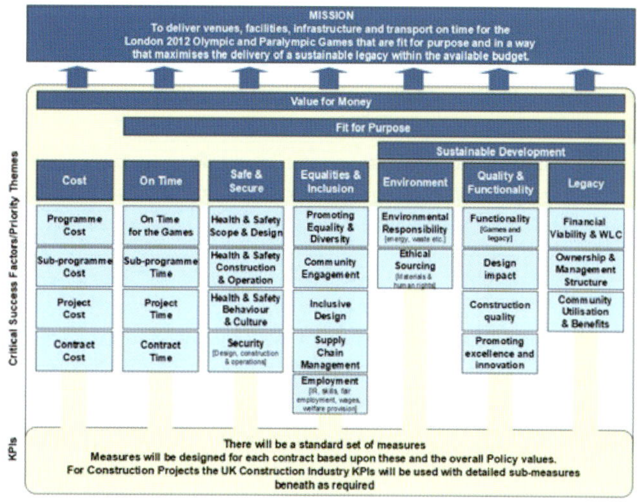

Figure 17 - *ODA Balanced Scorecard*

At this early stage a 'balanced scorecard' was also developed and disseminated, setting out the criteria which the ODA would use to assess tenders, together with their weighting, so there was maximum transparency and clarity of what was being looked for. This enabled tenderers to understand the importance of each requirement and to focus their tender on value not just a competitive price. If a bidder was unsuccessful on a particular project, they were given feedback on how they could improve, and they often did so, scoring more favourably when bidding again in the future. Tier 1 contractors were strongly encouraged to replicate the ODA's procurement approach (eg balanced scorecard) within their own processes, demonstrating that best practice can be client-led all the way down the supply chain, not only with direct appointments.

In pursuing such a thorough strategy the ODA sent a clear message to the industry that as a client it was serious about delivering high standards through a collaborative approach with designers, project managers, contractors and product suppliers, and would favour tenders which provided best value, not the cheapest bid.

Key outcomes

Mega project delivered on time and £500m below £9.3billion budget

Outstanding health & safety record

Met ambitious green targets for recycling, carbon and water reduction.

Nearly 6,000 people, many previously unemployed, received some form of training on site — including 255 women who have been helped into construction.

The workforce peaked at 12,500, and the 46,000 people who worked on the project overall clocked up more than 81 million hours with only 126 reportable accidents, much below the national rate.

Materials and products with low embodied carbon, eg 42% reduction in carbon emissions for ready-mixed concrete compared with the UK industry average.

Over 90% of demolition waste recycled, and eg 39% of recycled materials used in aquatic centre piling

50% of materials transported to site by rail or water

Improvements to 13km of waterways

High levels of energy efficiency, eg 31% better than Building Regulations standards on the velodrome

Significantly reduced water consumption in use.

70% of companies reported greater stability including the ability to be more competitive through innovation, confidence to take on bigger projects, improved reputation, and attracting new staff and training in new skills.

Lessons learned

More details of this procurement strategy and the tactics used are available in the book by Mead & Grunenberg which we have already highlighted as a key reference document in section 4.2 of this report [28]. Also worthy of note is the commitment to capturing and sharing what was learned, with the creation of a "Learning Legacy" website, an archived version of which can still be viewed [29]. The impact of this approach is discussed further in Chapter 7.2.

Client leadership was crucial, with leading sector figures appointed to key positions early on, who then prioritised sector health and safety and environmental standards from the outset as well as setting out a clear vision for the programme to demonstrate world-class construction standards.

A culture of collaboration was instilled from an early stage, with government and industry bodies involved to help set expectations and reach all parts of the market, and shared processes for eg logistics and the alignment of commercial arrangements using target-price incentivisation for many of the major contracts were also notable features.

Extensive early market engagement including a client roadshow and numerous 'meet the buyer' events were at a scale never seen before in the UK, but since replicated by other mega projects, In ODA's case it led to a high level of interest in bidding from suppliers all around the country, a key aim to share the economic benefit around the UK not just in London, and major changes in procurement strategy, eg for materials and later for the Olympic Village housing development.

The success of the ODA's programme created a 'feel good' factor for the UK construction sector and its clients, who gained confidence in the UK's ability to deliver such projects. A pipeline of mega projects steadily followed over the next decade, from Crosssrail and Thames Tideway Tunnel to Hinckley Point C nuclear power station and HS2 high speed railway, all benefiting from sharing learning from previous projects and a cohort of senior experts who moved from one project to the next.

"This is the first time a construction project in the UK has sought to capture the intellectual capital on this scale."

John Armitt, ODA Chairman

28 Programme procurement in construction: Learning from London 2012 (2013), Mead & Grunenberg.

29 https://webarchive.nationalarchives.gov.uk/20180426101359/http://learninglegacy.independent.gov.uk/ viewed 4th January 2021

6.1.2 Heathrow Airport

Experienced Intelligent Client delivery of new terminal buildings

The expansion in 2007 of Heathrow Airport by adding a fifth terminal (the Terminal 5 or T5 project) created complex challenges against a backdrop of a number of construction industry challenges. The scope of the £4.3bn (in 2007 prices) project encompassed a number of facilities to be delivered between 2002 and 2008, including terminal buildings, an air traffic control tower, over 60 aircraft stands and new taxiways, a baggage handling system, a new energy centre, and an inter-terminal train.

The airport owner, operator, and project client, British Airports Authority (BAA) decided to bring in-house the tasks of systems integrator and project manager, and used a relational contracting strategy - the T5 Agreement (T5A) – to frame the interfirm relationships with all the first-tier project suppliers. From a BAA's perspective, this strategy aimed to encourage the suppliers to move away from "business as usual" to a project environment where "we all continually challenge how we can be successful." Commercially, this strategy involved a reimbursable contract with built-in target costs and ring fenced profit (see Appendix II for details).

As part of its strategy to commission design and construction work to the first-tier suppliers, and mindful of uncertainty in design requirements, BAA asked the suppliers to reduce production costs while remaining flexible to accommodate changes:

> *"The idea of building £4bn worth of infrastructure over 4 or 5 years and not having to rework and go around the loop a couple of times is nonsensical. Therefore, we've to manage change and minimize it in the best way. We won't be able to get it right the first time. We need to be realistic — change is a fact of life."*

Fiona Hammond, T5 Project Lawyer

BAA judged the T5 Agreement fundamental for encouraging the T5 suppliers to achieve "exceptional performance (...), new standards, both in the building of the facilities and in the built facilities." Hence, the T5 agreement – the "absolute bedrock of getting the relationships right" in BAA terms – aimed at creating incentives for "positive problem-solving behaviours that would not allow things to go wrong in the first place". It discarded confrontational clauses seeking to pass the blame and recover money from suppliers if things went wrong:

> *"We cannot load suppliers with risk, drive prices down, and complain this is costing us more than we thought. It's fundamentally dishonest and economically illiterate. Our approach is: we can drive prices down by removing inherent waste and allowing suppliers to have a decent return just like us. We're trying to align interests (...) There's no point trying to think that the traditional contract – lots of indemnities, liquidated damages, penalties - protects the client. I'm an ex-contractor. Many times clients asked me...to work together, and then you get the contract, and it says 'stick one hair above the parapet and I'll fire at you.' What we've then is a behavioural response that says every time something goes wrong, the contractor will fire a thousand letters explaining why it's not its fault."*

(Fiona Hammond, T5 Project lawyer)

Key Outcomes

T5 project was a £4.2 billion mega project delivered on time and on budget creating capacity for 30 million passengers per year.

At peak construction 6,500 workers on site project delivered safely across 260 hectares with 70% construction below ground surface

Client satisfaction with major design and construction goals achieved despite complex challenges including 700 planning conditions imposed after UK's longest planning inquiry.

Early adopter of BIM enabling decisions to be made in advance, often many years in advance which enabled more programme certainty throughout the project.

BAA secured a reputation for delivering large-scale infrastructure successfully

Recognised the value of prefabrication and off-site manufacturing in achieving time and cost predictability .

On T2, a move away from negotiation with only a limited number of framework suppliers and the re-introduction of competition delivered significant cost savings.

Lessons learned

BAA, the project client, had a crucial role in ensuring high-performance production management practices were integral to the delivery of the T5 project. Thus, the client believed leadership in megaprojects ought to encompass innovation in production management, and decided to exercise that dimension of leadership and incur itself the corresponding capital cost assuming it would reap significant benefits throughout the project delivery that would be enough to pay off the investment.

The exercise of leadership in terms of driving investment towards modular and standardized solutions, and use of pre-assembled solutions was shared in the sense that these practices were encouraged by BAA, but the suppliers themselves were keen to adopt these practices encouraged by results observed in other projects, namely capital projects in the offshore oil and gas industry.

BAA brought in-house some the procurement of some materials in bulk e.g., cement, PFA, rebar, aggregate, because the firm was worried about inflation in construction costs. In hindsight, BAA acknowledges this decision helped the firm to make some good deals, but also some deals were less good compared with deals suppliers could have reached if they had procured the materials on their own. Today, BAA would only buy materials in bulk if they were specific to works in the Heathrow airport.

Some particularities of the Heathrow context itself, notably the scarcity of lay down areas on site and the availability of only one entrance to the project site, appeared to have strongly influenced BAA to exercise leadership and invest in innovative production management practices.

From a BAA perspective, there was the belief that the capital investment in the development of T5's relational contracting strategy paid off as it helped to accelerate delivery, reduce design and construction costs, avoid legal disputes, and deliver product quality (the endured legacy).

For the T2 project BAA expected that suppliers appropriate the production management dimension of the leadership agenda in BAA capital projects and accordingly make the capital investment in innovative practices, in part due to a perception that BAA got perhaps too much involved in the management of the T5 project and as result paid a premium for delivering T5 that it could not afford in the prevailing economic climate. As one BAA speaker noted, for example, BAA's current involvement in logistics 'stops at the site boundary'. On T2 suppliers were also incentivised to ensure programmes remain on time and budget, with additional fees paid for exceptional performance and construction behaviours.

6.1.3 Department for Education

Frameworks for 'modern methods of construction'

In the period leading up to 2014, the Department for Education (DfE) hit a perfect storm of a sharp population rise including in school age pupils, a lack of schools and coupled with a supplier base that couldn't meet the target prices set by the government budget. Frameworks set up by the DfE often found that tenders couldn't meet the cost target, particularly on smaller schemes such as primary schools. The situation was impacted further in the south east of the country where there was a greater shortage of construction skills and higher costs of labour.

There was a need to build 400 new schools every year for the next 10 years. Because of this many school projects were faced with issues such as major cost overruns, project delays caused by contractual disputes, and poor quality because of lack of skills. This became a political issue, such was the obvious lack of suitable schools available and the backlog caused by delays.

The Department for Education's capital development team decided to go outside of traditional methods and open up its design to off-site manufacturing (OSM) so that the market could be opened up to manufacturers. They created a set of designs which were based on a volumetric grid, underpinned by standardised components, meaning economies of scale could be gained by the supply chain.

Another key aspect of the new approach was simplifying the design guidelines, with the current guidance being too complex. With complexity often comes risk, because it is more difficult to understand. In such scenarios this often results in higher tender prices. So the principle was, if guidelines were made more simpler and easy to understand, contractors would feel more comfortable and confident in pricing and therefore more accurate and reliable prices would be submitted.

In addition a common set of design principles was developed, meaning each project wasn't re-designed from the beginning, no 're-inventing the wheel'. This resulted in reduced design costs and reduced design time.

With the designs being simpler and based on a volumetric grid it opened up the market to off-site manufacturers. With this the DoE re-procured the frameworks using a simplified and more standardised design guide, using common components. The Department prioritised effort to understand the market and contractors, in essence to understand how they made and lost money, what made them efficient and inefficient. This open and collaborative approach was well received within the supply chain, with firms feeling more respected and that they were being listened to, with ample opportunities to input in the process.

Another key aspect in the approach was aggregating demand. By moving away from a more fragmented regional system, procurement was batched into categories to suit efficiency on a national basis. This meant contractors could have surety and visibility of the pipeline, which encouraged investment in factories with a high level of confidence that the workload would follow.

The DoE was also able to create the effect of a 'bottling plant' with schools being produced efficiently in factories at more optimum levels, this not only increased the flow but also made manufacturers more efficient, allowing savings to be passed on to the DoE.

Key outcomes

Procured over £5 billion through the Priority Schools Building Programme using National, Regional and Modular Frameworks, and achieved like-for-like savings of up to 35%, as high as 50% when area considerations are included.

Design costs reduced from 12% to 4%

Much reduced build programme times from 12 months for a typical '2FE' primary school to 4 months, over 70% quicker

Through progressive designs, continuous improvement and early contractor engagement the Department was able to build a healthy supply chain of factory-based manufacturers that were able to deliver to budget and quality as well as building schools typically 50% and sometimes as much as 75% faster than previously used traditional methods.

Such was the success that in 2018 the government announced that MMC would be its preferred approach and adopted off-site manufacturing across five of its departments.

Lessons learned

Making processes difficult and complex makes contractors see increased risks and therefore increased costs.

Complex arrangements narrow the market, and reduce attractiveness to contractors, this is a big problem when demand is outstripping supply, with increased competition from other sectors.

Without a good understanding of the supply base the client cannot positively impact the productivity and therefore costs of building costs.

Costs from start to finish need to be understood and calculated, not only focusing on construction costs but also preconstruction and design costs (as well as in-house client costs).

Aggregating demand and batching procurement can lead to increased productivity and in turn reduced costs to the client.

Traditional contractors manage risks in different ways to manufacturers. Whilst traditional contractors typically seek to manage risk by pushing back risks to clients and onto the supply chain, meaning they're more able to ride the wave. Manufacturers cannot do this as their biggest cost is a fixed asset (factory). What they value is a steady pipeline, giving them the confidence to invest and also more productive.

By taking an active, consultative and informed approach clients are able to make better procurement decisions, with better outcomes for all.

A move away from traditional construction to off-site manufacturing can help overcome challenges of skills shortages, reduced programme times and improved quality as well as better health and safety.

6.1.4 Anglian Water

Large long-term asset owner as a client

Anglian Water is a UK utility company providing water services to a large area of the UK stretching from the Thames Estuary to the Humber. It provides 1.2 billion litres of water a day, to six million customers, through 112,000 kilometres of pipe and 1,257 water treatment sites. Anglian Water is responsible for maintaining and improving this network, delivering high-quality drinking water to its customers and recycling the resulting waste water.

Anglian Water's programme is defined in five-year Asset Management Periods (AMPs), typically investing £4.5bn in each AMP, covering replacement and refurbishment of above and below ground assets. Historically, in line with infrastructure generally, projects were delivered in a largely transactional manner with Anglian tendering works and selecting the most economically advantageous proposal.

With AMP4 (2005-2010) requiring a further focus on efficiency, effective solutions and customer service, Anglian Water decided to shift to a different delivery model, developing both its capability as an asset owner and more effective relationships with its partners. A review of best practice across different sectors and an identification of the underpinning best practice characteristics led to a strategy based on more integrated and collaborative working and the development of long-term supply-chain relationships.

These relationships were aligned directly with Anglian Water's customer outcomes, which had already been defined through a process of engagement and consultation with customers. Partners were selected against their abilities to deliver these outcomes and incentivised to deliver improvements against historic baseline performance. Anglian and the main partners were brought together in an alliance. This alliance, as an integrated and collaborative organisation, was engaged at outcome level, not at project or scope, giving partners and the wider supply chain the opportunity to develop more innovative solutions and to challenge standards.

All parts of the alliance worked collaboratively, taking a best for task approach to the development of integrated teams. The alliance managed the wider supply chain, with a longer-term framework used to develop more effective relationships and secure earlier involvement of the right suppliers. As with the main integrator, framework suppliers generated a return by delivering value against historic baselines, not by delivering work or providing hours.

An example of the alliance acting as integrator was in the development of product-based delivery. The alliance was able to shift from the historic project approach, recognising the opportunity to translate repeatability within the programme into standard products and components and to use a 'product catalogue' as the starting point for delivering the programme. This created significant value when compared to a previous approach that amplified variance and redesign at all levels, including unique project-led solutions and multiple variations of critical components.

This was allied with a digital transformation strategy which has seen the alliance design and build everything virtually, including rehearsing and optimising construction in virtual rehearsal suites before going to site. Not only has this shifted delivery from construction to assembly, it has provided health and safety benefits through off-site construction of products.

The alliance established a strong track record, delivering significant improvements in cost, carbon and time. Anglian Water's future plans commit to further development of aligned and collaborative relationships with its supply-chain partners. The alliance model used by Anglian Water was first established in 2009 as part of its Asset Management Plan 4 (AMP4). The initial contracts under that model have delivered improved performance particularly with respect to greater efficiency and capital carbon targets. In early 2013, Anglian Water began work on planning the next phase, with an aspiration to let 15-year contracts and for the Alliance to take on a greater proportion of Anglian Water's overall investment programme in AMP6.

Anglian Water used the Routemap to review the proposed strategy for the procurement of the Alliance and the supply chain. The review was undertaken early in the overall process (8 months before the first contracts were to be let) to test the principles of the proposed model and to ensure that any gaps identified could be sufficiently addressed and incorporated into the existing development plans.

Key outcomes

The Routemap review led to the following achievements:

Greater alignment of the overall Alliance strategy with Anglian Water's key business requirements. This alignment was reflected in the proposed commercial model for the Alliance and in the performance structure for the extended supply chain.

Integration of the key improvement initiatives, such as supply chain management and industrialised construction. Significant work had been undertaken in developing improvement initiatives for AMP6, but the added focus on an overall execution strategy provided a more coherent delivery plan that better integrated the initiatives into a single programme.

Greater alignment and timing of initiatives. For example, completing the sign-off of business requirements and outcomes before structuring the main procurement activities.

The AMP6 (2015-2020) delivery plan includes targets for over 20% efficiency, a further 20% reduction in capital carbon (on top of the 50% delivered in the previous AMP period) and a 40% reduction in construction time.

Lessons learned

Importance of strategic alignment and the ability to clearly articulate the respective benefits of the approach for all partners and suppliers. This involves first understanding the varying business drivers and different 'types of work' required from the market.

Although the existence of cultural blockers had been identified when compiling the improvement initiatives for AMP6, the actions required to overcome those blockers had not been specifically identified.

Critical dependency between a contracting model that sought benefits from greater integration of the supply chain and the AMP6 initiatives that required a different way of working, such as industrialised construction.

Identification of the need for a more coherent change programme that ensures the various elements of wider programmes are integrated into a sequenced, deliverable and focused delivery plan. In this case an Execution Strategy (see below). The execution strategy was an important part of Anglian Water's approach and a cornerstone in delivering the new Alliance model.

6.1.5 Ministry of Justice

Repeat client mandates BIM

This case study is an example of how digital tools and offsite manufacturing are fundamental to successfully delivering value throughout the lifecycle of the project and can be specified up front by the client.

The Ministry of Justice (MOJ) is the government department responsible for managing the UK's prisons estate, and the new prison development at Wellingborough in Northamptonshire has capacity for 1,680 prisoner spaces. The design developed for the facility is conducive to rehabilitation and the buildings feature windows with no bars and each landing can be split into three, with each spur holding just 20 people. There is an association space for residents to use and the visitors' hall has been designed to be open and light to instil a sense of normality for those visiting.

When procuring the £253m project the MOJ sought to implement a design for manufacture and assembly (DfMA) approach from the outset. This led to incorporating over 60,000 repeatable, standardised components, assemblies, and sub-assemblies across the site. In addition, BIM and digital construction were key elements of design, delivery, and asset management. The project was identified as one where learnings including digital construction could be applied to other projects across the MOJ estate.

A core feature of the programme was to optimise how the MOJ's assets are designed, procured, delivered, and operated, through a Design for Manufacture and Assembly (DfMA) or 'platform' approach. The scheme incorporated repeatable, standardised components and assemblies across the thirteen buildings on site. About 80% of the design was standardised, leaving just 20% as site-specific. This means that the component assemblies designed for Wellingborough can be used on subsequent MoJ prison projects, leveraging economies of scale for the programme and developing a standardised specification across the MOJ estate.

Precast components for cell doors, walls and flooring have all been optimised to avoid follow-on work as far as possible. 2,400 windows, 19,680 conduits 2,110 underfloor heating mats and 1,682 shower dishes and drainage were all cast in, plus 27,000 provisions for fixing M&E and joinery without the need for on-site drilling. Prefabricated MEP included cell service risers, plant modules and skids, plug-and-play electrics, and plumbing and multi services modular units down corridors and in ceiling voids, leaving only flooring, bulkhead lighting and resin to be added during the final stages of construction.

Some 420–460 precast components were installed per week, receiving around 18–22 deliveries to site per day and operating seven crawler cranes to build the 'kit-of-parts' prison. The project was developed with a just-in-time delivery strategy, with just 24-hours' worth of precast storage on site to ensure that the programme was met.

Key outcomes

Reduced on-site programme by over 20%

Each of 7 cruciform-shaped houseblocks installed in just 14 weeks. Use of BIM in design reduced the number of precast components by almost 50%, giving a programme saving of 18.5 crane weeks per houseblock.

Increased Pre-Manufactured Value to almost 70%.

Developing 80% standardised components meant they could be replicated across the MOJ estate.

Reducing on-site labour by a third, likely to have prevented almost 20 on-site accidents (based on HSE's statistics indicating average accident rate affecting 2.6% of the workforce).

Extensive supply chain integration and shared learning

Platform kit of parts with application for future prison projects

Digital and quality embedded throughout the lifecycle of the project.

70% more energy efficient than a typical prison, designed to BREEAM Excellent environmental standards and will generate 8,658 KWH of renewable energy via photovoltaics.

Economic benefit to several regions around the country due to extensive use of offsite manufacture. Scale encouraged significant investment within the offsite supply chain.

The project also provided the opportunity to introduce innovations in technologies in the supply chain, resulting in enhanced productivity and facilitating improved transition between factory and site.

One of the first projects in the UK to take on digital construction apprentices. Created 22 apprenticeships/graduates and provided over 1,000 work placement days.

Adoption of Design for Manufacture and Assembly (DfMA) improved quality and decreased programme times so much that the approach was rolled across the MOJ estate.

Lessons learned

The immense scope of work demanded very close collaboration between all parties, and the MOJ played a key leadership role in creating a culture of collaboration.

A digital mission statement with input from the MOJ was created to set the culture and digital expectations. A breadth of digital tools, automation and robotics were used to enhance the offsite approach throughout the whole lifecycle of the project.

Economic benefit accrued to several regions in the UK and Ireland due to the extensive use of offsite manufacture. The scale of the build allowed significant investment within the offsite supply chain.

The project also provided the opportunity to introduce innovations in technologies in the supply chain, resulting in enhanced productivity and facilitating improved transition between factory and site.

6.1.6 Dudley College

Small client with previous poor experiences chooses a bold new approach

This further education college, selected the Integrated Project Insurance (IPI) model to procure and deliver a new training facility for advanced building technologies, named Advance II. In 2014 it was approved as a trial project by the Cabinet Office to evaluate the benefits of this innovative approach, a programme of monitoring and assessment which was overseen by Constructing Excellence.

The Integrated Project Insurance (IPI) model was the first of a new generation of 'Insurance-Backed Alliancing models bringing together established collaborative working practices with independent risk assurance and a unique cost-overrun insurance. It is a process in which an alliance of consultants, constructors, specialist contractors and any key suppliers is formed at inception with the client to design and deliver a project by integrated collaborative working. Embedded in the model are independent facilitation to ensure all members collaborate, and independent technical/financial risk assurance to ensure adequate attention is paid to project/client risk. The alliance is backed by a unique insurance policy which replaces the traditional 'blame-based' insurances and covers the client, the partners, all the suppliers and any funders for cost overrun, followed by a no-blame latent defects cover for 12 years.

The client's key reason for choosing IPI was previous poor experience of other procurement models. Previous developments had overspent, eating into valuable reserves, and as much cost certainty as possible was required. The college wanted to get the best value for the money they were spending and not be presented with a post-project bill – "no surprises".

Key outcomes

Target cost insured under the IPI policy of just under £10m represented a saving of 6.5% against the investment target. Despite contributing a 'pain share' of 80%, c£180k, good profitability was widely reported by the project partners and their supply chains.

Reduced programme and increased quality through using Modern Methods of Construction (MMC)

Final completion was achieved with a 4-week delay but with the client's post-contract fit-out works included, making the project proven and ready for use.

The building achieved an Energy Performance Certificate (EPC) of A, with a CO_2 emission at 72% of the 'norm' and a regulated energy demand at 79% of the 'norm'.

Running costs and maintenance are projected at 50% of the equivalent building on the campus.

An excellent facility with highly positive client profile.

Lessons learned

The project was the subject of a research study by Reading University, and extracts from their detailed final report[30] include the following.

Compared with the traditional approach, the outcome is 'fit for purpose' defined in the strategic brief, including success criteria such as energy efficiency and social benefits. Other benefits included:

- involvement of the client in all decision-making by the alliance
- Project Bank Account for cash flow security of partners and key suppliers
- reductions in time and cost by elimination of process inefficiencies, such as by replacing sequential drawing exchange with Digital Twin
- innovation, with independent assurance and 'no-blame' protection
- empowerment of alliance contract, incentives, and limitation of liability
- the covenant of insurers ensuring performance by cost overrun cover
- predictability of the outturn cost and 12 years latent defects cover.

Key challenges of this radically different approach were identified:

Defining the need - Focus on the operational problem which the client needs to solve, and express this in the strategic brief with success criteria, and avoid pre-empting solutions, these are for the alliance partners to develop.

Commitment to collaboration - Only embark on an IPI project if the client/sponsor organisation/s is ready to commit fully to the principle of collaboration with chosen partners, including accepting that lowest price tendering is highly unlikely to meet the needs.

Suitable benchmarks - appropriate benchmarks are required to confirm a cost target which is realistic and affordable, and therefore a credible challenge and incentive to project partners for improvement.

Investing time - Up-front effort invested in the selection, formation and operation of the alliance will pay dividends in outcomes.

Alliancing is not a 'soft touch' - timely concentration on issues and plain speaking will be required and rewarded.

Problem resolution through collaboration - Expect that a team striving to do better will encounter challenges and that resolution will come through collaboration not blame.

Opportunity/risk management - Close synergy with insurers is required to improve mutual understanding of the risks and their mitigation. The clients learned that the focus should be on opportunity realisation and risk mitigation.

Project leadership - Roles to coordinate and manage the project needed fine tuning, in order to benefit from improved collaboration, reliance on a traditional project manager had to be relinquished.

Logistics, construction and handover - that there must be a synergy with the alliance about the trinity of quality, time, and cost of the project, and the early support of the supply chain was essential.

"We were never trying to save money, we were trying to get the best value for the money we were spending and not be presented with a post project bill – to close down the risk of cost overrun, cost dispute...The quality of the building for what we spent is super, brilliant...It's probably the best quality building we've got per pound, per square metre."

Principal, Dudley College (the client)

30 Delivering more for less under the IPI Model (2018), University of Reading

6.1.7 London Underground

Experienced infrastructure client needs innovation on a major project

To support its network capacity upgrade, LUL undertook a major capital project to expand Bank underground station. This £563m scheme would increase the number of passengers that can travel through the station at peak times, alleviating the impact of forecast passenger growth. The work to enlarge the station consists of major civil engineering, including moving the Southbound Northern Line tunnel approximately 20m westward. The project would be delivered under the heart of the City of London, one of the most expensive areas of real estate in the world, whilst the station remained operational. This involved specialist tunnelling, civil engineering, high voltage power engineering, communications systems, lift and escalator works, as well as building and M&E work.

LUL's main objective in delivering such schemes was to maximise the business case value in scoping, design and delivery of the project. Based on consultation with its supply chain, including specialist subcontractors, London Underground Limited (LUL) developed a new approach to accessing supply chain expertise, using a process it named Innovative Contractor Engagement (ICE). This approach brought together key members of the specialist supply chain early in the procurement process in a way that built trust, accesses supply chain expertise and thereby enabled a scheme's business case to be optimised.

LUL had conventionally adopted a "two-stage" approach to facilitate early contractor involvement in large projects. This approach historically gave rise to a number of problems, including:

- an instinct for the contractor providing input into the first stage to hold back on ideas that can deliver major savings, as these will provide commercial advantage for their bid for the second substantive stage;
- some contractors do not trust clients, fearing that ideas for major savings are taken and added to the compliant design for all contractors to bid against in the second stage; and
- clients evaluate bids for the substantive works around the compliant scheme, making contractors reluctant to invest time and effort in alternative proposals which may be deemed non-compliant.

Recognising these problems, and again based on supply chain feedback, LUL developed and implemented its ICE process. This divided the procurement phase into three phases:

Stage 1 – Prequalification of contractor, designer and supply chain teams

Stage 2 – Confidential engagement

Stage 3 – Tender.

Prequalification of teams followed a conventional process. The next confidential engagement stage saw a different approach adopted, in order to overcome the problems of conventional ECI. During this six-month stage, bidding teams reviewed the scheme information, including business case, and worked up their proposals to improve this business case. LU then engaged with each bidder to enable them to validate that their ideas work within LU's scheme constraints. Ideas were not shared across bidders. Validated ideas were then taken forward into the tender at Stage 3. This tender stage resulted in an agreed target price contract.

Bidder teams were paid for participating in the confidential engagement stage and unsuccessful bidders were paid for the any subsequent use of any innovative ideas which were complementary to those of the winning bidder. LUL entered into a confidentiality agreement with each bidding team to formalise the period of confidential engagement.

Key outcomes

Cost benefit ratio improved by 45% from an initial 15% target.

£563m project due to be completed on time in mid-2021, reduced estimated final cost by £61m and cut planned engineering closures by 22% and kept the busiest underground station in the world open.

Reduced journey times for 400,000 daily passengers, eg two long travelators make it easier and quicker to change platforms by 1.5 minutes.

Supply chain able to support statutory approval process with a developed outline design and delivery methodology.

BIM provides an accurate record of assets with spatial and technical information which will assist the operator in managing the lifetime maintenance and operation of the asset.

Lessons learned

This approach overcame the problems of the conventional method, by providing a secure environment for confidential engagement, enabling the development of major cost savings and thereby retaining their commercial edge. Paying losing bidders for their ideas (if used) provided a good incentive to release them for use in the final scheme.

The result was a competition focussed on ideas for delivering major efficiencies, rather than one based on the compliant, but not necessarily the most efficient, scheme design. It also helped build trust between client and supply chain, reducing miscommunications and misunderstandings at an early stage.

This process resulted in a £62m improvement in the business case and the selection of a delivery supply chain able to support obtaining statutory approval, with a developed outline design and delivery methodology.

DANGER · NO ENTRY
DANGER · NO ENTRY
HOLD

6.1.8 Highways England

Experience client partners for an asset management programme

Highways England is the government department responsible for England's roads and highways. Connect Plus has a 30-year contract with Highways England to manage and improve the M25 network, one of the busiest motorways in Europe being the 'ring road' around London.

As part of their maintenance programme Connect Plus decided to procure a £350m package through Two-Stage Open Book procurement. This procurement model sees the client invite prospective team members, whether for a single project or under a framework or alliance, to bid for a project based on an outline brief and cost benchmark. This approach reduces industry bidding costs and enables faster mobilisation. It provides the opportunity for clients to work earlier with a single Integrated team, testing design, cost, and risk issues ahead of commencement on site following full project award at the end of the second stage.

Connect Plus created and implemented an innovative "Sustainable Business Culture Model". The Model uses Two Stage Open Book combined with cultural change to align and integrate the client with Tier 1, 2 and 3 supply chain members. Thus, greater transparency, innovation and joint risk management is enabled, while any emergent problems are identified and solved.

The implementation of Two Stage Open Book under the Model was supported by Connect Plus' adoption of a collaborative culture in accordance with ISO44001 Collaborative Business Relationships.

Key outcomes

£29m (8%) cost savings targeted over 5 years of the £350m framework

Increased customer satisfaction through better stakeholder engagement

Better risk management through client – supply chain collaboration

Data sharing reduced inefficiencies in the design and construction process

Innovation for most cost-effective solutions

Better environmental responsibility and low carbon emissions

Improvements identified and captured to be applied on other projects.

Lessons learned

Reduced industry bidding costs and enabled faster mobilisation. It provided the opportunity for clients to work earlier with a single integrated team, testing design, cost, and risk issues ahead of commencement on site following full project award at the end of the second stage.

There was a need to move away from the traditional maintenance processes that require 24 hour traffic management and extensive network closures. Early engagement with the supply chain was recognised to be the solution.

Clear processes for exchanging information on a collaborative manner needed to be set up. The discussions led by Tier 1 contractors, with the support from Tier 2 and 3, promote the best method of delivering a project.

Enabled the supply chain to operate as a fully integrated unit, which creates meaningful contractual performance

Created a group of trained and accredited facilitators from throughout the supply chain that are responsible for promoting and maintaining a collaborative culture

The collaborative culture enabled the identification of the best solution in respect of design, buildability, and environmental performance

Benchmarks were established for continuous improvement through the balance scorecard system.

"We pride ourselves on working collaboratively with Highways England and our supply chain partners in providing the framework for delivering core operations and maintenance services as well as significant asset renewal and improvement schemes."

(Connect Plus spokesperson)

6.1.9 Hackney Homes & Homes for Haringey

Medium-sized clients set up collaborative procurement group for efficiencies in social housing

Hackney Homes and Homes for Haringey are not-for-profit public sector social housing providers who own, manage and rent in the London Boroughs of Hackney and Haringey. Both are densely populated with diverse communities and high rates of unemployment and poverty along with associated societal challenges. In 2009 they decided to set up their own procurement organisation, "Supply Chain Management Group" (SCMG), primarily to procure their capital housing repair and maintenance programmes. As members of the SCMG they used the Two-Stage Open Book procurement approach to create fully integrated working relationships directly with Tier 1, 2 and 3 contractors, subcontractors and manufacturers across 30 different disciplines. The total value of contracts was £202 million over 5 years.

The SCMG relationships and structures were sustained by training and support to embed a collaborative culture. Both client organisations re-procured their Tier 1 contractors during a Trial Project Case Study period, and demonstrated significant savings in the procurement process itself and in the outturn costs / rates. Cost savings were benchmarked against comparable costs incurred by Hackney Homes working with a range of four contractors on its previous Phase II programme of comparable works and using 2009/2010 rates adjusted to reflect inflation.

Client objectives were to combine cost savings with reduced risk, clear programming and improved quality. They also focused on ways to benefit the local economy, including through improved employment and skills commitments, while meeting the demands. Key project features included;

- Early appointment of Tier 1 contractors
- Early joint appointment of comprehensive range of SME Tier 2 and Tier 3 supply chain members
- Substantial savings achieved firstly at main contractor procurement, and secondly through joint working with Tier 1 and Tier 2/Tier 3 supply chain members
- Reduced waste through lean programming, value engineering and rationalisation of specifications
- Substantial time savings through new pricing and mobilisation systems
- New opportunities for SME subcontractors and suppliers, and substantial employment and skills improvements.

Key outcomes

Overall savings of 31% of a £212 million combined budget

Predictability of time and cost in historically unpredictable workstreams

'Win-win' Increased client, resident, contractor and supply chain satisfaction

Fewer defects and re-works

Increased local spend

Training and employment opportunities for local people

Supported establishment of the Building Lives Training Academy, 29 apprentices graduated in the first year.

Reduced risk for client and contractors

Reduced bid costs of 85%, £719 per £1 million of turnover as against £4,808.

Knowledge captured and shared for continuous improvement

Extended warranties due to quality improvements

Reduced consultant costs

Lessons learned

Amalgamating smaller clients' pipelines of similar work into an overall programme increased the attractiveness to the supply chain which in itself delivered lower prices and also gave opportunities for continuous improvement as suppliers learned on similar repeat jobs.

There was scope to obtain further savings through improving the regular flow of work for subcontractors and suppliers over an annual cycle, eg 3% additional discount was offered by subcontractors and suppliers for any work which is started and completed within the first 3 months of the financial year.

In light of changes in contractor personnel, there is a need for consistent leadership and additional training of staff in order to maintain a clear understanding of the approach and to ensure the preservation of a collaborative culture.

6.2. Conclusions from the case studies

Each of the nine case studies presented has distinct and relatively unique characteristics. Each one comes from a different sub-sector of the industry, from housing and buildings to large infrastructure projects. The mix of context for the client organisation, its drivers and nature of funding, and the types, value and importance of projects commissioned are all unique.

Notwithstanding this uniqueness, there are common themes which come across in all or most of the case studies, and in this section we highlight some of the most significant of these, broadly relating them to the following fundamentals of the Intelligent Client (see the start of Chapter 5):

1. the explicit **value** or need for the investment, and how to measure or assess this value;
2. the **budget** or **affordability** criteria including risk parameters;
3. how to communicate and provide **leadership** to the supply side.

Understanding value

Most clients, and certainly those who can be described as Intelligent Clients, do not seek to buy construction per se, they seek the use of new facilities or the creation of assets. They find value in the availability of serviced space, developed and run to support their business or social service, and construction is only a periodic input to meet that need.

The theme of the value of construction was developed by Constructing Excellence in 2007[31] , which argued that "the quality of buildings substantially determines the operating performance of the economy and the quality of life for people". Examples include:

- Productivity in workplaces related to the ability of the occupants to use the latest equipment and layout thinking and to enjoy healthy indoor climate in economic facilities.
- Competitiveness of retail and leisure investments based on their attractiveness to tenants and customers, accessibility and operating economy.
- Speed and effectiveness of hospital treatment, given a cleanable and attractive environment under patient control.
- High achieving educational establishments in buildings which support effective teaching and build morale.
- Regenerated neighbourhoods, with reduced crime, healthcare need and educational disadvantage following investment in better housing, access to opportunity and a high level of amenities.

Budget and affordability

The Intelligent Client has a clear understanding of what a project is worth to them, in terms of a forecast Return on Investment for a commercial developer, or the budget which is available and affordable, for a public sector project. Many of our case studies chose to communicate this affordability level to their potential suppliers at an early stage, to emphasise their quest for maximum value for the money available (eg ODA, Dudley College), rather than trusting to a lowest-price tendering process to drive down the price, perhaps below the budgeted figure but at what cost to the potential success of the project – including its actual outturn price. The idea of 'should cost' has gained traction, particularly in the UK public sector where many similar projects are commissioned around the country (eg Department for Education, Ministry of Justice, Sutton), where a significant number of similar previous projects can be analysed and a cost database established – and a cost benchmark for future projects can be set (Department for Education).

Environmental and social sustainability

Many of the case studies provide examples of clients explicitly recognising the power of procurement to deliver on government (public sector) or corporate policies or values. Examples of this include environmental sustainability (ODA, Highways England) or social value[32] (ODA, London Underground, Sutton Housing) in the public sector, or where a private sector client may have core values related to environmental matters (eg Anglian Water), or where the revitalisation of a local neighbourhood would add important (social) value for the client (eg Sutton, or a commercial retail developer).

31 Be valuable (2007). Constructing Excellence

32 as discussed further in Chapter 8

Client leadership

All the case studies featured well informed clients, and often passionate individuals who led the team. They took an active rather than passive role. Client leadership and strong engagement is paramount from the outset, even if they are a small or one-off client such as Dudley College, where the client had some previous (negative) experience to draw on. it is imperative that a vision of success is communicated throughout the supply chain to provide a consistent focus for the project team.

Collaborative working

Every one of the clients in our case studies stressed the importance of collaborative working. This has always been the core foundation of Constructing Excellence, which defines it in the following terms: "Working together in a seamless team to common objectives that deliver benefit for all through mutually-beneficial alignment"[33] . CE identifies three overriding principles, and most of our case studies explicitly or implicitly demonstrate these:

- **Common vision and leadership;**
- **Collaborative culture and behaviours;**
- **Collaborative processes and tools.**

The same CE guidance identifies six critical success factors, and again reference to all of these can be seen in the case studies:

- **Early involvement** – engagement with all those in the supply chain who have a value contribution to make, including specialist contractors and manufacturers. This was extended by several of our case studies (eg ODA, London Underground, Highways England) to include early market engagement, prior to any tender exercise, in order to consult with the market to understand the potential supply capability and increase attractiveness to achieve healthy competition.
- **Selection by value** – most if not all of the case studies selected main contractors and other ley suppliers on the quality of the potential relationships and on whole life costs and benefits, avoiding lowest price tendering which would focus only on upfront price reduction, in order to appoint the best whole-life solution not the "cheapest" initial price.
- **Aligned commercial arrangements**, that underpin and incentivise collaboration, such as collaborative forms of contract, risk management and risk sharing, incentivisation such as open book cost management, target cost with pain-gain share (Dudley College), fair/ prompt payment mechanisms such as single project bank accounts or project insurances (ODA, Highways England, London Underground, Dudley College).
- **Common processes and tools**, avoiding duplication of roles and effort through eg co-location, extranets, Building Information Modelling and management (BIM).
- **Performance measurement**, with client-focused Key Performance Indicators measured and reviewed throughout the project to assess indicate progress towards success, and use as the basis for continuous improvement.
- **Long-supplier term relationships**, looking for teams who have learned to work together efficiently by using standing supply chains, frameworks etc which have developed a culture of trust, rather than tendering every package every time.

We can see that each of our case studies demonstrated many of these factors, and hence we infer that successful implementation of collaborative working on their projects is a key characteristic of Intelligent Clients.

Innovation

It is noteworthy how many of our case studies prioritised innovation at the outset of their project. These Intelligent Clients recognised that conventional solutions or prevailing performance 'norms' would not be sufficient to make their project or programme a success. The ODA, Heathrow Airport, London Underground and Dudley College were all particularly vociferous about this at the start of their projects, all communicated the challenges early, and all sought collaborative approaches including early involvement and commercial incenitivisation as key to unlocking innovation.

The success of these approaches were evidenced in a range of innovative new approaches, eg digital (ODA, Ministry of Justice, London Underground, Dudley College, Highways England), logistics and production management (Heathrow), MMC (Department of Education) or in the project process itself (Heathrow, Dudley College).

33 Collaborative working: the principles (2011). Constructing Excellence

Those emphasising digital approaches were more likely to focus on the use of BIM in design and construction, not just for project efficiencies but in order to create a digital model (or 'digital twin') to be handed over via the client to the facilities manager or asset operator to form an asset and maintenance database.

Some of the case studies were designated as 'trial projects' (Dudley College) or 'demonstrations' (ODA) up front, to the extent that they were 'ring-fenced' from the rest of the client portfolio, in effect giving a level of 'permission' to the project team to trial new ideas which would benefit the client (London Underground). This formal designation had value in focusing the team on the priority given to innovation, or best practices, as well as offering positive industry profile which may aid in the procurement process by making projects more attractive to the supply side.

'Learning Legacy'

The ODA was the first major project in the UK which made an up-front commitment to capturing and sharing what was learned with the wider industry, part of what it termed its Legacy objectives from the project. The organisation partnered with Constructing Excellence, various universities and professional bodies, actively encouraging researchers to come and study the delivery programme and capture the learning. A "Learning Legacy" website was created, and hundreds of documents, case studies and other analyses were uploaded. An archived version of which can still be viewed[34] .

> *"This is the first time a construction project in the UK has sought to capture the intellectual capital on this scale."*
>
> John Armitt, ODA Chairman

The story of this 'legacy' did not end there. Many individuals who had worked on the ODA programme came to the end of their employment on that project, and looked for the next opportunity. What could match working on an Olympics programme? A number of mega projects presented themselves, as the UK industry and client base found new confidence in its ability to deliver such high profile mega projects successfully. Crosssrail, Thames Tideway Tunnel, Hinckley Pint C nuclear power station, HS2 high speed railway all formed part of a pipeline stretching a decade or mor einto the future, and a trend developed of a particular cohort of experienced individuals moving from one mega project to the next. Each project sought to improve on the benchmark set by the previous project, looking to raise the bar higher on each project – and each created its own 'Learning Legacy' website.

In summary, the idea of such a 'Learning Legacy' is commended to any aspiring Intelligent Client.

Programme management not just project

Several of our case studies (ODA, Heathrow, London Underground) emphasised Programme Management not just Proiect Management, recognising the need for the client to manage a broader more coherent change programme that integrates a series of construction projects plus organisational changes such as reorganisation, expansion, relocation or digitalisation into a sequenced, deliverable and focused delivery plan.

Infrastructure not Buildings?

It will be observed that, compared with the UK industry's overall workload (Chapter 2.1), a disproportionate number of our case studies are in infrastructure projects rather than housing or buildings. And most of the best guidance which we highlighted in Chapter 5 also comes from a civil engineering rather than buildings provenance.

This confirms our anecdotal experience that clients of civil engineering and infrastructure projects are more likely to be Intelligent Clients than those in the 'vertical' building sector. We believe that this is largely due to the understanding of the long-term life of such projects and facilities, as well as (often) the involvement of public sector funding or regulation, such that there is a different and more comprehensive understanding that such investments are both high value and high risk in nature.

7. Benefits from Intelligent Client approaches

As per the project brief in Chapter 1, the key question asked in this study is whether UK Intelligent Client initiatives positively impact on the efficiency, productivity, and performance of UK construction industry and projects, and what is the evidence.

From the reports and case studies highlighted in Chapters 4 and 6 above we have already presented compelling evidence of the benefits of the approaches. In this Chapter we collate more data from a much wider evidence base, comprising the above case studies but also the larger bank of Constructing Excellence's case studies , academic research projects and independently-judged winners of the regional and national awards programme over the last five years , where Intelligent Client capabilities were explicitly cited in the categories of Client of the year, Project of the year, and Integration/Collaboration.

The following two sections present the reported benefits from each of this wider pool of projects, and then a collation of these benefits by main category, ie cost saving, time saving, etc.

Academic rigour

We recognise that the level of rigour in our evidence base varies widely, from detailed research studies undertaken by experienced academics (as in the Dudley College case study) or public sector audit reports eg by the government's National Audit Office to CE's awards winner where entries' claims cannot always be verified to the same extent. Also, different baselines for reporting savings are used, thus some projects report savings compared with the original investment budget or contract sum (eg Heathrow, Dudley College, London Underground Bank Station), others have previous projects or a 'control group' with which to compare (Department for Education, Ministry of Justice), and still others rely on benchmarking against national 'norms' (eg ODA). We therefore accept the limitations of this data pool in that measurement and reporting cannot be on a consistent 'like-for-like' basis, but we believe the sheer number of examples and peer validation of one form or another makes this still a valuable and impressive evidence base.

7.1. Benefits by Project

This section presents reported benefits from our 9 case studies plus a wider pool of some 55 other projects by client and project name in alphabetical order.

Anchor Housing Trust

13% saving on refurbishment of old persons homes.

Anglian Water AMP6/Routemap (see case study in Chapter 6)

Greater alignment of the overall Alliance strategy with Anglian Water's key business requirements. This alignment was reflected in the proposed commercial model for the Alliance and in the performance structure for the extended supply chain.

Integration of the key improvement initiatives, such as supply chain management and industrialised construction. Significant work had been undertaken in developing improvement initiatives for AMP6, but the added focus on an overall execution strategy provided a more coherent delivery plan that better integrated the initiatives into a single programme.

Greater alignment and timing of initiatives, eg completing the sign-off of business requirements and outcomes before structuring the main procurement activities.

The AMP6 (2015-2020) delivery plan includes targets for over 20% efficiency, a further 20% reduction in capital carbon (on top of the 50% delivered in the previous AMP period) and a 40% reduction in construction time.

Calderdale & Huddersfield NHS Trust – Estate Management 10 year strategy

Implementation of carbon zero target within 10 years across diverse estate with large old buildings

Digital enhancements streamlined processes by 27%

30% cost savings (£18m) across 300 projects completed on-time

Zero accidents in 5,000 days

10% CO2 reduction

LED lighting 50% more efficient

99% construction waste recycled

86% sub-contracts placed locally.

Archbishop Beck – Sports College, Liverpool

£15.7m project Percentage saving: 26%

Baseline benchmark: £1,950 per square metre for a comparable project in 2009

Target benchmark: £1,450 per square metre

Actual benchmark: £1,438 per square metre

De-bundling certain elements of precast to avoid additional layers of profit and overheads, wastage and more efficient co-ordination – savings of approximately £45,000

Mechanical and electrical designs early engagement, contributing to a contract saving of £258,688.

Removal of suspended ceilings and adding additional acoustic treatments produced a saving of approximately £21,068.

Recycling of waste materials for re-use on site, combined with re-design of external landscaping resulted in a saving of £55,164.

Installation of under-floor heating in the ground floor slab to allow earlier installation and rationalisation of the heating system produced a saving of £31,234.

Acquisition and re-use of surplus bleacher seating from another school produced a contract saving of approximately £18,564.

Contributed to the City-wide initiative led by Liverpool City Council for the engagement of local Tier 2/3 Subcontractors and Suppliers and improvement of local employment and skills commitments.

60% of construction costs local spend.

Ballymore – Offices: 3 Snowhill Estate Development, Birmingham

Biggest speculative office block outside of London delivered on time

Exceptional product resulted in a pre-let for 70% of the building

Completion within budget of £200m, a 420,000 ft2 building and a 1 million ft2 development.

Anglian Water - trial i2O's Pump Optimisation solution in Terrington DZ

38% reduction in burst frequency

Total daily inflow reduced by 263m³/day

Improved customer service – 31 properties removed from DG2 (low pressure) register

Average Zonal Pressure (AZP) reduced from 31m to 26m

Energy consumption reduced by 72kW per day – a saving of 8.4%

Predicted annual savings of £28,492, delivering a return on investment in 7.4 months.

Calderdale & Huddersfield NHS Trust – Estate Management 10 year strategy

Implementation of carbon zero target within 10 years across diverse estate with large old buildings

Digital enhancements streamlined processes by 27%

30% cost savings (£18m) across 300 projects completed on-time

Zero accidents in 5,000 days

10% CO2 reduction

LED lighting 50% more efficient

99% construction waste recycled

86% sub-contracts placed locally.

Deloitte – Offices Refurbishment, 1 New Street Square, London

Highest BREEAM 2014 refurbishment and fitout achieved at 94%

Emissions dopped by 72%

Wellbeing strategy, largest WELL gold certified commercial interior worldwide

First BREEAM outstanding certificate for fitout globally.

Barking & Dagenham Council – Europe's biggest school : Lymington Fields School

The primary energy usage for this scheme is c.80% of the anticipated level by the Department for Education. This means in practice that the school will realise a utility saving of c.20% per annum, or approximately £30,000, which can be re-invested

Europe's largest school with over 4,000 pupils, once fully occupied, and was handed over 7 months ahead of programme, in just 15 months.

Off-site manufacturing approach allowed contract at £26m, against market tenders of over £35m, with savings of c.£3.5m alone on prelims. This took the project from being unaffordable to deliverable.

Meeting needs of pupils and staff. The finished product is highly sustainable and future proofed. No heating system across the school, but comfort cooling is provided throughout, as overheating is the real issue in schools.

Calderdale & Huddersfield NHS Trust – Estate Management 10 year strategy

Implementation of carbon zero target within 10 years across diverse estate with large old buildings

Digital enhancements streamlined processes by 27%

30% cost savings (£18m) across 300 projects completed on-time

Zero accidents in 5,000 days

10% CO2 reduction

LED lighting 50% more efficient

99% construction waste recycled

86% sub-contracts placed locally.

Denbighshire County Council – Rhyl High School

33% Project Cost Savings from £30m to £20m.

Bristol City Council – Renovation City Hall, Bristol

Creating more value in changing timesComprehensively remodelled internally to create a contemporary and agile working environment for staff and partner organisations with increased public access

Public access to the building is increased with refurbishment to the council chamber, conference hall and committee rooms. The heritage status of the building was respected by sensitively used as a back-drop to create a vibrant working environment with enhanced public facing spaces

The former Cash Hall restored to its full volume now containing a coffee bar, auditorium and spaces for informal and formal meetings between both council employees and visitors. Originally serving about 600 employees it now serves around 2000, a 300% increase in utilisation

The Council were able to remain in original building

Upgrade was completed on time and on budget.

Department for Education - The Bridge Academy, Hackney

Qualitative benefits gained through BIM vastly reducing previous problems

Early identification of issues designed out – cost savings though no design changes

Improved client and pupil satisfaction through input on design enable through BIM and stakeholder engagement.

Environment Agency – Flood and Coastal Risk Management

Significant CO2 reductions

Flexible delivery model enable client to accommodate changing funding priorities

Reduced delivery risk for client though effective collaboration with clients

Department for Education MMC frameworks (see case study in Chapter 6)

Dept for Education procured over £5B through the Priority Schools Building Programme using National, Regional and Modular Frameworks, and achieved like-for-like savings of up to 35% which could be considered as high as 50% when area considerations are included.

Design costs reduced from 12% to 4%

Much reduced build programme times from 12 months for a typical '2FE' primary school to 4 months, over 70% quicker

Through progressive designs, continuous improvement and early contractor engagement the Department was able to build a healthy supply chain of factory-based manufacturers that were able to deliver to budget and quality as well as building schools typically 50% and sometimes as much as 75% faster than previously used traditional methods.

Such was the success that in 2018 the government announced that MMC would be its preferred approach and adopted off-site manufacturing across five of its departments.

Department for Education - The Bridge Academy, Hackney

Qualitative benefits gained through BIM vastly reducing previous problems

Early identification of issues designed out – cost savings though no design changes

Improved client and pupil satisfaction through input on design enable through BIM and stakeholder engagement.

Environment Agency – Foss Barrie, York

Project delivered 33% faster

Assets working up to 55% more efficient after refurbishment

Dudley College - Advance II (see case study in Chapter 6)

Delivered 6.5% under investment target

Maintenance costs 50% of equivalent building on site

Reduced programme and increased quality through using MMC

Final completion was achieved with a 4-week delay but with the client's post-contract fit-out works included, making the project proven and ready for use.

The building achieved an Energy Performance Certificate (EPC) of A, with a CO2 emission at 72% of the 'norm' and a regulated energy demand at 79% of the 'norm'.

Running costs and maintenance are projected at 50% of the equivalent building on the campus.

An excellent facility with highly positive client profile.

Environment Agency - Rye Harbour

Costs Savings of 6% on out turn costs amounting to £600k saving on £9.6m scheme

Considerate Constructors score – 36 out of 40

Detailed design and construction completed inside 9 months – compared with a norm of closer to 2 years

Reduced up-front programme led to huge cost savings

Stronger integration and collaborative working by the teams.

Flintshire County Council – Strategic Housing and Regeneration Programme

Client generated £60m of social and economic regional benefits over 5 years

2,000 employment opportunities

50 apprenticeships

On budget and 12 weeks ahead of schedule

Gedling Borough Council - Gedling Country Park Regeneration

Masterplan was developed providing a lasting legacy to mining heritage of Gedling

Met all objectives set by client and multiple stakeholders in terms of its design, the construction process and as a finished building

Collaborative working to deliver this community facility on time and within budget to an exceptional quality

Creation of visitors centre and café to generate revenue.

Gloucestershire County Council – Retro-fit and Refurbishment: Shire Hall, Gloucester

Shire Hall's 'Retrofit' improved energy efficiency, lower maintenance costs, cut carbon emissions, overcome poor ventilation and damp

Highly responsible and sustainable restoration of Gloucestershire County Council's most visible asset, saving 67% on new-build costs

Offset embedded carbon, producing an energy-efficient working environment and retaining 2500 staff within the building safely whilst the work was completed

Gravetye Manor Hotel. London – Refurbishment Grade II Listed Building

Extremely tight programme of 18 weeks accomplished by adopting off-site construction methods meaning hotel was only closed as intended

Severe weather conditions unaffected programme due to off-site manufacturing.

Manchester University – MMU ATS and Humanities Building

BIM level 2 throughout project bring significant savings to project

Delivered on time and safely during Covid-19 pandemic.

Hackney Homes and Homes for Haringey – SCMG (see case study in Chapter 6)

The cost savings achieved include 16.5% by Hackney on its 2010 framework/ alliance procurement, plus further savings averaging 14% achieved by Homes for Haringey and Hackney Homes through the application of the SCMG processes from 2010 to 2013.

Overall savings equate to an average of 31% which is 14% in addition to 16.5% achieved through procurement

Predictability of time and cost

Client/resident satisfaction

Minimal Defects

Reduced waste to landfill and carbon emissions

Employment and skills achievements and local spend

Transparent and shared development of standard specifications and basket rates, leading to more efficient pricing and better value

Reduced risks, cost savings and time savings through accelerated constructor/ supply chain briefing process

Subcontractor/supplier innovations in proposed new materials and development of specifications, - future-proofing green roofs at no additional cost and upgrading windows from Grade C to Grade A at no additional cost

Improved quality control through manufacturers attendance on site

Exchange of best practice between specialist competitors

Availability of extended warranties above industry standards, managed by suppliers/installers, such as windows warranted for 30 years

Improved repairs and maintenance through, for example, self-cleaning glass on high-rise blocks

Time savings, such as through quicker build-up of prices leading to earlier start on site and reduced client/consultant time/costs

Additional employment and skills opportunities for individuals, for example 46 new apprenticeships over the first 18 months of the Hackney programme

29 apprentices graduated from the Building Lives Training Academy in the first year.

Heathrow Airport Terminals 5 and 2 (see case study in Chapter 6)

The T5 new terminal and runway was a £4.2 billion mega project delivered on time and on budget creating 30m passengers per year

Client satisfaction with major design and construction goals achieved despite complex challenges including 700 planning conditions imposed as part of gaining planning consent in UK's longest planning enquiry

Early adopter of BIM enabling decisions to be made in advance, often many years before which allowed more programme certainty and outcomes later throughout the project

BAA secured a reputation for delivering large-scale infrastructure successfully with Terminal 5, with a key learning client must bear a large share of risk, evolving in a move from thinking on T2

Prefabrication and off-site manufacturing helped achieve time and cost predictability

On T2, a move away from negotiation with only a limited number of framework suppliers and the re-introduction of competition delivered significant cost savings.

Highways England – Connect Plus M25 Motorway Maintenance (see case study in Chapter 6)

£29m (8%) cost savings targeted over 5 years of the £350m framework

Increased customer satisfaction through better stakeholder engagement

Better risk management through client – supply chain collaboration

Data sharing reduced inefficiencies in the design and construction process

Innovation for most cost-effective solutions

Better environmental responsibility and low carbon emissions

Improvements identified and captured to be applied on other projects

Highways Agency - Project Horizon, Highways Maintenance

Achieved £100m (17.4%) savings over 5 years

Improved warranties and quality control

Additional employment and skills commitments

Innovation through increased recycling/ reduced landfill

Creation of integrated project delivery team

No major health and safety incidents, additional improvements to drainage systems and footways as part of the agreed design solutions

Over 50 complimentary letters received from residents and Council members.

Highways England – 'Routes to Market' Procurement Model

Highways England were able to secure its supply chain long term and align objectives to deliver £20b national programme over 10 years

An alliance model developed with the opportunity for regional delivery using traditional contracting opens the market to all sizes of contractors including local SMEs

Form a Production Hub function that drives integrated programme planning, standard policies and process technology enhancements

Digitally-enabled design, which is a centralised function that develops standardised design for use across all site assembly/construction areas, supporting efficiency objectives

Greater Efficiency through on-site assembly and delivery function, providing construction management, standardised delivery of schemes in collaboration with the supply chain.

Huddersfield NHS – Huddersfield Royal Infirmary

Ward redevelopment 20% cost savings

Operating theatre redevelopment 16% cost savings

Ward refurbishment 33% reduced delivery from 26 weeks to 17 weeks.

IQE – New Manufacturing Facility : CS Cluster, Wales

Old disused public building transformed to high tech manufacturing facility

£39.7m scheme delivered from inception to completion withing 2 years

Collaborative Working with multi-stakeholders meaning planning permission achieved within 12 weeks of appointing contractors on complex site.

Leicester City Council / SLNC : Social Housing : Heathcott Rd

Biggest Passivhaus affordable housing scheme in the country. The community-led scheme regenerated 13.3 acres of overgrown and disused land into a £7 million community of 68 eco-homes that have been built to Passivhaus standard

Affordable housing scheme addressing fuel poverty.

M-Spark - Menai Science Park

Future proofing. Client involvement from outset recognised need for flexibility and adaptability of building offset challenges created by changing needs of users over lifetime of building

The building was being sold to tenants whilst still a building site, so a modest target of 15% occupancy was set. The risk was creating an empty "white elephant". The building opened at over double this, with 37% of the space already let. The key to this outcome was the use of BIM 3D modelling, virtual reality.

London Underground Bank Station upgrade (see case study in Chapter 6)

Cost benefit ratio improved by 45% from an initial 15% target.

£563m project due to be completed on time in mid-2021, reduced estimated final cost by £61m and cut planned engineering closures by 22% and kept the busiest underground station in the world open.

Reduced journey times for 400,000 daily passengers, eg two long travelators make it easier and quicker to change platforms by 1.5 minutes.

Supply chain able to support statutory approval process with a developed outline design and delivery methodology.

BIM provides an accurate record of assets with spatial and technical information which will assist the operator in managing the lifetime maintenance and operation of the asset.

Manchester City Council – North West Construction Hub

Mitigating risks for public sector clients by council setting up procurement facility to procure own contracts and for other public sector clients to use so contracts could be procured on value in culture of lowest cost tendering

Reduced procurement costs for clients

Developed healthy local fit for purpose supply chain procured on best practice principles

Aggregation of demand reducing construction costs.

Ministry of Justice (MOJ) – New Prison North Wales

£55m cost savings from £212m estimated cost value management in rising market

100 new apprenticeships created

Local employment – 66% on site

Local spend £38m spent of businesses within 50 mile radius

SME engagement £82m spent on SMEs.

Ministry of Justice(MOJ)- HMP Cookham Wood

Actual cost saving 20% against targeted 10% from the rate of £2,910 per square metre anticipated for a comparable project and the rate of £2,322 per square metre achieved by the time of establishing the £13,917,505 agreed maximum price.

Additional savings through collaborative working ensured early selections to establish best value solutions and led to additional cost savings 1.5%.

Due to adverse inclement weather conditions, the project fell behind programme on site, but collaboration between client and contractor brought construction back on programme

Innovation through Collaboration. The use of solid pre-cast floor slabs in place of pre-stressed resulted in a time saving of 12 days.

Ministry of Justice (MOJ) – New Prison North Wales

£55m cost savings from £212m estimated cost value management in rising market

100 new apprenticeships created

Local employment – 66% on site

Local spend £38m spent of businesses within 50 mile radius

SME engagement £82m spent on SMEs.

Nationwide Building Society – Bank Transformation Programme

Effective programme management brought efficiencies in upgrading multiple sites across UK with different needs

Minimal downtime for closure of branches.

Ministry of Justice (MOJ) - Wellingborough Prison (see case study in Chapter 6)

Reduced on-site programme by over 20%

Each of 7 cruciform-shaped houseblocks installed in 14 weeks. Use of BIM in design reduced the number of precast components by almost 50%, giving a programme saving of 18.5 crane weeks per houseblock.

Increased Pre-Manufactured Value to almost 70%.

Developing 80% standardised components meant they could be replicated across the MOJ estate - Platform 'kit of parts'

Reducing on-site labour by a third, likely to have prevented almost 20 on-site accidents (based on HSE's statistics indicating average accident rate affecting 2.6% of the workforce).

Extensive supply chain integration and shared learning

Digital and quality embedded throughout the lifecycle of the project.

70% more energy efficient than a typical prison, designed to BREEAM Excellent environmental standards and will generate 8,658 KWH of renewable energy via photovoltaics.

Economic benefit to several regions around the country due to extensive use of offsite manufacture. Scale encouraged significant investment within the offsite supply chain.

The project also provided the opportunity to introduce innovations in technologies in the supply chain, resulting in enhanced productivity and facilitating improved transition between factory and site.

One of the first projects in the UK to take on digital construction apprentices. Created 22 apprenticeships/graduates and provided over 1,000 work placement days.

Adoption of Design for Manufacture and Assembly (DfMA) improved quality and decreased programme times so much that the approach was rolled across the MOJ estate.

National Innovation Centre – The Catalyst Building

The first BREEAM Outstanding Commercial development in the North East in seven years since 2013 (1 of only 3) and only one in Newcastle; and one of two commercial buildings outside London to be achieve Outstanding against 2014 or 2018 criteria

Delivered 6 weeks ahead of programme and £7m under budget

Project acted as a learning hub for project partners and wider industry members with live-lessons learnt shared to already influence design and methodologies in new developments

BIM level 2 enabled meeting exact client requirements.

National Space Centre Launch Pad – The Launch Pad Building

Iconic 190m2 new build extension built within budget through collaborative working. All parties were engaged early and all supply chain (where feasible) single sourced – this helped on meeting time and cost restraints

Considerate construction scoring 48/50 which benchmarked added value against 9,000 other sites, placing it within the top 1% in the UK

No disruption to client and customers during 15 week programme delivered on time whilst keeping the visitors centre open throughout.

Nationwide Building Society – Bank Transformation Programme

Effective programme management brought efficiencies in upgrading multiple sites across UK with different needs

Minimal downtime for closure of branches.

Neath Port Talbot County Borough Council – Ysgol Bae Baglan School

Hugely challenging £38m 20-week programme delivered 3 weeks early

Complex and unforeseen challenges in ground – mitigation strategy saved client £100k.

Newcastle University – Frederick Douglas Centre

Exemplar Thermal Efficiency

Collaborative procurement strategy so successful rolled out across estate

Fully Integrated Soft Landings providing early engagement on maintenance functionality.

Newcastle University – Institute of Cellular Medicine

Complex remodelling of a live medical building delivered on time on tight programme

Delivered within financial constraints of fixed budget meaning project couldn't exceed agreed budget

Continued use of building including labs continued uninterrupted throughout project.

Nottingham Trent University – ISTeC Building

A new £15.5m Interdisciplinary Science and Technology Centre (ISTeC) delivered below budget, ahead of programme

Developing client expertise. It was uniquely built by an in-house construction team.

The 3210m2 building has been certified with 'Performance Beyond Compliance' by the Considerate Constructors Scheme, awarded an EPC 'A' rating, and is on target for BREEAM 'Excellent'.

Olympic Delivery Authority (London 2012)

Mega project delivered on time and £500m below £9.3billion budget

Outstanding health & safety record

Met ambitious green targets for recycling, carbon and water reduction.

Nearly 6,000 people, many previously unemployed, received some form of training on site — including 255 women who have been helped into construction.

The workforce peaked at 12,500, and the 46,000 people who worked on the project overall clocked up more than 81 million hours with only 126 reportable accidents, much below the national rate.

Materials and products with low embodied carbon, eg 42% reduction in carbon emissions for ready-mixed concrete compared with the UK industry average.

Over 90% of demolition waste recycled, and eg 39% of recycled materials used in aquatic centre piling

50% of materials transported to site by rail or water

Improvements to 13km of waterways

High levels of energy efficiency, eg 31% better than Building Regulations standards on the velodrome

Significantly reduced water consumption in use.

70% of companies reported greater stability including the ability to be more competitive through innovation, confidence to take on bigger projects, improved reputation, and attracting new staff and training in new skills.

Plymouth City Council – Major Capital Projects Department

2 stage tendering enabled innovation

Shared risk commercial strategy reduced non added value costs

Integrative working brought developments forward.

Palace Xchange – Civic Building, Shopping and Library Complex

50% reduced design time through utilising BIM

BIM enabled 10% savings on construction costs through elimination of design changes

Pre-design 800 person hour saved from reducing process duplication.

Plymouth City Council – Major Capital Projects Department

2 stage tendering enabled innovation

Shared risk commercial strategy reduced non added value costs

Integrative working brought developments forward.

Plymouth Community Homes – Social Housing : Primrose Park

Whole Life Costing enabled £10.4 million development one of largest Passivhaus development in the UK, alleviating the issue of fuel poverty for it's occupants

Project delivered on time and to budget

Greater Quality. Achieved a Gold Secured by Design (SBD) award and received a CCS Performance Beyond Compliance Certificate

.

Trafford Borough Council – Springfield Primary School

£80,000 client savings though adopting digital construction

Whole life savings through digital data asset management system on building handover

Potential Health and Safety Reduced through pe-design identification by adopting BIM

Future cost savings and quality improvements for client through Innovation and supply chain investment in BIM technologies.

South West Yorkshire NHS Trust – Strategic Framework to overcome multiple Challenges

£9m of savings allowed client to achieve its financial plan, and income remains reliant on achieving quality KPI's

Delivering works within a live and secure mental health environment

Finding solutions for decanting, poor access on a complex site with restricted parking and dealing with multiple stakeholders and decanting facilities efficiently

Delivering a diverse mixture of projects from minor to major works, new build to works on listed buildings, with projects ranging from £100 to £18m

Responding quickly when funding streams become available.

RNN Group – Rotherham, Worksop College, Wath-upon-Dearne Colleges Merger

Delivered ion time despite 6 month delay due mid project due to funding

Consistency of objectives during client team transition.

Swansea Council – Dyfatty flats refurbishment

£1.7m refurbishment of two 11 storey flats built in the 1960's with complex scope of works delivered within budget

Delivered on time whilst tenants remained in flats throughout

Client led collaboration created a comprehensive liaison strategy that saw a bespoke service offered to each resident, many with complex needs.

Surrey Council - Project Horizon Highways Improvement

Cost Savings of 33% over 5 years

Improved whole life value including 10 year warranty on pavement material

Time savings through lean programmes.

Royal United Hospital – RUH Bath Pharmacy

Early engagement of specialist suppliers run parallel with stakeholders engagement ensured both client and service users stringent requirements were met

£6m building handed over on time and budget of high quality using 2 stage procurement.

Transport for London – London Bridge Station Redevelopment

Estimated Co2 Emissions savings – 24 million per year

Increase Passenger Capacity - 56m to 90m per year.

University of Cambridge – New Research Facility : Project Capella

Off-Site Manufacturing enabled £79m project with £1bn of construction projects in close proximity – competing for same supply chain labour and materials

Client-led integrative working enabled early decisions needed on design to facilitate off-site manufacturing.

University of Huddersfield – New 'Barbara Hepworth' Building

Collaborative working and risk sharing enabled overcoming adverse ground conditions and utilising materials on site

Scheme delivered 8 weeks ahead of programme and within budget.

Welcome Trust Sanger Institute

Client expectations of finished building exceeded through mirroring of design to completion enabled by BIM

Project completed on time, on budget with zero defects through use of BIM enabling effective programme management and elimination of snags created by clashes.

Welsh Government HM Revenue and Customs – New Offices Plot 6 and 7 Central Square

Social Value - £0.74 for every £1 construction costs spent locally

Vastly improved energy efficiency – 70% more air tightness, 20% carbon reduction against targets

Reduced Waste – 99.99% diverted going to landfill

£100k saved through adopting innovation of new piling technique.

Welsh Government – Public Health Wales Office Refurbishment, Cardiff

Significant cost savings to client – 45% of items re-used, 49% e-made, only 6% new stock.

Welsh Government – Highways : M4 Celtic Manor Overbridge

Health and Safety on busy motorway. Over 50,000 working hours were undertaken on the project without an incident

The project was completed successfully ahead of time and the M4 Motorway re-opened to traffic before the 06:00 deadline.

7.2. Benefits by Category

This section collates the benefits identified in the previous section into categories of Cost, Time, Environmental sustainability, Quality/Value, and Social value.

Figure 18 *- Cost Benefits of Intelligent Clients*

BIM enabled 10% savings on construction costs

£100k saved through adopting innovation of new piling technique

Savings of up to 35%, as high as 50% with area considerations

Cost savings though no design changes

£80,000 client savings though adopting digital construction

Operating theatre redevelopment 16% cost savings

13% saving on refurbishment of old persons homes

Delivered 6.5% under investment target

Significant cost savings to client

Mitigation strategy saved client £100k

OSM allowed contract at £26m, against tenders of over £35m,

A new £15.5m Centre delivered below budget

BIM level 2 throughout project bring significant savings to project

t Benefits ntelligent Clients

Aggregation of demand reducing construction costs

Value benefits and savings worth £31.24m for 2014-15 and £38.91m for 2015-16

Recycling of waste materials for re-use on site combined with re-design of external landscaping resulted in a saving of £55,164

Within budget

Overall savings equate to an average of 31%

ect ving:

Contract saving of £258,688

Cost savings of 6% on out-turn costs amounting to £600k saving on £9.6m scheme

Saving of approximately £21,068

Reduced up-front programme led to huge cost savings

On budget

Savings of approximately £45,000

On budget

saving of c.20% per annum, or approximately £30,000

Reduced client/consultant time/costs

£100m (17.4%) savings over 5 years

£4.2 billion mega project delivered on budget

***Figure 19** - Time/Programme Benefits of Intelligent Clients*

50% reduced design time through utilising BIM

Biggest speculative office block outside of London delivered on time

roject npleted n time

Collaborative working to deliver this community facility on time

No disruption to client and customers during 15 week programme delivered on time

Ward refurbishment 33% reduced delivery from 26 weeks to 17 weeks

Detailed design and construction inside 9 months compared with norm of closer to 2 years

A new £15.5m Centre delivered below budget

Innovation through collaboration resulted in a time saving of 12 days

ne

s

ent

Aggregation of demand reducing construction costs

Complex remodelling of a live medical building delivered on time on tight programme

Due to adverse weather, the project fell behind but collaboration brought it back on programme

£6m building handed over on time

Ahead of programme

Achieved time predictability.

Upgrade was completed on time

Severe weather conditions unaffected programme due to off-site manufacturing

Scheme delivered 8 weeks ahead of programme

The project was completed successfully ahead of time

Time savings, such as through quicker build-up of prices leading to earlier start on site

elivered eks ahead ogramme

Figure 20 *- Environmental Benefits of Intelligent Clients*

ntal
s
gent
s

Significantly reduced water consumption in use

Improvements to £3km of waterways

50% of materials transported to site by rail or water

42% reduction in carbon emissions for ready-mixed concrete

9% of
ed materials
in aquatic
tre piling

Demonstrator of exceptional sustainable construction

Over 90% of demolition waste recycled

Met ambitious green targets for recycling, carbon and water reduction.

Reduced waste to landfill and carbon emissions

Innovation through increased recycling/reduced landfill

45% of items re-used, 49% re-made, only 6% new stock

Regenerated 13.3 acres of disused land into a £7 million community of 68 eco-homes

The finished product is highly sustainable and future proofed.

Offset embedded carbon, producing an energy-efficient working environment

proved
ciency,
enance
carbon
ns,
poor
n and

Highly responsible and sustainable restoration of visible asset

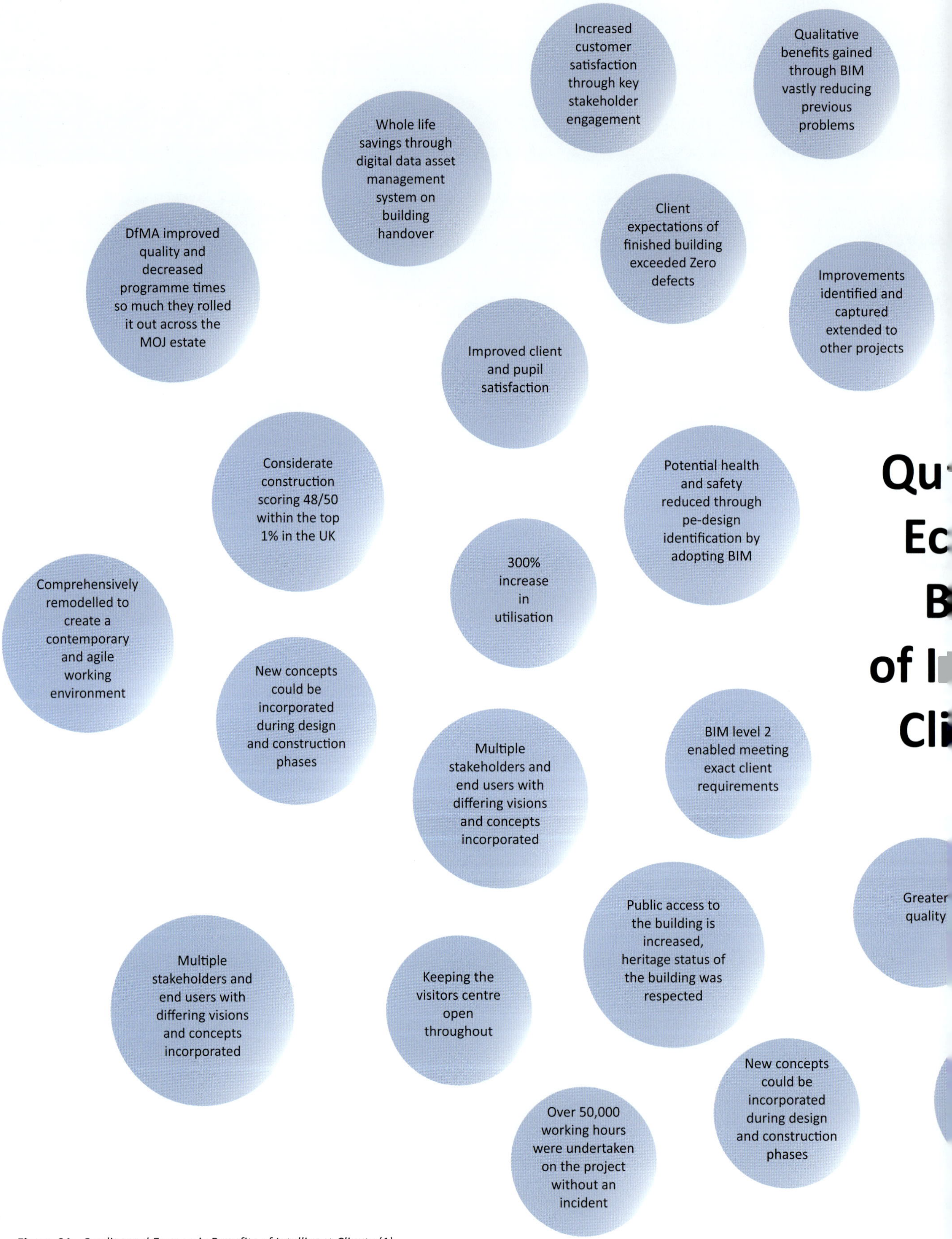

Figure 21 - *Quality and Economic Benefits of Intelligent Clients (1)*

ter risk agement gh client – ly chain boration

Assets working up to 55% more efficient after refurbishment

Improved whole life value including 10 year warranty on pavement material

Collaborative procurement strategy so successful rolled out across estate

80% standardisation of components that can be replicated across estate

ncrease assenger apacity - m to 90m per year

Maintenance functionality

Safely during Covid-19 pandemic

Zero accidents in 5,000 days

nd
ic
ts
ent
1)

2 stage tendering enabled innovation

Shared risk commercial strategy reduced non added value costs

Future cost savings and quality improvements for client

Integrative working brought developments forward

Future proofing for changing needs of users over lifetime

Consistency of objectives during client team transition

Meeting needs of pupils and staff

Exceptional product resulted in a pre-let for 70% of the building

Learning hub for project partners and wider industry members

Retaining 2500 staff within the building safely whilst the work was completed

The building opened with 37% of the space already let

'Performance Beyond Compliance'

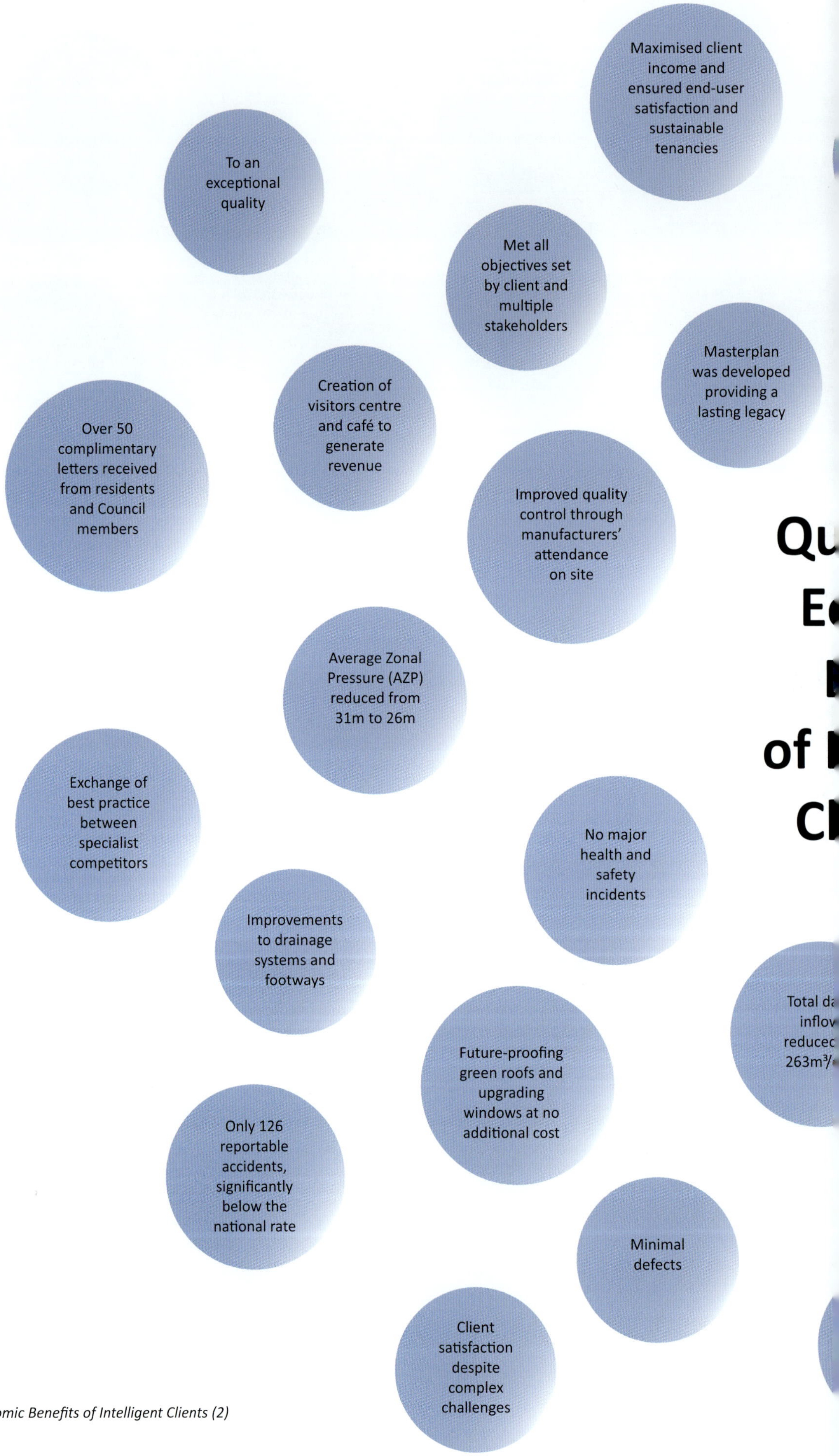

Figure 22 *- Quality and Economic Benefits of Intelligent Clients (2)*

Enabled early decisions needed on design to facilitate off-site manufacturing
Responding uickly when ıding streams become available
OSM enabled £79m project with £1bn of construction projects in close proximity
Ensured both client and service users stringent requirements were met
Delivering works within a live and secure mental health environment
Mitigating risks for public sector clients
Developed healthy local fit for purpose supply chain procured on best practice principles
Improved repairs and maintenance
and
ic
its
gent
(2)
High quality
Improved customer service – 31 properties removed from DG2 (low pressure) register
Predicted annual savings of £28,492, delivering a return on investment in 7.4 months
Reduced procurement costs for clients
38% reduction in burst frequency
Old disused public building transformed to high tech manufacturing facility
Bespoke service offered to each resident, many with complex needs
70% of companies reported greater stability and more competitive
Continued use of building including labs continued uninterrupted throughout project
Improved warranties and quality control

Figure 23 *- Social Value Benefits of Intelligent Clients*

Local spend £38m spent of businesses within 50 mile radius

Local employment – 66% on site

Employment and skills achievements and local spend

Client generated £60m of social and economic regional benefits over 5 years

SME engagement £82m spent on SMEs

2,000 employment opportunities

Opened the market to all sizes of contractors including local SMEs

Value efits elligent nts

50 apprenticeships

86% sub-contracts placed locally

1,000 new apprenticeships created

Pathway for new talent to gain industry-accredited qualifications

Targeting opportunities at disadvantaged residents

Worklessness alleviated through training or employment in construction

Nearly 6,000 people, many previously unemployed, had training on site, including 255 women

Helped mitigate funding cuts to construction budgets and other public services

8. Discussion

8.1. Barriers to implementation

Having operated close to the frontline of sector reform in the UK, the authors are well placed to critique the pace of change in the UK and to make some challenging comments about barriers to change, which we would seek to address if we could have our time again in the UK, or which we would urge other countries to avoid first time round.

These barriers include the following, which are discussed in more detail below:

- Commercial arrangements;
- 'Lowest-price wins';
- Lack of training and updated guidance for clients including from professional bodies;
- Vested interest of key parties, eg consultant advisors;
- Inefficient sharing of best practice between clients.

Commercial arrangements and risk management

Commercial and contractual arrangements have historically aimed to transfer risk from one party to another, from client to principal contractor and then from principal contractor to sub-contractors and on down the supply chain, with little regard to who is best able to manage that risk or what the right price might actually be.

In such a commercially hostile environment parties seek to blame one another through these mechanisms, with each party seeking to 'cover their own backs' commercially with considerable time and resource adding costs on what are essentially expensive non-value-adding activities from a client viewpoint but which clients ultimately pay for – either on the current project or in overheads and prelims on other jobs.

An added factor as discussed briefly at the end of section 2.1 is the low levels of profitability in the sector due to high levels of competition. Coupled with policies of 'lowest price wins' (see next section), contractors often feel compelled to submit the lowest possible price, with negligible profitability, in order to win the work, but with an expectation that the client may have omitted key information from the specification, leading to claims for extra costs, or be forced to change the scope, again leading to extra charges.

It is quite understandable why clients, especially inexperienced ones, may think it is appropriate to transfer risk to a contractor, as they are the specialists and the client may not know much about construction. However, an informed client realises that they can rarely escape risk in reality. When projects go wrong it is usually not straightforward to apportion responsibility, and is likely to impact clients through claims, or legal fees in disputing claims even if the defence is successful, or worse, if the contractor and supply chain take the burden of additional costs, they may be unwilling or unable to take on these costs, leading to half-finished projects or commercial insolvency. An insolvency on a project usually causes delay and cost overruns – which is the client's financial problem, as is the potential for reputational damage to the client. As for programme delay, a client may have a right to claim Liquidated Damages in the contract, but will the supplier pay up willingly without a legal dispute – and can they actually afford to pay this amount, or will an insolvency be triggered? In any event the client is still left with the impact of the programme delay on their business, likely delaying occupancy and utilisation of a new facility with the consequent impact on their business operations, revenue etc.

In recent years there have been two high-profile disastrous examples of this argument in practice: One with tragic consequences, with large loss of life (the Grenfell Tower fire), the other with the UK's second largest contractor (Carillion) going into liquidation resulting in thousands of job losses, and hundreds of millions of pounds been owed to the supply chain and unfinished contracts worth hundreds of millions.

Ultimately clients cannot avoid risk and therefore it is important for them to understand the risks and work out arrangements that best mitigate risks and then manage the residual risks best. To do this clients need to become more aware of supply side needs and drives as well as capabilities.

Allocating risk to the party best able to manage it is a critical mantra. This often means clients being willing to keep it rather than transfer, judging that this will lead to better risk management – and/or lower costs, since contractors will often attach a high price to risk without any certainty that they are equipped to manage it.

'Lowest price wins'

Construction clients (and contractors) have been fixated for decades on award to the lowest price, on the assumption that all bids are compliant and therefore best value is represented by the cheapest – no matter its actual quality. It is widely believed that this mitigates against collusion or corruption, but crucially assumes that the tender price will turn out to be the actual build price provided that the contractual arrangements are enforced.

Too often this is not the case, as was shown in the section on Performance in Chapter 2.1. Construction is not predicable, and unexpected issues inevitably arise. When a contractor believes that lowest price wins, they will either not price a risk at all, or as explained in the previous ectionsection, they may seek to bid low and seek to make a profit through any changes which may arise later. This 'game' has been the staple diet of construction, resulting in disappointed clients, project overruns, and spiralling costs.

The key message for clients is to understand their suppliers' motivations, how their business operates, and their cost base. After that they can seek to procure on value, what they actually need and can afford as the client, rather than an arbitrary lowest price. This will give them more cost certainty, better innovation and increase trust amongst suppliers.

Lack of training and guidance

As clients have tended to take a passive role in construction they have not seen the need to have the necessary skills to understand construction, its processes and costs.

The types of contract adopted by clients, passing risks on to the principal contractor, can too often lead to a hands-off, "not my problem" attitude which again results in a lack of awareness for the client to understand construction, how their suppliers operate and where their costs are. Until a client understands this it is hard to imagine how they can procure with any confidence of successful outcomes.

Another aspect is clients out-sourcing 'client roles' to consultants. This in itself may not be a problem, provided that the consultants are fully competent themselves to procure for value and are given an adequate brief in the first place.

To understand what good and bad advice is, some level of knowledge is required. In the public sector especially this is more apparent since budgetary cuts have often led to complete outsourcing of procurement and client activities resulting in them not having the understanding to interpret advice.

Such lack of understanding amongst clients is a huge barrier to adopting innovation as they rely on the supply chain and their consultants to do this, who are not incentivised to do so. Some client advisors perceive new methods of construction as a threat, and therefore seek to block it even when desired by the client.

Vested interests

The fragmented nature of UK construction, similar in nature to many other parts of the world, means that there are many different types of organisation working in many 'layers', with each party having their own vested commercial interests. The adversarial commercial arrangements mean all the various parties involved in a project are set against each other, creating a culture of looking after oneself rather than being aligned with common objectives.

In addition to this, there are stakeholders who see change or emerging technologies or innovation as threats because they don't understand them. This sort of human behaviour will always emerge when objectives and risk/reward are not aligned.

As public sector clients have gone through years of significant budgetary cuts, this has led in many cases to the outsourcing of capabilities such as design and procurement, with the external consultants and advisors thus appointed preferring the status quo with no incentive to change.

Inefficient sharing of best practice between clients

A lack of cohesion in clients acting and thinking together on common interests in part because of perceived competition has led to a failure of clients to share knowledge. Government departments and councils are good examples, where on the surface there should be few barriers to share knowledge, lessons learned etc, but in reality either a lack of platforms and processes or competition for funding has resulted too often in an insular approach. Whereas in many cases the supply side has had research and best practice organisations, professional institutions and trade bodies to capture and disseminate best practice, there have been few examples on the demand side. One notable exception is Constructing Excellence's Construction Clients Group (CCG) , however in recent years there have been encouraging signs of a willingness to share amongst governments departments, illustrated by the Department of Education and manifested for example in the Government Construction Board (see section 4.1).

8.2. Future impact of Covid-19 global pandemic

As has already been mentioned in section 2.2, this study was undertaken during the period of the Covid-19 global pandemic. It is not easy to predict the medium-long term impact of the Covid-19 pandemic, but by the end of 2020 the authors were able to reflect on the likelihood that a number of challenges will confront UK clients and their suppliers for some time to come. The 'Intelligent Client' will need to consider their impact carefully in their specific circumstances before committing to a project.

Changing nature of demand

In a post covid-19 world, a reassessment of priorities of the internal client as well as the needs of their customers is likely. What was relevant before may not necessarily be as relevant tomorrow. For example new buildings for office workers may not be a priority, instead a shift towards home working might require better and more secure IT infrastructure.

With a change in the way we work and carry out business activities and services, a shift towards digital platforms may increase, such as remote diagnosis of faults instead of an engineer visiting a customer's home or premises. Whilst such digitisation of services might be much more efficient and less intrusive to customers, a significant investment in both digital infrastructure and training would be required, so the Intelligent Client needs to think through the procs and cons of these alternatives.

For clients it will be necessary to reconsider how the pandemic has changed these needs. For example,

- Do we need more city centric transport, or is a more suburban upgrade required to reflect more businesses and people shifting away from city centres into outer lying districts and towns?
- What kind of transport is needed, more roads to cater for more people wanting to avoid public transport for safety reasons, or a redesign of trains, buses and trams to make them more virus resilient?
- For new schools, how will future population shifts from cities to towns and villages affect demand? More smaller village schools instead of larger inner city schools?
- Universities may switch more teaching to on-line and reduce numbers of students (both domestic and overseas) due to affordability as well as unease about perceptions around virus security on campus.
- The shortage of affordable and social housing in the UK might again need to be reviewed in both geography and type. The pandemic showed the deficiencies in large apartment complexes where people live in more dense and isolated conditions, without private gardens, with the potential for higher transmission rates and increased mental health and well-being issues.

Reduced budgets

Perhaps the most significant impact of the pandemic will be on future budgets. Attracting investment and the ability to borrow in recessions and times of uncertainty is historically difficult.

In 2021 the situation is hugely exacerbated by Governments' exponential increase in borrowing to support their economies through the pandemic. In the UK, the Office for Budget Responsibility (OBR), which keeps tabs on government spending, estimated that borrowing would be £394bn for the current financial year to April 2021 . That is the highest figure ever seen in peace time. To put that into context, before the crisis the government was expecting to borrow about £55bn for the whole financial year.

Such borrowing could impact budgets of clients in both the public sector and private sector in a number of ways:

- Public sector clients could see much educed budgets due to efforts to reduce borrowing and the overall deficit. This could be compounded by reduced income from any downturn in economic activity through reduced tax receipts and people paying for services.
- Private sector clients may have reduced income through a downturn in economic activity and recession.
- After the 2008 financial crash a decade of austerity measures introduced by government resulted in major cuts to public services. This impacted on clients' ability to deliver services effectively, and impacted budgets for capital investment, which also triggered a rise in poor client behaviours, particularly around practices such as lowest price tendering in the mistaken belief that cheaper tender prices in a depressed market would result in lower outturn prices.
- Will we see a return to 'boom and bust' economic activity? Historically this has led to poor practices on both supply and demand sides as the 'pendulum' swings in favour of either side.

Site working and productivity

It is uncertain how some of the changes and conditions of working practices introduced during the pandemic will become more permanent, and how this will affect productivity. And will new attitudes towards mental health and well-being remain, or will managers revert to previous practices?

A move towards more digital and online working practices may result in an increase in productivity, but in activities where human interface is required such as factories and sites, this could be more problematic if social distancing remains necessary. Both workers and companies will be more wary about working closely again, at least until the working population is inoculated. Uncertainty around potential disease control and mutations of the virus as recently seen in the UK could mean a prolonged period of social distancing measures being necessary, on the other hand the roll-out of a national vaccination programme may address this problem for the working population by the end of the summer 2021.

Supply side resilience

One of the biggest concerns for clients is the health of the supply to deliver effectively in terms of capacity and capability. Boom and busts and cyclical economies bring significant downsides for both clients and suppliers, with an unhealthy economy expected to shrink by more than 11% in 2020 and not to recover to its pre-pandemic level until 2022 , which is likely to see fewer clients willing or able to invest, which spells bad news for the supply chain.

With the intensity and ferocity of the current economic upheaval it is difficult to gauge how this will affect chains in the medium and longer term, particularly when budgets start to be impacted. The government has supported business and their employees through a number of measures already highlighted in this report, but it is still estimated that 2.6 million people in the economy could be unemployed by the middle of 2021 , sparking a more prolonged and deeper recession. All recessions see business failures and construction is always one of the most hardest hit.

Most businesses fail because of cashflow. Those support measures that were in the form of loans will need to be repaid by businesses, starting in 6-12 months' time. If this coincides with reduced budgets and recession this will compound cashflow problems. Liquidity provided by traditional lenders such as banks will be difficult as banks often perceive contractors as high risk, even more so in uncertain economic times.

In construction the economic challenges could be compounded by a shortage of skills due to a combination of the impact of Brexit restricting the ease with which foreign (European) workers can enter the country and an ageing workforce, which could be depleted even further if the ramifications of the pandemic cause people to retire earlier.

Social value and wider responsibilities of clients

Social value can be summarised as the quantification of the relative importance that people place on the changes they experience in their lives . Some, but not all of this value is captured in market prices. Examples of social value in construction include:

- Maximising project spend in the local economy
- Creating employment and apprenticeship or training opportunities for local people
- Developing legacy benefits after a project has finished to leave the local community and environment enhanced, such as more green and open spaces
- Helping tackle local and national priorities around low pay and raising living standards through initiatives such as paying the 'living wage'
- Reducing barriers for under-represented groups in construction by actively recruiting a more diverse workforce and supply chain.

In the UK the Social Value Act came into law in 2012, this is a requirement for people who commission public services to think about how they can also secure wider social, economic and environmental benefits. Therefore contractors are required to demonstrate what and how much social value they will incorporate into projects when they are bidding for contracts. It should be noted that there is government support for public bodies to consider social value in the award of all contracts, whether they fall within the strict requirements of the Act or not.

UK construction has taken time to understand how to deliver effective social value, because of the lack of clarity around a definition and effective mechanism to measure often non-tangible benefits, and historically a focus on lowest cost tendering which encourages a perception that social value is 'unaffordable'.

The authors foresee that the social and economic fallout from the pandemic could put clients under pressure to achieve wider and better outcomes in areas such as jobs, training and employment, as well as sustainable development goals including climate change and energy efficiency. Indeed for all central government procurement this is now underpinned by government policy launched in September 2020 which means that from January 1st, social value is mandated to be "explicitly evaluated" with a minimum weighting of 10% to ensure that it carries a heavy enough score to be a differentiating factor in bid evaluation.

if justified "procurements related to construction, capital investment and infrastructure projects above £10m should use the priority themes and outcomes in applying the Balanced Scorecard for Growth.

One of the policy outcomes explicitly identified is "Help local communities to manage and recover from the impact of COVID-19", and examples of "what good looks like" are given as follows:

- "Create employment, re-training and other return to work opportunities for those left unemployed by COVID-19, particularly new opportunities in high growth sectors
- Support people and communities to manage and recover from the impacts of COVID-19, including those worst affected or who are shielding
- Support organisations and businesses to manage and recover from the impacts of COVID-19, including where new ways of working are needed to deliver services
- Support the physical and mental health of people affected by COVID-19, including reducing the demand on health and care services
- Improve workplace conditions that support the COVID-19 recovery effort including effective social distancing, remote working, and sustainable travel solutions".

Other issues

The pandemic has brought even greater focus on trading and immigration issues caused by Brexit as well as global challenges such as climate change. Their potential impact cannot be underestimated for UK construction, from a contractor's ability to attract and train a workforce in an industry that has been overly reliant on migrant labour on its sites, to global and domestic carbon reduction targets, to the forecast economic turbulence of the pandemic and Brexit, it is clear that clients will have to continue to evolve and adapt to meet ever growing challenges, which requires maturity, intelligence and resilience.

9. Conclusions and Recommendations

9.1. Conclusions

This study has identified and analysed a substantial evidence base which demonstrates that "UK Intelligent Clients initiatives and movements give positive impacts on the efficiency, productivity, and/or performance of the UK construction industry and its projects".

This evidence base comprises:

- Detailed models, frameworks and handbooks published by the government and endorsed by client and industry organisations which provide a sizeable body of best practice guidance for the Intelligent Client (Chapters 4, 5),
- Nine clients which are presented in the report as case studies (Chapter 6), and
- Data from around another 55 examples which have been reviewed by Constructing Excellence as demonstration projects, case studies or award winners (Chapter 7).

After reviewing a range of initiatives and reports we spotlight four 'frameworks' which form the most useful and comprehensive package for aspiring Intelligent Clients:

- IPA's Transforming Infrastructure Programme (2017) – a high-level strategic framework for the boardroom;
- IPA's Project Initiation Routemap (2016) – a detailed corporate toolkit for self-assessment and implementation;
- ICE's Intelligent Client Framework (2014) - a skills assessment for individuals who find themselves in the client role or related positions;
- CIB's research roadmap (2013, 2016) - an agenda for future work.

We find that the positive impacts from such approaches include cost savings (both capital and in use), programme savings, better quality and less environmental impact, and local employment benefits and other social value as follows:

- Much higher certainty of delivery on time and budget
- Capital cost savings reported typically in the range 5%-20%, up to 50% or more
- Time/programme benefits of up to 33%
- Environmental benefits including over 90% of waste recycled, 30-50% embodied carbon savings, better energy efficiency and water economy of completed facilities
- Quality and value benefits including much higher levels of customer and end-user satisfaction, 'fit for purpose' facilities, commercial returns exceeding the business case, much better safety reducing the economic and social costs of accidents
- Social value benefits including high numbers of apprentices, local jobs and local firms employed, with wider economic impact in the local community.

Collectively the case studies illustrate most of the key themes of our Intelligent Client frameworks, including understanding value, clarity and focus on budget and affordability, environmental and social sustainability, client leadership, ensuring collaborative working, targeting innovation, providing a 'Learning Legacy' for others, and focusing on programme management not just project management.

In our discussion we acknowledge that implementation of the available guidance and frameworks is not a straightforward matter, we discuss a number of barriers to implementation including traditional commercial arrangements, 'lowest-price wins' tendering practices, lack of training and updated guidance for clients, vested interest of key parties, and inefficient sharing of best practice between clients. We also acknowledge considerable uncertainties around the future impact of the Covid-19 global pandemic.

9.2. Recommendations and next steps

We recommend to the following audiences that they should read this report for learning and professional development with a view to reflecting on how the concepts could be adopted in their own organisation in order to improve outcomes:

1. Korean clients should reflect on the capabilities of the Intelligent Client and consider to what extent the issues raised apply to their own context and whether their current practices should evolve.
2. Supply side firms should see the report as a valuable insight into the drivers and challenges faced by clients generally. For those considering bidding for work in the UK, or in other countries influenced by UK and other similar experience, the report should be particularly useful as valuable background into the context of the market generally and the challenges confronting their prospective client.
3. Researchers and Educators should see the opportunity for critical appraisal to explore to what extent the Korean market already exhibits aspects of the Intelligent Client concepts, or would benefit from understanding more about their potential application in Korea.

We are firmly of the view that the Intelligent Client concepts should be transferable internationally, including to Korea. We therefore offer the following further recommendations for stakeholders in the Korean construction sector to address the agenda of the Intelligent Client:

4. An initial analysis and publication of the forward pipeline of client demand in Korea would have much value, including to inform the strategic planning of the supply side and also to enable the assessment of client's characteristics - and comparison with the UK framework described in this report.
5. A forum should be created to bring together clients (who should be) interested in developing Intelligent Client capability. This could be called the Korean Construction Clients Forum (KCCF).
6. A Korean framework for Intelligent Client capability should be developed, there are good existing frameworks from the UK as presented in this report to draw on, supported by plenty of guidance material and valuable case studies which can be adapted and applied.
7. Based on the proposed framework a benchmarking programme could be developed for clients to join, perhaps as a core service of the above KCCF, to undertake the benchmarking assessment and review and act on the results. The concepts of Demonstration Projects or a programme of National Awards to recognise excellence are also commended for consideration.
8. A training programme for clients based on the proposed framework should be developed. This can draw on UK material, CE International is happy to advise on content or to discuss a partnership to deliver a training package. Again this programme could be a core service of the above KCCF.
9. A complementary training programme should be developed for the industry. A key insight from the UK frameworks and case studies in this report is the importance of early engagement with the supply side to understand market capability and capacity, and for the supply side to understand their client and to gain insight to their needs and what they would regard as value.
10. We understand that the CVF will translate this report into the Korean language. Once this is available we recommend a conference to launch the report and the ideas and proposals contained herein, guest speakers could include the authors or case study/s highlighted in this report. We would be delighted to support in any way required.

9.3. Final Word

Today, more than ever,

business is about fulfilling client satisfaction.

From Pries et al (2004), quoted in
Understanding the construction client (Boyd and Chiniyio)

On behalf of the project team:

Don Ward
CE International

20 January 2021

Appendix A: Bibliography

7 Lenses Maturity Matrix, *Infrastructure and Projects Authority* (2018)
https://www.gov.uk/government/publications/7-lenses-maturity-matrix

A Guide to implementing integrated assurance v2, *Infrastructure and Projects Authority* (2017)
https://www.gov.uk/government/publications/implementing-integrated-assurance-for-major-projects

An Introduction to the Value Toolkit, *Construction Innovation Hub* (2020)
https://constructioninnovationhub.org.uk/wp-content/uploads/2020/07/20200715_BR_09_ValueFrameworkReport_Digital_Pages.pdf

Analysis of the National Infrastructure and Construction Procurement Pipeline 2020/21, *Infrastructure and Projects Authority* (2020)
https://www.gov.uk/government/publications/national-infrastructure-and-construction-procurement-pipeline-202021

Analysis of the National Infrastructure and Construction Procurement Pipeline 2020/21, *Infrastructure and Projects Authority* (2020)
https://www.gov.uk/government/publications/national-infrastructure-and-construction-procurement-pipeline-202021

Annual Report on Major Projects 2018-19, *Infrastructure and Projects Authority* (2019)
https://www.gov.uk/government/publications/infrastructure-and-projects-authority-annual-report-2019

Annual Report on Major Projects 2019-20, *Infrastructure and Projects Authority* (2020)
https://www.gov.uk/government/publications/infrastructure-and-projects-authority-annual-report-2020

BAA Heathrow: The Intelligent Client (A), Gil N., Lundrigan C., *Gil N., Lundrigan C.* (2012)
https://www.researchgate.net/publication/271835584_BAA_Heathrow_The_Intelligent_Client_Case_Study

Be Valuable, *Constructing Excellence in Wales* (2015)
https://www.cewales.org.uk/files/6415/5531/2353/Valuable__-_Draft.pdf

Be Valuable - A guide to creating value in the built environment, *Constructing Excellence* (2005)
https://constructingexcellence.org.uk/wp-content/uploads/2014/10/BeValuable.pdf

Benchmarking Capability Tool Guidance, *Infrastructure and Projects Authority* (2020)
https://www.gov.uk/government/publications/benchmarking-capability-tool

Best Practice in Benchmarking, *Infrastructure and Projects Authority* (2019)
https://www.gov.uk/government/publications/best-practice-in-benchmarking

Better Homes for People in Wales, *National Assembly for Wales* (2001)
https://www.housinglin.org.uk/_assets/Resources/Housing/Wales/Better_Homes_Wales.pdf

Better Practice Innovation for SMEs, NDA Estate SME Steering Group -North, *Nuclear Decommissioning Authority* (2013)
https://assets.publishing.service.gov.uk/government/uploads/system/uploads/attachment_data/file/456432/Better_Practice_Innovation_for_SMEs___November_2013.pdf

Building Back Better, *Constructing Excellence in Wales* (2020)
https://www.cewales.org.uk/files/2915/9317/8853/Building_Back_Wales.pdf

Building Prosperity 2018, *Constructing Excellence in Wales* (2018)
https://www.cewales.org.uk/files/6215/5542/4213/Building_Prosperity_final.pdf

Case Study: Benchmarking tunnelling costs and production rates in the UK, Bill Grose, BSc(Eng) CEng FICE and Aleister Hellier, MCIOB, *Infrastructure and Projects Authority* (2018)
https://www.gov.uk/government/publications/case-study-benchmarking-tunnelling-costs-and-production-rates-in-the-uk

CECA Procurement Report- Directions in policy for the UK's infrastructure sector, Geoff Hayes and Marie-Claude Hemming, *Civil Engineering Contractors Association* (2018)
https://www.ceca.co.uk/work-programme/procurement/

Civil engineering insights into the UK's 2050 greenhouse gas emissions net-zero target, *Institution of Civil Engineers* (2019)
https://www.ice.org.uk/news-and-insight/policy/insight-to-2050-net-zero-target

Clients and Users in Construction - Publication 408, Kim Haugbølle and David Boyd, *International Council for Research and Innovation in Building and Construction* (2016)
https://site.cibworld.nl/dl/publications/CIB_Publication_408_Summary.pdf

Clients and Users in Construction - Research Roadmap Report CIB Publication 371, Kim Haugbølle, David Boyd, *International Council for Research and Innovation in Building and Construction* (2013)
http://site.cibworld.nl/dl/publications/pub_371.pdf

Clients' Commitments Best Practice Guide, *Construction Clients' Group* (2013)
https://constructingexcellence.org.uk/client-commitments/

Collaboration Agreement to support 'transformation required for the Social Services and Well-being (Wales) Act 2014, (2016)
https://www.nhsconfed.org/-/media/Confederation/Files/Publications/Documents/Collaborative-Agreement-SSWB-Act-final.pdf

Collaborative working: the principles, *Constructing Excellence* (2011)
https://constructingexcellence.org.uk/wp-content/uploads/2015/01/CW-Hymn-Sheet-FIN2.pdf

Constructing Excellence KPIs Annual Report, *Constructing Excellence*
https://constructingexcellence.org.uk/kpi-reports

Constructing Excellence Social Value, *Constructing Excellence* (2016)
https://constructingexcellence.org.uk/social-value/

Constructing the Team, *Sir Michael Latham* (1994)
https://constructingexcellence.org.uk/constructing-the-team-the-latham-report/

Construction 2025 Industrial Strategy: government and industry in partnership, *HM Government* (1905)
https://www.gov.uk/government/publications/construction-2025-strategy

Construction Commitments 2012, *Strategic Forum for Construction* (2012)
https://strategicforum.org.uk/reference-library/a-z/

Construction Procurement Handbook, *Scottish Government* (2018)
https://www.gov.scot/publications/construction-procurement-handbook/

Construction Quality Planning Guide - Draft for consultation, *Construction Innovation Hub* (2020)
https://constructioninnovationhub.org.uk/construction-quality-planning-consultation/

Covid-19 and the new normal for infrastructure systems, *Institution of Civil Engineers* (2020)
https://www.ice.org.uk/news-and-insight/policy/covid-19-and-the-new-normal-for-infrastructure

Data for the public good, *National Infrastructure Commission* (2017)
https://www.nic.org.uk/publications/data-public-good/

Delivering more for less under the IPI Model, *University of Reading* (2018)
https://docs.wixstatic.com/ugd/b66306_c49110df68af446091e293c1d4fe8650.pdf

Engineering Ethics Vision 2028, *Inter-Disciplinary Ethics Applied Centre, University of Leeds* (2018)
https://ahc.leeds.ac.uk/engethics2028/doc/engineering-ethics-conference-2028-vision

Equal Partners - Customer and supplier alignment in private sector construction, *Business Vantage and Construction Clients Group* (2008)
https://constructingexcellence.org.uk/equal-partners-customer-and-supplier-alignment-in-private-sector-construction/

Flourishing systems - Re-envisioning infrastructure as a platform for human flourishing, Burgess G, Enzer M, Schooling J et al., *Centre for Digital Built Britain and Centre for Smart Infrastructure and Construction, Cambridge* (2020)
https://www.cdbb.cam.ac.uk/news/flourishing-systems

From Transactions to Enterprises, *Institution of Civil Engineers* (2017)
https://www.ice.org.uk/ICEDevelopmentWebPortal/media/Disciplines-Resources/Briefing%20Sheet/from-transactions-to-enterprises.pdf

Government Construction Strategy - Final Report to Government by the Procurement/Lean Client Task Group, *Procurement/Lean Client Task Group* (2012)
https://www.gov.uk/government/uploads/system/uploads/attachment_data/file/61157/Procurement-and-Lean-Client-Group-Final-Report-v2.pdf

Government Construction: Construction Cost Reductions, Cost Benchmarks, and Cost Reduction Trajectories to March 2015, *Cabinet Office* (2015)
https://www.gov.uk/government/publications/construction-costs-departmental-reductions-2014-2015

Government Functional Standard GovS 002: Project delivery, *Infrastructure and Projects Authority* (2018)
https://www.gov.uk/government/publications/project-delivery-functional-standard

Government response to the Housing, Communities and Local Government Select Committee report on modern methods of construction, *HM Government* (2019)
https://www.gov.uk/government/publications/modern-methods-of-construction-government-response-to-the-select-committee-report

Greater Manchester Infrastructure Framework 2040, *Greater Manchester Combined Authority* (2020)
https://www.greatermanchester-ca.gov.uk/media/1715/greater-manchester-infrastructure-framework-2040.pdf

Green Paper: Constructing Excellence Response to Roadmap to Recovery, *Constructing Excellence* (2020)
https://constructingexcellence.org.uk/wp-content/uploads/2020/06/draft-green-paper-COVID19-response.pdf

Guidance on responsible contractual behaviour in the performance and enforcement of contracts impacted by the Covid-19 emergency, *Cabinet Office* (2020)
https://www.gov.uk/government/publications/guidance-on-responsible-contractual-behaviour-in-the-performance-and-enforcement-of-contracts-impacted-by-the-covid-19-emergency

Housing, Communities and Local Government Committee - Oral evidence: Modern Methods of Construction, HC1831, *House of Commons* (2019)
http://data.parliament.uk/writtenevidence/committeeevidence.svc/evidencedocument/housing-communities-and-local-government-committee/modern-methods-of-construction/oral/101733.pdf

Implementing New Models of Construction Procurement, *Trial Project Working Group to the Infrastructure and Projects Authority* (2017)
https://www.gov.uk/government/collections/new-models-of-construction-procurement

Improving Infrastructure Delivery: Project Initiation Routemap, Infrastructure UK Engineering Project Academy, University of Leeds, *Surrey County Council* (2013)
https://www.gov.uk/government/publications/surrey-county-council-improving-infrastructure-delivery-case-study

Improving Infrastructure Delivery: Project Initiation Routemap - Execution Strategy Module, *Infrastructure and Projects Authority* (2016)
https://www.gov.uk/government/publications/improving-infrastructure-delivery-project-initiation-routemap

Improving Infrastructure Delivery: Project Initiation Routemap - Governance Module, *Infrastructure and Projects Authority* (2016)
https://www.gov.uk/government/publications/improving-infrastructure-delivery-project-initiation-routemap

Improving Infrastructure Delivery: Project Initiation Routemap - Organisational Design and Development Module, *Infrastructure and Projects Authority* (2014)
https://www.gov.uk/government/publications/improving-infrastructure-delivery-project-initiation-routemap

Improving Infrastructure Delivery: Project Initiation Routemap - Procurement Module, *Infrastructure and Projects Authority* (2016)
https://www.gov.uk/government/publications/improving-infrastructure-delivery-project-initiation-routemap

Improving Infrastructure Delivery: Project Initiation Routemap - Requirements Module, *Infrastructure and Projects Authority* (2016)
https://www.gov.uk/government/publications/improving-infrastructure-delivery-project-initiation-routemap

Improving Infrastructure Delivery: Project Initiation Routemap Asset Management Module, *Infrastructure and Projects Authority* (2016)
https://www.gov.uk/government/publications/improving-infrastructure-delivery-project-initiation-routemap

Improving Infrastructure Delivery: Project Initiation Routemap Case Study, Infrastructure UK Engineering Project Academy, University of Leeds, *Anglian Water* (2013)
https://www.gov.uk/government/publications/anglian-water-improving-infrastructure-delivery-case-study

Improving Infrastructure Delivery: Project Initiation Routemap Risk Management Module, *Infrastructure and Projects Authority* (2016)
https://www.gov.uk/government/publications/improving-infrastructure-delivery-project-initiation-routemap

Improving Major Project Delivery: Project Initiation Routemap Factsheet, *Infrastructure and Projects Authority* (2016)
https://www.gov.uk/government/publications/improving-infrastructure-delivery-project-initiation-routemap

Independent Review of Affordable Housing Supply Final Report, *Welsh Government*
https://gov.wales/independent-review-affordable-housing-supply-report

Industrial Strategy - Construction Sector Deal, *Department for Business, Energy and Industrial Strategy* (2018)
https://www.gov.uk/government/publications/construction-sector-deal

Infrastructure as a System of Systems to Improve Impact, Geoffrey Morgan CEng MICE, *UNOPS* (2016)
https://www.unops.org/news-and-stories/news/the-system-of-systems-approach-to-infrastructure

Infrastructure Procurement Routemap - Learning from Crossrail, examining the journey, *Infrastructure and Projects Authority* (2014)
https://www.gov.uk/government/publications/crossrail-improving-infrastructure-delivery-case-study

Infrastructure Routemap, Andy Murray, *Infrastructure and Projects Authority* (2013)
https://data.gov.uk/data/contracts-finder-archive/download/1169044/fe28edbc-a475-48ca-b132-ce731b849612

Infrastructure: Underpinning Sustainable Development, Thacker S, Adshead D, Morgan G, Crosskey S, Bajpai A, Ceppi P, Hall JW and O'Regan N, *UNOPS* (2018)
https://www.unops.org/news-and-stories/news/new-oxford-university-unops-report-stresses-infrastructure-as-key-to-unlocking-sustainable-development-goals

Innovation in Buildings Workstream Housing Industry Metrics, *Construction Leadership Council* (2018)
http://www.constructionleadershipcouncil.co.uk/building-metrics/

Intelligent Client Capability Framework, *Institution of Civil Engineers* (2014)
https://www.ice.org.uk/knowledge-and-resources/best-practice/intelligent-client-capability-framework

Learning from an Intelligent Client: lessons from master planning and designing London 2012, Lucy Carmichael BA Hons MA (CANTB) MA (RCA), *Design Council* (2012)
https://webarchive.nationalarchives.gov.uk/20130228091227/http://learninglegacy.london2012.com/publications/lessons-from-master-planning-and-designing-london-2012.php?stylesheet=normal

Lessons learned from the London 2012 Games construction project, *BRE and Construction Products Association* (2012)
https://www.strategicforum.org.uk/download/downloads/Olympics_Legacy_single_pages_master_online.pdf#:~:text=lessons%20learned%20from%20the%20London%202012%20Games%20construction,shared%20with%20future%20Games%20and%20other%20major%20projects.

London 2012 Learning Legacy (website)
https://webarchive.nationalarchives.gov.uk/20180426101359/http://learninglegacy.independent.gov.uk/

Major Projects Leadership Academy MPLA Handbook, *Infrastructure and Projects Authority* (2015)
https://www.gov.uk/government/publications/major-projects-leadership-academy-mpla-handbook

Maximising Social Value from Infrastructure Projects, *Institution of Civil Engineers* (2020)
https://usefulprojects.co.uk/project/maximisingsocialvalueofinfrastructure/

Modern Methods of Construction - Introducing the MMC Definition Framework, *Ministry of Housing, Communities and Local Government* (2019)
https://www.gov.uk/government/publications/modern-methods-of-construction-working-group-developing-a-definition-framework

National Infrastructure Assessment, *National Infrastructure Commission* (2018)
https://www.nic.org.uk/publications/national-infrastructure-assessment-2018/

National Infrastructure Delivery Plan 2016-2021, *Infrastructure and Projects Authority* (2016)
https://www.gov.uk/government/publications/national-infrastructure-delivery-plan-2016-to-2021

New Models of Construction Procurement, *Infrastructure and Projects Authority* (2019)
https://constructingexcellence.org.uk/wp-content/uploads/2019/03/New-Models-of-Construction-Procurement-Annual-Report-Jan-2019-1.pdf

New Tube for London Case Study, *Infrastructure and Projects Authority* (2016)
https://www.gov.uk/government/publications/new-tube-for-london-case-study

No Turning Back Review, *Constructing Excellence in Wales* (2015
https://www.cewales.org.uk/files/5114/5458/1075/CEW_Noturningback_07_English.pdf

Oakervee Review, Douglas Oakervee, *Department for Transport* (2020)
https://www.gov.uk/government/publications/oakervee-review-of-hs2

OGC Best Practice - Gateway to success Review 1: Business justification, *Office of Government Commerce* (2011)
https://www.gov.uk/government/publications/ogc-gateway-review-1-business-justification-guidance-and-templates

Principles for project success, *Infrastructure and Projects Authority* (2020)
https://www.gov.uk/government/publications/principles-for-project-success

Procurement Policy Note 09/16: Procuring for Growth Balanced Scorecard, *Crown Commercial Service* (2016)
https://www.gov.uk/government/publications/procurement-policy-note-0916-procuring-for-growth-balanced-scorecard

Procurement trial case study: Archbishop Beck, *Trial Project Working Group to the Infrastructure and Projects Authority* (2014)
https://www.gov.uk/government/publications/procurement-trial-case-study-archbishop-beck

Procurement trial case study: Circle Housing, *Trial Project Working Group to the Infrastructure and Projects Authority* (2013)
https://www.gov.uk/government/publications/procurement-trial-case-study-circle-housing

Procurement trial case study: Cookham Wood Prison, *Trial Project Working Group to the Infrastructure and Projects Authority* (2014)
https://www.gov.uk/government/publications/procurement-trial-case-study-cookham-wood-prison

Procurement trial case study: New Prison North Wales, *Trial Project Working Group to the Infrastructure and Projects Authority* (2014)
https://www.gov.uk/government/publications/procurement-trial-case-study-new-prison-north-wales

Procurement trial case study: Property Services Cluster -iESE, *Trial Project Working Group to the Infrastructure and Projects Authority* (2014)
https://www.gov.uk/government/publications/procurement-trial-case-study-property-services-cluster-iese

Procurement trial case study: RM Lympstone, *Trial Project Working Group to the Infrastructure and Projects Authority* (2014)
https://www.gov.uk/government/publications/procurement-trial-case-study-rm-lympstone

Procurement trial case study: Rye Harbour, *Trial Project Working Group to the Infrastructure and Projects Authority* (2013)
https://www.gov.uk/government/publications/procurement-trial-case-study-rye-harbour

Procurement trial case study: Social housing refurbishment, *Trial Project Working Group to the Infrastructure and Projects Authority* (2013)
https://www.gov.uk/government/publications/procurement-trial-case-study-social-housing-refurbishment

Procurement trial case study: Surrey County Council: Project Horizon highways maintenance, *Trial Project Working Group to the Infrastructure and Projects Authority* (2013)
https://www.gov.uk/government/publications/procurement-trial-case-study-report-highways-maintenance

Procurement trial case study: Upper Mole, *Trial Project Working Group to the Infrastructure and Projects Authority* (2013)
https://www.gov.uk/government/publications/procurement-trial-case-study-upper-mole

Programme Procurement in Construction: Learning from London 2012, John M. Mead and Stephen Gruneberg, *John M. Mead and Stephen Gruneberg* (2013)
https://onlinelibrary.wiley.com/doi/book/10.1002/9781118597446

Project 13 Framework, *Institution of Civil Engineers and Infrastructure Client Group* (2020)
http://www.p13.org.uk/wp-content/uploads/2020/03/P13-Framework-v14-16.03.20.pdf

Project delivery: guidance - The role of the senior responsible owner, *Infrastructure and Projects Authority* (2019)
https://www.gov.uk/government/publications/the-role-of-the-senior-responsible-owner

Proposal for a New Approach to Building: Call for Evidence, *Infrastructure and Projects Authority* (2018)
https://www.gov.uk/government/consultations/proposal-for-a-new-approach-to-building-call-for-evidence

Prospectus - Insurance Backed Alliancing, *Dudley College* (2018)
https://constructingexcellence.org.uk/wp-content/uploads/2018/04/201803-Prospectus-rev-1-Mar-2018-002.pdf

Public projects and procurement in the UK - sharing experience and changing practice, *Royal Academy of Engineering* (2014)
https://www.raeng.org.uk/publications/reports/public-projects-and-procurement-in-the-uk-sharing

Re-imagining social house building in Wales - A Modern Methods of Construction Strategy for Social Housing, *Welsh Government* (2020)
https://gov.wales/sites/default/files/publications/2020-02/social-house-building-strategy_0.pdf

Removing Barriers to Apprenticeships Call for Project Proposals - Specification and Guidance for Applicants, *Greater Manchester Combined Authority* (2020)
https://www.greatermanchester-ca.gov.uk/media/2667/removing_barriers_to_apprenticeships_call_for_project_proposals_specification_guidance.pdf

Response to Infrastructure and Projects Authority Proposal for a New Approach to Building, *Constructing Excellence* (2019)
https://constructingexcellence.org.uk/response-to-infrastructure-projects-authority-proposal-for-a-new-approach-to-building/

Rethinking Construction, Sir John Egan, *The Construction Task Force* (1998)
https://constructingexcellence.org.uk/rethinking-construction-the-egan-report/

Roadmap for delivering the information management framework for the built environment, *Centre for Digital Built Britain* (2020)
https://www.researchgate.net/publication/332333104_Roadmap_for_delivering_the_information_management_framework_for_the_built_environment

Roadmap to Recovery, *Construction Leadership Council* (2020)
https://www.constructionleadershipcouncil.co.uk/news/construction-roadmap-to-recovery-plan-published/

Social value and its relation to the SDGs, Richard Houston, *Simetrica* (2019)
https://www.ice.org.uk/ICEDevelopmentWebPortal/media/Documents/News/Blog/Social-Value-and-its-relation-to-SDGs-Simetrica-April-25-2019.pdf

State of the Nation 2020: Infrastructure and the 2050 net-zero target, *Institution of Civil Engineers* (2020)
https://www.ice.org.uk/news-and-insight/policy/son-2020-infrastructure-and-2050-net-zero-target

The Art of Brilliance, *HM Government* (2019)
https://www.gov.uk/government/publications/the-art-of-brilliance-a-handbook-for-leaders-of-transformation-programmes

The Construction Playbook, *Cabinet Office* (2020)
https://www.gov.uk/government/publications/the-construction-playbook

The informed infrastructure client, *Royal Institution of Chartered Surveyors* (2015)
https://www.rics.org/uk/upholding-professional-standards/sector-standards/construction/the-informed-infrastructure-client/

The Intelligent Client - Learning to Govern Through Numbers At Heathrow, Rebecca Vine (2018)
http://sro.sussex.ac.uk/id/eprint/75875/

The intelligent client capability framework, *Institution of Civil Engineers* (2014)
http://www.innovationresearchfocus.org.uk/Issues/99/IRF99_ICE1.html

The Organisational Resilience of the UK Construction Industry, Project Five Consulting, *Constructing Excellence* (2018)
https://constructingexcellence.org.uk/organisational-resilience-are-we-built-on-a-house-of-cards/

The pathway towards an Information Management Framework, Hetherington,JI, and West, M. (2020), *Centre for Digital Built Britain* (2020)
https://www.repository.cam.ac.uk/handle/1810/305579

The social and economic value of construction – the construction industry's contribution to sustainable development, Pearce, *nCRISP* (2003)

The use of infrastructure systems - insights into the new normal, *Institution of Civil Engineers* (2020)
https://www.ice.org.uk/news-and-insight/policy/use-of-infrastructure-system-report

Transforming Infrastructure Performance, *Infrastructure and Projects Authority* (2017)
https://www.gov.uk/government/publications/transforming-infrastructure-performance

Understanding the Construction Client, Boyd and Chiniyio, *Boyd and Chiniyio* (2006)
https://www.researchgate.net/publication/32116852_Understanding_the_Construction_Client

Unlocking the potential of the programme of works Infrastructure Procurement Routemap - Case study on Thames Estuary Phase 1 Programme, Infrastructure UK Engineering Project Academy, University of Leeds, *Environment Agency* (2013)
https://www.gov.uk/government/publications/thames-estuary-phase-1-improving-infrastructure-delivery-case-study

WLGA and ADSS Cymru evidence to the Finance Committee on the inquiry into the cost of caring for an ageing population, *WLGA and ADSS Cymru* (2018)
https://www.adss.cymru/en/blog/view/joint-evidence-presented-by-adss-cymru-and-wlga-on-the-cost-of-caring-for-and-aging-population/fileAttachment

Appendix B

Infrastructure and Projects Authority
Improving Infrastructure Delivery: Project Initiation Routemap
Organisational Design and Development Module

Infrastructure and Projects Authority

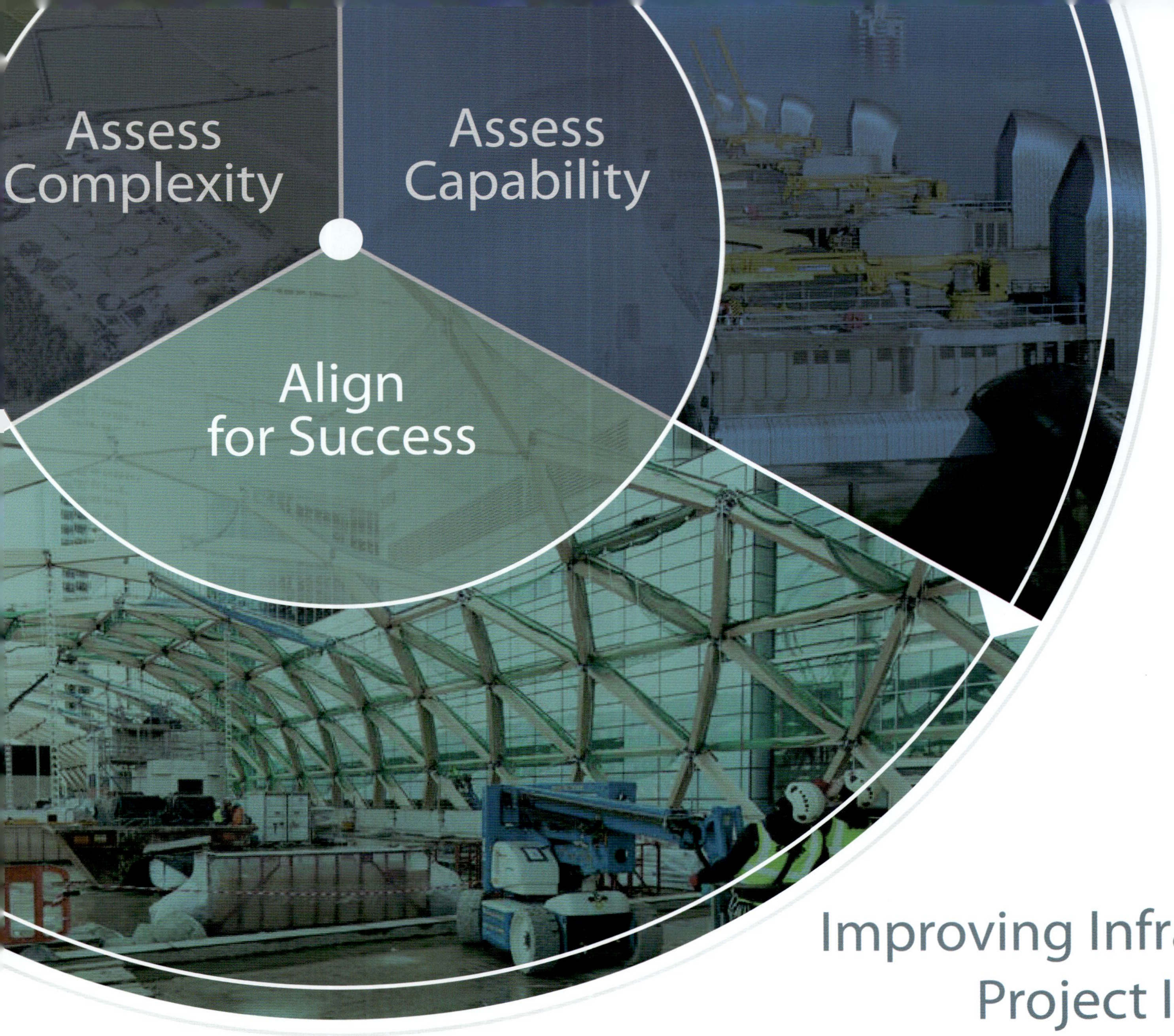

Improving Infrastructure Delivery: Project Initiation Routemap

Organisational Design and Development Module

Version 1.1 October 2014

Any enquiries regarding this publication should be sent to us at
public.enquiries@hmtreasury.gov.uk

You can download this publication from:
www.gov.uk/government/organisations/infrastructure-and-projects-authority

ISBN 139781910337134

Infrastructure and Projects Authority and Infrastructure Client Group

Infrastructure shapes the way we live and is the foundation on which a successful economy is built. Transport links get us where we need to be, energy systems power our homes and businesses, and digital networks allow us to communicate. It is vital to improving our quality of life and integral to the creation of a vibrant economy.

The government is committed to delivering the high-quality infrastructure that the UK needs to build and sustain a more productive economy. To achieve this the government has committed to spend £100 billion on infrastructure this Parliament. This investment will create jobs and raise productivity.

To help realise the benefits from this investment the government created the **Infrastructure and Projects Authority** (IPA) as the government's centre of expertise for project development and delivery. The IPA's Cost Review and the NAO report on delivering major government projects identified the early stages of projects as a common source of failure on infrastructure projects. The original Project Initiation Routemap (Routemap) helped address these challenges and this update, which expands to include all construction projects and adds new modules, will enhance that work, helping provide the UK with the infrastructure it needs to thrive.

The **Infrastructure Client Group** demonstrates the value of effective collaboration between government and industry to support the development and exchange of best practice to improve delivery. Initially brought together by government to support the work of the Infrastructure Cost Review, the membership of this group is representative of the major infrastructure clients. It has been instrumental in setting a common agenda for change and supports a programme of activities and applied knowledge transfer across the public and private sectors. The success of this initiative has been made possible by the continued and valuable support from industry and academic partners.

Tony Meggs
Chief Executive of the Infrastructure & Projects Authority

Andy Mitchell
Chair of the Infrastructure Client Group

Preface

Since the launch of the Routemap over 20 major projects across the transport, water, flood defence and energy sectors have undergone a Routemap assessment, helping to drive their successful delivery. Yet there is still work to do as projects continue to face challenges.

The recent NAO report on ***Delivering Major Projects in Government*** (2016) and the Infrastructure UK Cost Review (2010) both noted that projects continued to encounter problems in their early stages - and, particularly, that projects often publicly announced timelines and costs before plans have been properly tested. The report also identified a lack of project capability especially at portfolio level. The Routemap will help address these challenges by offering support on strategic decision making during project initiation based on the latest thinking and knowledge acquired from delivery of Major Projects applied in a series of structured exercises. It enables sponsors and those responsible for project delivery to properly align complexity with the necessary capabilities and other enhancements to ensure a more successful outcome.

The Project Initiation Routemap is a product of government working collaboratively with industry and the University of Leeds, through the Infrastructure Client Group.

Building on its success with economic infrastructure, the Routemap is being expanded to cover all construction projects and longer-term transformation projects as well. As part of this expansion two new modules are being added, for Risk Management and Asset Management alongside the existing topics on Requirements, Governance, Procurement, Execution Strategy and Organisational Design & Development. The new Risk Management Module covers the best practice in how to develop the project's approach to risk management during the initiation phase. The Asset Management Module provides advice on how to structure and manage the interaction between the project team and the corporate asset management function to successfully deliver project outcomes.

June 2016

Infrastructure and Projects Authority

Tip:

This module should be read in conjunction with:

- Governance – as that covers decisions such as boundaries between sponsor/client and the Delivery Model
- Procurement – as that covers how to assess and engage with the market to support the selected Client Model in the ODD Strategy

The Project Initiation Routemap (Routemap) is an aid to strategic decision-making. It supports the alignment of the sponsor and clients organisations' capability to meet the degree of challenge during initiation and delivery of a project*. It provides an objective and systemic approach to project initiation founded on a set of assessment tools.

The assessment tools help determine:

- The context and complexity of the delivery environment;
- The current and required sponsor, client, asset manager and market capability;
- Key considerations to enhance capability where complexity-capability gaps are identified.

The Routemap provides further diagnostics on addressing common capability gaps that typically need to be enhanced, such as blurred governance structures, or lack of alignment between benefits and requirements. These areas are explored in more depth in a number of Align for Success modules.

The purpose of each Align for Success module is to help:

- Gain a greater understanding of the complexity-capability results;
- Identify and analyse options to better align complexity-capability;
- Plan for successful achievement of desired outcomes;
- Assure enhancement plans during implementation.

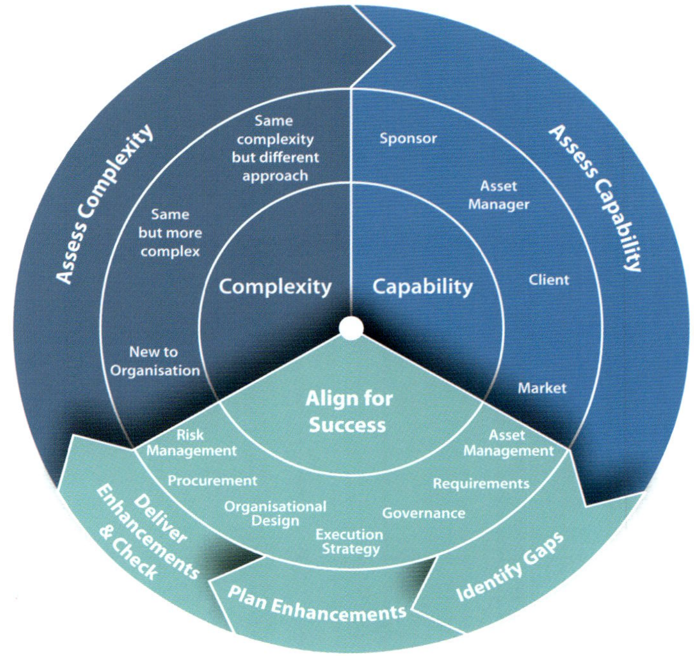

Application of the Organisational Design and Development module helps determine and enhance the structure of the project organisation, including determining the optimum boundaries for in-house and external resource provision. It also helps identify transition points in the project lifecycle and the change management approach to developing organisational capability to close identified gaps.

*Throughout this guide the term project is used to mean both project or programme.

Introduction: Whether to use the Organisational Design and Development Module

Tip:

This module should not be used in isolation. It is assumed you have already completed the Complexity - Capability Gap Analysis in the Project Initiation Routemap Handbook and have identified issues with why Organisational Design and Development matters.

● Primary module for help

◐ Related module for help

Example Findings

If the findings from your complexity-capability assessment identify any of the following issues (or similar ones) then this Align for Success module on **Organisational Design and Development** may help. Use the **Considerations** tables that follow to diagnose enhancements that may be required.

Modules that help

Example Findings	Requirements	Governance	Execution Strategy	Organisation	Procurement	Risk Management	Asset Management
There is a lack of understanding of the extent of new capability required by the client to deliver the project.			◐	●			
The approach for implementing the capability enhancement is inappropriate, or the scale of change is underestimated.			◐	●			
Changes to capability requirements at transition points are not identified, anticipated or prepared for (e.g. transitioning from design phase to build phase).			◐	●			
A Client Model (e.g. alliancing) is being proposed that the client/supply chain organisations do not have previous experience of applying successfully, therefore may need capabilities they currently do not have.			◐	●	◐	◐	
Poor development and retention of Asset Management capability leads to inadequate asset management and, in turn, to less than optimum whole life value	◐	◐	◐	●			◐
A Delivery Model (e.g Public-Private Partnership) is being proposed that the sponsor/client organisations do not have previous experience of applying successfully, therefore may need capabilities they currently do not have.		●	◐	◐			
Slow decision-making is likely to absorb management time and left unresolved will lead to project delays.		●	◐	◐			
There are too many layers, or unclear decision-routes may result in unnecessary effort and duration to gain approvals.		●	◐	◐			
Lack of accountability, as people (or organisations) are able to make decisions for which they are not fully accountable.		●	◐	◐		◐	
The accountability for risk does not match the organisation's capability or appetite to manage the risk.		●	◐	◐	◐	●	
There is a disjointed relationship between sponsor, client and supply chain.		●	◐	◐	◐	◐	
Through the life of the project there is little provision for or anticipation of potential scope changes caused by changes to external factors.	◐	◐	●	◐	◐	●	
Contract incentives appear to be misaligned to sponsor's requirements or Client Model, which may mean the supply chain performs contrary to expectations.	◐	◐	◐	◐	●	◐	

Tip:

This module should not be used in isolation. It is assumed you have already completed the Complexity - Capability Gap Analysis in the Project Initiation Routemap Handbook and have identified issues with why Organisational Design and Development matters.

● Primary module for help

◐ Related module for help

Example Findings

If the findings from your complexity-capability assessment identify any of the following issues (or similar ones) then this Align for Success module on **Organisational Design and Development** may help. Use the **Considerations** tables that follow to diagnose enhancements that may be required.

Example Findings	Requirements	Governance	Execution Strategy	Organisation	Procurement	Risk Management	Asset Management
A procurement model is being proposed that the client/supply chain organisations do not have previous experience of applying successfully, therefore may need capabilities they currently do not have.			◐	◐	●		
The market appetite to support the project is unproven.			◐	◐	●		
There are no or inadequate lifecycle parameters – such as asset reliability, availability, cost of maintenance, or operability – defined in the requirements	◐	◐		◐	◐	◐	●
The project initiation and delivery focuses on processes to the detriment of outcomes and associated asset management goals	◐	◐	◐	◐			●
There is no clear role/dedicated resource on the project specifically tasked with providing the whole life asset knowledge and articulating the asset vision so as to optimise achievement of the organisational goals	◐	◐		◐	◐		●
There is no strategic engagement with the operators and/or supply chain to ensure that the project solution is defined, developed, constructed and handed over appropriately	◐	◐	◐	◐	◐		●
Poor decision-making, governance structures and processes undermine the integrated asset strategy	◐	●	◐	◐	◐		◐

Why Organisational Design and Development (ODD) Matters

Organisational Design concerns the structure, resources, responsibilities, skills, practices and culture required to deliver a project.

Organisational Development concerns the changes required to deliver the Organisational Design and subsequent changes required at key transition points in a project's life (e.g. moving from design to build).

Why is an ODD strategy needed?

Projects are delivered by people working in temporary teams and the performance and interaction of those people will determine the project's effectiveness. Therefore an approach to how those people are organised and developed needs to be considered.

The need for a structured approach to organisational design and development increases where:

- The project is considering a new or different Client Model (e.g. moving to thin client) requiring new or different organisational boundaries;
- The project is considering a new or different delivery method (e.g. Agile, off-site construction) requiring new or differing behaviours;
- Collaborative working is required;
- The host organisation is new to project based working;
- Efficiencies are being sought.

Characteristics of an effective ODD strategy

An effective ODD strategy should ensure:

- There is a clear understanding of the extent of capability development required;
- Good practice and lessons learned from relevant sources are considered;
- Key transition points in the project's life are identified and understood;
- Organisational design is aligned with governance and procurement decisions;
- An appropriate approach for implementing the capability enhancement is selected;
- There is a robust plan for developing and implementing the necessary capability for the required stages of delivery;
- There is on-going monitoring and review of the capability enhancement, with adjustments made as necessary.

This module is applicable to projects that are hosted within an existing organisation (such as Victoria Station Upgrade being hosted within TfL) as well as those where a new organisation is established specifically to deliver the project (such as High Speed 2 or Thames Tideway Tunnel).

Considerations

The main approach to planning for optimised organisation is to develop an ODD Strategy. This should outline what the organisation will look like in order to meet the project's objectives.

An ODD Strategy typically includes the following themes:

Context

- The corporate context including any external drivers (for example political or shareholder);
- The organisation's core strengths, weaknesses, opportunities and threats;
- The organisation's approach to risk and reward;
- The organisation's approach to succession planning and people development;
- The culture required to deliver success, aligned with the commercial model and organisational design;

Design

- The work and expertise that must be retained in-house and work that should definitely not be done by the organisation;
- Relevant good practice, tools and frameworks to be considered and/ or adopted;
- The resource forecast for the project in context with the organisation's resourcing strategy;
- The current supply chain environment including capability, capacity, collaboration and preferences;
- The project organisation structure;
- A procurement process that uses the required leadership behaviours as a criteria in partner selection;

Development

- An understanding of the capability gap;
- The magnitude of change necessary to achieve the required capability and key transition points in the project lifecycle;
- The organisation's capability in delivering internal change management;
- A framework for the development and assessment of organisation and team performance.

The client should have an ODD Strategy based on these themes. The following tables outline some of the key considerations under each heading. These headings could be used to support and facilitate stakeholder workshops, which will help define the ODD strategy.

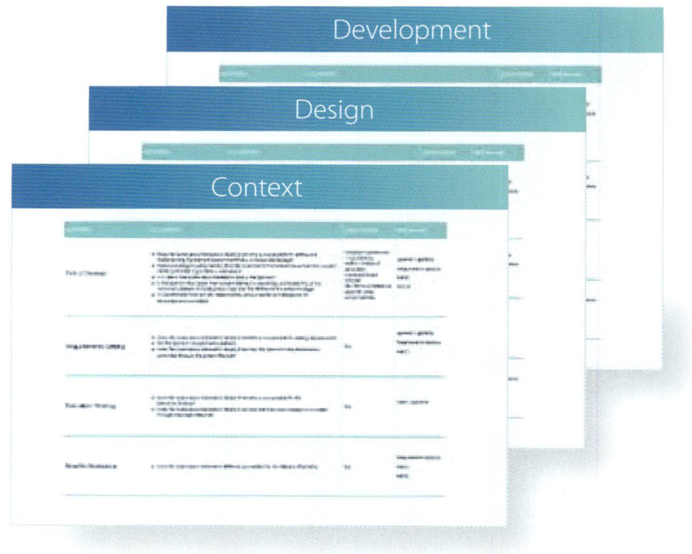

Considerations: Context

Key Prompt	Considerations	What may help
Corporate context	■ Who has overall accountability and responsibility for the project? Who owns the business case? ■ Is there more than one sponsoring authority? Are their objectives aligned? Is the co-sponsorship formalised? ■ Is there strong departmental/corporate oversight? How do you ensure resource is allocated to managing and responding to the oversight of the project? ■ How will the organisational design be assured by the department/corporate organisation? ■ What corporate policies are in place that will affect organisational decision making (e.g. HR policies) ■ Is there a mutually agreed definition of what success looks like and measures in place to manage delivery of the benefits? ■ Are there clear corporate reporting arrangements? ■ How is the project aligned with the client's business plan and strategic objectives/intent?	Ref [9] RACI
Strengths, weaknesses, opportunities and threats (SWOT)	■ Do the governance bodies have the technical capability and understanding to make informed decisions? Do they have the capability to effectively challenge? ■ Are there other projects in the organisation (or externally) that will be competing for the resources you require or that will be releasing resources similar to that which you require? ■ What is the track record in attracting high performing staff and suppliers? ■ What is the track record in delivering organisational change? ■ What is the track record in collaborative working?	SWOT Ref [8]
Risk & reward	■ What is the organisation's approach to risk and reward? ■ How will the governance arrangements encourage accurate reporting and management of project progress? ■ Does the organisation foster a culture of escalating issues and sharing bad news? ■ Do the corporate mechanisms for rewards align motivation to the project's objectives	Supporting Material pg 14
Succession planning	■ What is the organisation's approach to succession planning and people development? ■ Is there a requirement for repeatability/sustainability of proposed organisational design?	Ref [10]
Culture and environment	■ Will delivery of project requirements depend on creating enabling behaviours; for example collaboration, challenge, ownership. If so have these behaviours been explicitly covered in the ODD strategy? ■ Has the culture of the organisation been considered and set out, this could include aspects such as customer focused, continuous improvement, predictable, innovative. ■ Is the dominant leadership style of the organisation understood? ■ Is the required environment understood and set out for example are co-location or supply chain integration part of the proposed organisation. ■ Has the commercial model been designed to create the behaviours required for success.	Supporting Material pg 17

Tip:

The corporate context is linked to the Target Operating Model and other aspects of corporate governance. See Governance module.

Tip:

Factors influencing the Client Model and the structure can be found in the Governance module.

Key Prompt	Considerations	What may help
Working practices	■ Does the project require specific work practices (e.g. Agile, BS11000, off-site construction) that will affect organisational design? How will these be addressed? ■ If there are multiple organisations involved in delivery is the compatibility of their different cultures and working practices understood? ■ If cultural/behavioural changes are required for delivery have you planned to set up a business change project to run alongside the delivery project?	Ref [7]
Client Model	■ Have you completed a functional analysis (current and future state)? ■ Have you identified the functions which should be retained in-house; and defining the functions which should be outsourced? ■ Does the Client Model align with corporate policies regarding insourcing and outsourcing? ■ Is the appetite for 3rd party involvement understood?	Supporting Material pg 14
Resourcing	■ Is there a Work Breakdown Structure that identifies the types of resources that will be required? ■ How is the size of the team likely to change through the life of the project? ■ Is there a continuity of project pipeline beyond this project for resources acquired for this project to roll on to? ■ What is the organisation's requirements for resource optimisation and exit strategy? ■ How will the transition to operations be managed and what impact will it have on operational resources? ■ Is the resourcing strategy appropriate for the importance, complexity and scale of the project? ■ Is there a need for co-location of resources?	Suporting Material pg 14
Structure	■ What is the best structure for success? Does the structure optimise use of resources? ■ How will existing organisational hierarchies impact the project team structure? ■ Is the investment better managed as a project or as a programme? ■ Do the client and partner "buy in" to the design and how it will work? ■ What is the impact on own organisation and interfaces? ■ How does the structure align to corporate governance requirements? Are the accountabilities and responsibilities clear?	Ref [3], [11]
Supply chain	■ Do you understand the current supply chain environment including capability, capacity and collaboration practices and how that aligns with the proposed Client Model? ■ Will the project require the supply chain to change it's current practices and preferences? ■ Mechanisms in place to prevent man-marking?	Supporting Material pg 14
Efficiencies	■ Is there a need/target for efficiency savings through the project lifecycle? ■ Does the design include continuous improvement and development of the organisational structure for future growth and change in line with the strategic objectives?	
Procurement process	■ Are the selection criteria used in the procurement process aligned with the behaviours set out in the ODD. ■ Will the procurement process align partners with the behaviours required during implementation. ■ Will the procurement process identify leadership from partners that enables the required change.	Ref [8], [4]

Note: Further Guidance contains details and links for each document reference - Ref [ ]

Considerations: Development

Key Prompt	Considerations	What may help
Capability gap	■ How are the skills/capability requirements likely to change through the life of the project? Are the changes to required capability through the project lifecycle understood and in particular what impact will the transition or stage gates in a project have on organisational development and resource requirements? ■ What is the most appropriate framework(s) for assessing competence? ■ Is there a defined approach for evaluating and monitoring competence? ■ How will capability be monitored (actual capability versus required capability)?	Supporting Material pg 16 Ref [6]
Enhancement plans	■ What is the magnitude and/or type of capability change required? How should it be managed? Should it be managed as a project in its own right? ■ Is there sufficient time to deliver the magnitude of capability enhancement (change) required? ■ Is there an agreed enhancement plan? ■ Has leadership contributed to the enhancement plan? ■ Is there a business case for the enhancement plan? ■ Is there sufficient budget allocated for the enhancement plan? Are there appropriate resources to deliver the capability enhancement actions or are arrangements in place to procure any additional supporting resources? ■ Is there an appetite to include key personnel from partners/ suppliers in organisational development activities? ■ Will the enhancement plans deliver everything in the ODD strategy? ■ Have field trips/pilots/lessons learned from other projects (internal and external) been considered?	Supporting Material pg 16 Ref [8]
Delivery of enhancement plans	■ Is there agreement of what success looks like, and measures in place to manage delivery of the enhancement? ■ How will the achievement of the changes in capability be monitored? Will they be reviewed regularly by leadership? ■ Are Enhancement plans updated to reflect any updates arising from the performance data? ■ Ability to alter plans to reflect changes in the project environment? ■ Is the change management capability of the organisation understood? Is it sufficient? ■ How much change is already occurring? Is there a danger of change fatigue?	Supporting Material pg 16
Impact of change	■ What is the impact of change on: Process - is there a process for process change and approval? Policy - who creates and is there a process and approval mechanism? People - training and communication process in place and linked to/ able to support process and policy change?	Ref [10]
Developing team performance	■ Are the organisational behaviours required for success reflected in the approach to developing teams. ■ Have the characteristics of high performance teams been identified and included in the organisational development strategy. ■ Is there a process for developing teams that aligns with the requirements to be delivered and with the commercial model.	Ref [6]

Supporting Material

Supporting Material: Client Model Decision Tool

In order to help users of this module determine the appropriate balance between in-house and outsourced functions, the tool below can be used during development of the Organisational Design Strategy. It helps determine the approach to sourcing each of the delivery functions. For a given delivery function (project management, systems integration, design services, construction management and direct construction work), consider each project factor in turn and decide which statement in the row is most true. When completed, the overall balance of colour (in this example between the blue and the green) will help decide the optimum approach to sourcing the right people.

The illustration on page 15 lists factors that can be used to help discussions for each function of the Client Models, it is not exhaustive and there will be considerations specific to each organisation using this tool.

Select the most appropriate source

Project Factors	***In-house resource***	***Agency resource***	***Outsource service***
Expertise	We do not have complexity-capability gap	We do not have complexity-capability gap	We have a complexity-capability gap
Resource availability	We have good availability	We have poor availability	Not a deciding factor
Duration needed	There is a long term need for this resource	There is only a short term need for this resource	Not a deciding factor
Repeatability	It is a recurring task on projects within our organisation	It is not a recurring task on projects within our organisation	Not a deciding factor
Affordability	Typical salary fits within our wage structure	Typical salary does not fit within our wage structure	Typical salary does not fit within our wage structure
Cost	Service providers do not have economies of scale or optimised working practices to perform function cheaper than doing it in-house	Not a deciding factor	Service provider has economies of scale or optimised working practices to perform function cheaper than doing it in house
Organisation context	There is a high degree of legacy systems/ practices that are unique to the organisation	There is a low degree of legacy systems/ practices that are unique to the organisation	There is a medium/low degree of legacy systems / practices that are unique to the organisation
Risk	We are happy to accept all (or a high degree of) risk responsibility	We are happy to accept all (or a high degree of) risk responsibility, and will manage agency resources accordingly	We prefer to offload as much risk responsibility as possible

In-house ↔ Outsource

The project factors shown above are common to each of the functions (project management, systems integration, design, construction management, direct construction work) as shown on page 15.

Introduction

Why Organisational Design and Development Matters

Considerations

Supporting Material

Client Model decision tool

Client Models

Enhancement plans

Behavioural assessments and leadership

Final Check

Further Guidance

Glossary

Delivery of each project function (project management, design, build, etc.) could be provided in-house by the client organisation, outsourced to specialist providers or transferred to the supply chain – this is referred to as a Client Model.

The example Client Model below shows how the delivery functions are considered as part of an overall Organisational Design, with the blue/green bars representing the expected balance between in-house and outsourced responsibility; and the core functions that should never be considered for outsourced delivery. See page 14 for considerations on in-house/outsourced delivery.

Example Client Model – in-house and outsourced

Project management: Project management indicates the level to which the responsibility for overall management of the project is or could be outsourced.

Systems integration: Some products of projects will require integration work in order for them to be fully functional with the existing assets of the client organisation, and therefore to function correctly for the client. This function indicates the level to which this work is to be provided by external resources.

Design services: Indicates the level of technical design and drawing responsibility that is provided by external resources.

Construction management: Indicates the level to which projects require construction to be directly managed by external resources.

Direct construction work: Indicates to what level of manual work is outsourced to the market (temporary agency staff contracted by the client organisation are considered to be in-house staff as their standard of work and availability is the responsibility of the client organisation). NB: The balance of in-house/outsourced labour should be considered alongside the Procurement module, as this may not be a function provided by the client, depending on what decisions are made in terms of procurement strategy.

Tip:

(NB: a higher proportion of blue indicates more in-house delivered services)

The project needs to align the context of the organisation's forecast for resource demand/capacity, its capability and the key risks identified. Together these provide the basis for defining the most appropriate balance of in-house and external support. For instance, the resource forecast provides the basis for defining the most appropriate balance of permanent staff and external support. It is inevitable that resource requirements will fluctuate and it is unlikely that an organisation will choose to meet the peaks of demand with entirely permanent resources as this does not provide a favourable level of resource flexibility.

Supporting Material: Enhancement Plans

Enhancements are needed:

- Where there is a gap between current organisational capability and the required capability defined in the organisational design;
- Prior to transition points in the investment lifecycle (e.g. moving from design to build or from build to operate).

Enhancing capability involves delivering organisational change. The approach to delivering organisational change should be chosen based on the project duration and the scale of change required.

Management of change over the life of a project

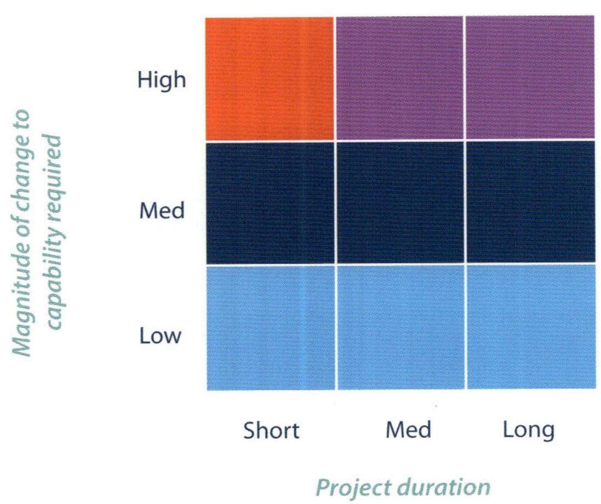

The above grid helps identify the type of change journey (e.g. incremental, step change etc) based on the scale of the change needed and the duration over which it needs to be done.

Key

Incremental change: Change can be achieved incrementally through traditional line management arrangements. The actions should be allocated owners and incorporated as objectives. Review and progress monitoring of these actions should be addressed as part of routine line management. This applies equally to the members of the team responsible for developing and delivering the enhanced capability as it does to members of the team for whom the capability has been provided.

Overall evaluation will involve re-assessment of capability and this should be contrasted against the expected improvements in delivery performance as represented by the periodic project performance data.

Step change: If the amount of change requires a planned transition from one state to another, the change can be achieved by establishing a business change project. An alternative way of considering this is that if the magnitude of change is proportional to the appetite, capacity and available time for change, it can be achieved by a business change project.

Transformational change: If the magnitude of the change is significant, it will need to be managed as a transformational change programme, thus providing progressive development and delivery of the enhanced capability through a series of tranches. This supports sustainable change and is particularly important if there are challenges relating to the appetite and/or capacity for change.

On some occasions the strategic objectives for large projects include a legacy requirement to provide a lasting improvement in project delivery that will endure beyond the delivery of the project. It is good practice to manage the delivery of such strategic objectives using a transformational change programme.

Rethink the project!: It is not considered good practice to attempt to deliver a significant amount of change in a short period of time. In such cases the viability of the project should be questioned.

Behavioural assessment

Increasingly collaborative forms of contracting rely upon good cultural and behavioural alignment between the client and the supply chain. The following is an extract from guidance on alliancing being developed by the Infrastructure Client Group which shows how behavioural assessments are currently being used by clients.

Infrastructure clients have increasingly looked to behavioural and cultural assessment when selecting partners. Network Rail, Anglian Water, Thames Water and Highways Agency have all recently used behavioural assessments as part of their procurement process.

The assessments generally involve a cross section of the team in each partner's proposal attending assessment centres and collectively working through externally observed exercises. From this a set of behaviours are identified and cultural assessment of each partner produced. These are then matched with the requirements of the proposed model. Experience has shown that effective assessment centres provide an accurate representation of the cultural capability of the partners and the behaviours of the potential leaders.

This approach also places an early emphasis on behaviour, culture and the importance of leadership - and so sets a tone for everything that follows when implementing a collaborative model.

Leadership and Behaviours

The following is an extract from the Highways Maintenance Efficiency Programme (HMEP) and shows the importance of leadership in developing required behaviours through an organisation.

Leaders have a crucial role to play in supporting behavioural and cultural change, for example through demonstrating commitment to a given course of action, and through motivating others to continue to deliver outstanding performance during periods of change. Truly great leaders focus on the 'softer' aspect of change as well as hard strategy, recognising the importance of interpersonal skills, relationship building, authenticity and emotional intelligence.

Key considerations in bringing about cultural change include:

- How leaders set the tone: clarifying and managing expectations
- What leaders pay attention to, measure and control
- How leaders interact and communicate with others
- How leaders react to critical incidents and events
- How leaders role model, teach and coach others
- What criteria are used to allocate rewards and status
- What criteria are used to recruit, select and promote
- How leaders support their peers who deliver other services

Final Check

Will the proposed organisational design and development framework:

1. Cover the concerns identified by the core complexity-capability gaps? ☐
2. Cover gaps identified by answering the considerations in this module? ☐
3. Capture and respond to the corporate contextual opportunities and constraints? ☐
4. Match resourcing strategy to the work breakdown, functional analysis and cultural analysis? ☐
5. Define and respond to the transition points in the project's life where changes in capability/behaviour will be required? ☐
6. Define the Client Model that will be used? ☐
7. Define the organisation structure required to support the Client Model? ☐
8. Plan for how resources will exit or transfer to other projects? ☐

Further Guidance

Guidance	Usage
[1] Current Operating Model (COM) Target Operating Model (TOM) - COM-TOM No Link	■ Used to define the overall organisational design. ■ COM and TOM describes the organisational design from a future state view point and enables transition activities to be defined based on the current state. ■ Note that COM-TOM can be used for both the project delivery organisation and the operator/maintainer organisations. In the context of this module it is only for the project delivery organisation. ■ Sunshine diagram, As-Is To-Be maps and POTI Blueprints are also forms of COM-TOM.
[2] Poti Bluepints No Link	A means or breaking down COM-TOM into four main elements (some of which the Client Model will help define): ■ Processes the organisation requires ■ Organisation structure, roles and competencies ■ Tool/infrastructure required for efficient/effective processes ■ Information needed by the processes.
[3] [3] Managing Successful Programmes (MSP) http://www.msp-officialsite.com	Programme Management for the delivery of transformational change programmes
[4] [4] HMEP Cultural Toolkit http://www.highwaysefficiency.org.uk/efficiency-resources/collaboration--change/creating-the-culture-to-deliver-toolkit.html	Practical tools for assessing cultural alignment for partner selection
[5] Portfolio, Programme and Project Management Maturity Model (P3M3) APM - http://www.p3m3-officialsite.com	Maturity model used for assessing and developing organisational capability
[6] Competency Frameworks: Association for Project Management (APM) APM - http://www.ice.org.uk/qualification-careers/Competency-Framework-Assessment ICE - http://www.apm.org.uk/APMCompetenceFramework.asp	Industry recognised competency frameworks
[7] ICE Client Best Practice Guide http://www.ice.org.uk/Information-resources/Document-Library/Client-Best-Practice-Guide	Guidance on the role of the intelligent client
[8] BS11000 Collaborative Business Relationships http://www.bsigroup.co.uk/en-GB/bs-11000-collaborative-business-relationships/	Guidance on collaborative working
[9] Directing Change - A guide to governance of project management published by APM 2011 http://www.apm.org.uk/DirectingChange	Guidance on managing change in projects
[10] Chartered Institute of Personal and Development http://www.cipd.co.uk	Guidance on organisational development
[11] Managing Successful Projects with PRINCE2 http://www.prince-officialsite.com	

Glossary

Asset Manager
The asset manager is the organisation (or parts of) that is responsible for day-to-day operations and maintenance of the asset. The asset manager may be a part of the sponsor or client organisations or a separate entity. Similarly the operator and maintainer of the assets might be separate entities.

Asset management is the coordinated activity of organisations to realise value from their assets.

Capability
The Routemap uses capability to describe the ability of the sponsor, client, asset manager and market to organise for effective and efficient delivery. It refers to a part of the business and not the individual as most barriers to effective practice are rooted in systemic issues and not individual action.

Client
The client is the organisation that is responsible for fulfilling the requirements and delivering the benefits. The client translates the requirements from the sponsor and manages the delivery outcomes. The client selects the most appropriate supplier/s to meet project objectives.

Complexity
Project complexity is a measure of the inherent difficulty of delivering a project based on factors such as: stakeholder alignment; interconnectedness of projects; systems & organisations and the level of innovation required etc. The Routemap uses the Delivery Environment Complexity Assessment (DECA) published by the NAO for complexity assessment.

Client Model
The Client Model refers to how the client organisation will structure and resource the responsibilities for project execution between the client, advisors/partners and supply chain (e.g. thin/fat client). This is a key consideration in determining organisational design and procurement strategy.

Delivery Model
The Delivery Model refers to the organisational entity that will be appointed to deliver the project (e.g. establishment of a special purpose vehicle). This is a key consideration in determining governance arrangements.

Infrastructure
Infrastructure includes the networks and systems that supply and support reliable and effective domestic and international transport, digital communications, energy, flood protection, water and waste management.

Market
A market is a group of organisations that integrates and competes to provide goods or services to one or more clients. The construction and infrastructure market is often characterised by a large number of suppliers and SMEs.

Procurement Model
The approach taken and the contracting model used to procure the supply chain.

Project
Throughout this guide the term project is used to mean both project or programme.

Sponsor
The sponsor organisation secures the funding, owns the business case and is responsible for specifying the requirements to the client. The Sponsor ensures that the project remains strategically aligned and viable, and that benefits are on track to be realised. In some contexts the Sponsor and Client could be from the same organisation.

Target Operating Model
The end state of how the asset will be: used; funded; owned; operated and maintained.

IPA would like to thank the following organisations that contributed time and expertise to the development of the Routemap.

Infrastructure Client Group

Andy Mitchell (Chair)	Thames Tideway
Adam Green	Carillion
Nick Baveystock	ICE
Beth West	HS2
Denise Bower	University of Leeds and Major Projects Association
Dale Evans	Anglian Water
David Rooke	Environment Agency
Mark Worsfold	South West Water
Martin Buck	Crossrail
Miles Ashley	Transport for London
Nirmal Kotecha	UK Power Networks
Peter Adams	Highways England
Phil Wilbraham	Heathrow Airport Holdings
Simon Murray	Consultant
Alan Couzens	Infrastructure & Projects Authority
David Hancock	Cabinet Office
Martin Arter	Network Rail
Kenna Kintrea	NDA
Alasdair Reisner	CECA
Ian Cartwright	National Grid
Jonathan Cole	Scottish Power

Steering Group & Contributors

Appendix C

Institution of Civil Engineers
Intelligent Client Capability Framework

Intelligent Client Capability Framework

ice
Institution of Civil Engineers

The Institution of Civil Engineers (ICE) is an international membership organisation that exists to promote and advance civil engineering around the world. ICE was founded in 1818 by three young civil engineers, who held the first meeting at the Kendal Coffee House in Fleet Street. In 1820 Thomas Telford became the first President of ICE and helped the Institution to gain its Royal Charter in 1828. ICE now has a global reach with over 80,000 members in 167 countries. We are proud to represent some of the very best civil engineers in the profession. We are governed by Royal Charter and are a registered charity in England, Wales and Scotland. As defined by our charter, our charitable object – to foster and promote the art and science of civil engineering – is a purpose which is for the benefit of society as a whole.

Intelligent Client Capability Framework

This Framework is for Civil Engineers who are in roles supporting Client organisations for the delivery of major projects and programmes. It is a supplement to the ICE Competency Framework for Professional Development post-professional review.

This Framework is not intended as a guide for client organisations, but as a tool for individual members who wish to reflect on the capabilities they may require in support of the client function.

Context

The Sponsor

Sponsor organisations are responsible for ensuring the strategic alignment of the project or programme. They should be the owner of the investment and enable the realisation of benefits by ensuring the overall business change maintains focus, has clear authority and that the risks and key stakeholders are actively managed.

The Intelligent Client

Intelligent Client organisations are capable of specifying the requirements to external participants and managing the delivery outcomes. Fundamental to this is the selection appropriate private sector participants and the management of those relationships to maximise value.

Background

The capability of the client and its relationship with stakeholders, both the sponsor organisation and the supply chain, has a direct effect on the achievement of efficient and sustainable outcomes. Intelligent Clients are therefore firmly at the centre of efficient, productive, value-for-money relationships with the sponsor and supply chain.

While it is recognised that varying operating and delivery models impact the breadth and depth of the required client capability, the term 'Intelligent Client' crucially refers to the capability and capacity to manage the process of translating policy to outcomes.

Intelligent Client – Responsibility and Relationships

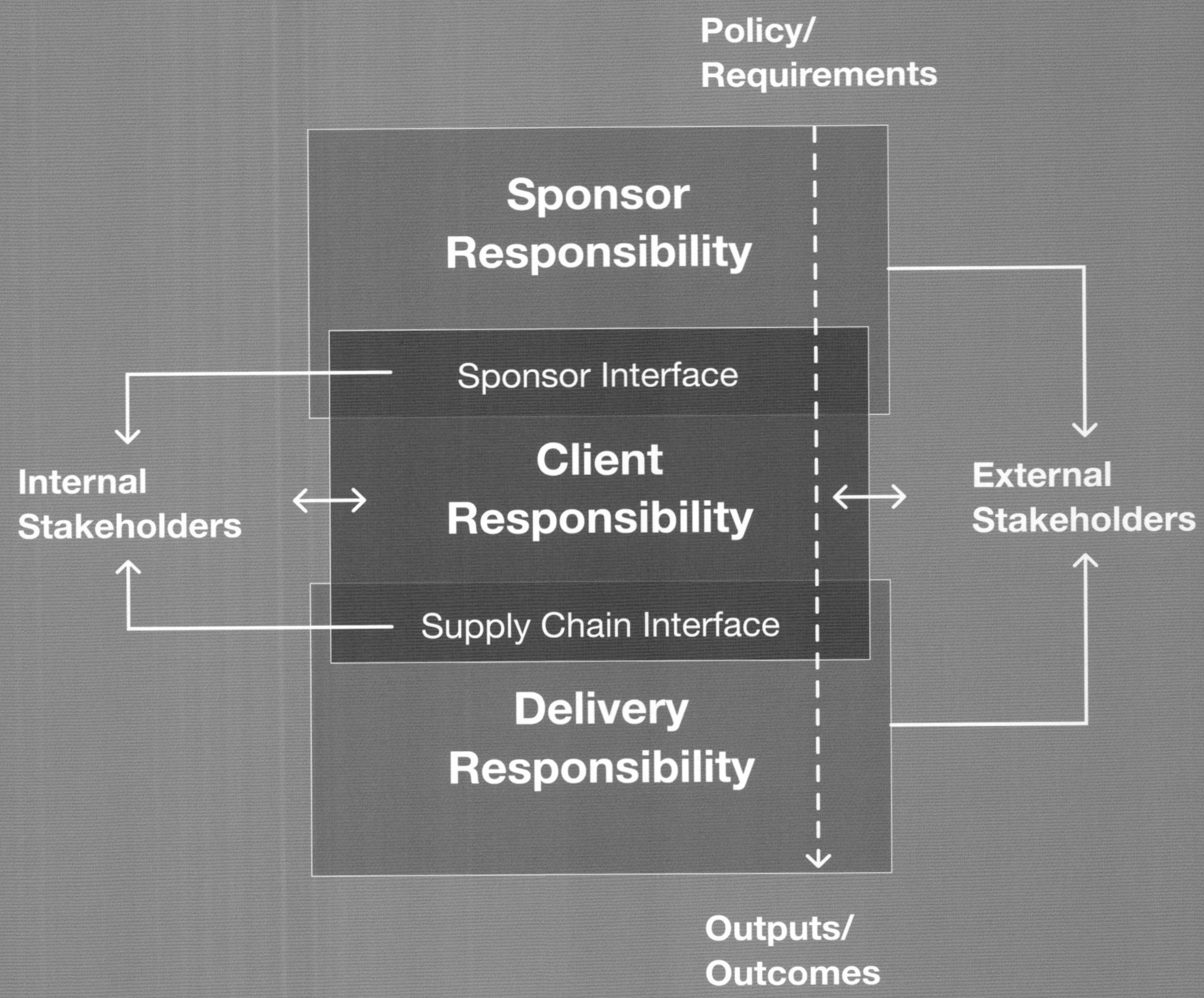

The Framework

The Intelligent Client Capability Framework outlines client capability in seven key areas and breaks it down into the individual capabilities that have the potential for development in support of the delivery of major project or programme outcomes. The purpose of this framework is to provide a guide for members who find themselves working in a 'client' capacity. The Framework incorporates the principles used in Infrastructure UK's; "Improving Infrastructure Delivery – The Project Initiation Routemap" (IUK 2014) developed to support successful clienting of major economic infrastructure. The Framework provides a structured means of self-assessment, helping members to reflect on their own practice and identify areas for development and the incorporation of best practice.

The Intelligent Client Capability Framework builds on the ICE Competency Framework (further information in Appendix A) by providing role-specific guidance and therefore should be considered as one aspect of continuing professional development. It is not a performance assessment, a recruitment tool or an official standard. It is a systematic means of identifying areas for capability enhancement for individuals who are undertaking the role of the client. This is achieved through the consideration of the issues associated with the role during project/programme initiation, procurement and delivery including:

- Adequately testing the business case;
- Providing continuity of investment/funding;
- Accurately translating and communicating the high level requirements to key stakeholders;
- Ensuring maximum value is derived from all relationships;
- Supporting those relationships with responsible and effective governance arrangements and appropriate interface management; and
- Articulating the nature and shape of the organisation required to deliver.

Capabilities

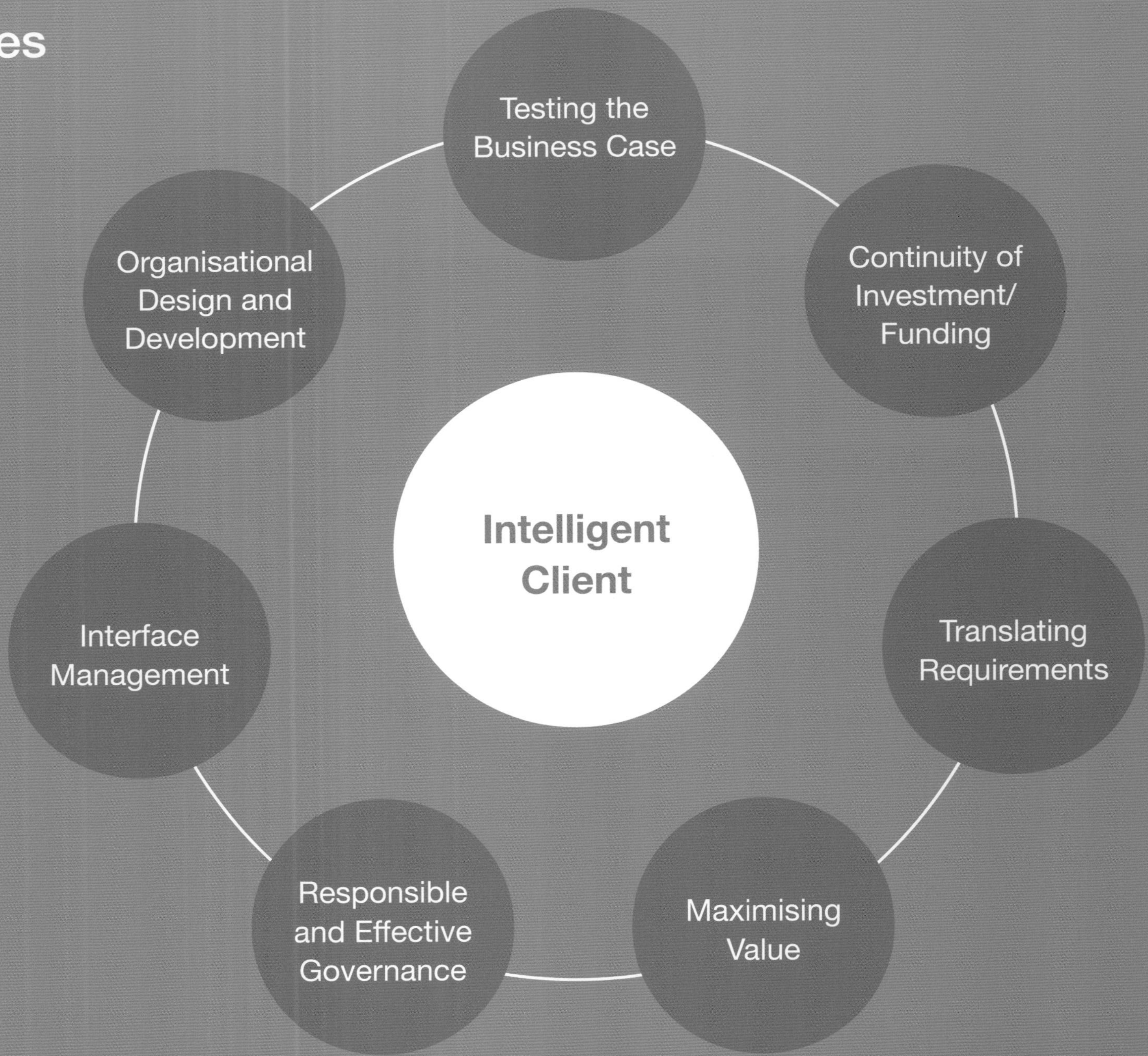

How to use the Capability Framework

The self-assessment is completed through reflection on the capability indicators detailed under the seven capability areas in the context of the capability definition provided.

For each indicator, the user should:

1. Consider whether the attribute is core to their role in the client function or whether it is not necessary given the specifics of the project or programme (if deemed not necessary, continue to next indicator);
2. Reflect on whether they are effectively managing or applying the attribute and the implications for the project or programme should that capability not be fully exploited;
3. Identify areas for continued exploitation or improvement.

Additional Client guidance in support of the areas for improvement can be found in Appendix B.

IC1 Testing the Business Case: Critical review and objective challenge of the business case to ensure that the specification will achieve the required benefits and value for money.

Capability Indicators		Core/Not Necessary to Role	Effectively/ Not Effectively Managed or Applied	Areas for Improvement
IC1.1	Applies long-te… (politic… project… operati… …o …s			
IC1.2	Understands the need and can clearly articulate the benefits/end state/outcomes.			

Is this capability fundamental to fulfilling the role of the client given the complexity of the project or programme?

Is this capability being used to the full advantage of the organisation/project or programme?

Identity areas for further use or development, available guidance and where/when should advice be sought.

IC1 Testing the Business Case: Critical review and objective challenge of the business case to ensure that the specification will achieve the required benefits and value for money.

Capability Indicators		Core/Not Necessary to Role	Effectively/ Not Effectively Managed or Applied	Areas for Improvement
IC1.1	Applies future thinking. Able to set and work to long-term objectives and considers influences (political horizons, etc.) that may impact the project/programme in the long term including operation/maintenance/hand-over.			
IC1.2	Understands the need and can clearly articulate the benefits/end state/outcomes.			
IC1.3	Proactively evaluates the business case against alternative solutions for achieving the benefits/end state/outcomes.			
IC1.4	Considers the implications of taking the investment forward and the systemic risks with relation to ambiguity, complexity, delivery approach and financial assessment.			

Capability Indicators		Core/Not Necessary to Role	Effectively/ Not Effectively Managed or Applied	Areas for Improvement
IC1.5	Applies cost intelligence, understands value for money and the opportunities and challenges presented by various funding and delivery models.			
IC1.6	Able to adequately define success and ensures investment decisions do not give away value.			
IC1.7	Challenges specialist requirements.			
IC1.8	Lobbies for the appropriate measures of success.			
IC1.9	Regularly re-evaluates the business case to ensure it remains viable.			

IC2 Continuity of Investment: The ability to maintain the momentum of investment appropriate to the needs of the stakeholders and the supply chain for the efficient delivery of outcomes.

Capability Indicators		Core/Not Necessary to Role	Effectively/ Not Effectively Managed or Applied	Areas for Improvement
IC2.1	Ensures the agenda is one of efficiency and not short-term commercial gain, prizes whole life value over cost.			
IC2.2	Ensure funding is guaranteed before committing other stakeholders to significant investment/ expenditure.			
IC2.3	Seeks to understand the cost base of the supply chain and works to align/jointly develop the business need – understands the implications of different funding models.			
IC2.4	Able to find and maintain benefit from a visible pipeline and appropriate supply chain relationships.			

Capability Indicators		Core/Not Necessary to Role	Effectively/ Not Effectively Managed or Applied	Areas for Improvement
IC2.5	Ensures the establishment of a strategy and culture for recycling savings back to stakeholders.			
IC2.6	Acts in a manner that demonstrates a sound understanding of the expected benefits and the consequences relating to a sequence of actions (i.e. the risks and opportunities).			
IC2.7	Demonstrates the ability to delivery a convincing argument and establish buy-in.			

IC3 Translating Requirements: The ability to effectively interpret/specify and challenge the requirements for the establishment of the project/programme purpose, delivery principles and roles before the detail.

Capability Indicators		Core/Not Necessary to Role	Effectively/ Not Effectively Managed or Applied	Areas for Improvement
IC3.1	Considers and accurately interprets the sponsor and stakeholder requirements for the maintenance of a robust business case.			
IC3.2	Able to effectively translate policy/high level requirements into outputs/outcomes through the clear articulation of a vision, goals, strategies and prioritised action for maximum benefit achievement.			
IC3.3	Able to translate service requirements into clear functional/technical requirements. Ensures there is continued strategic fit and line of sight.			

Capability Indicators		Core/Not Necessary to Role	Effectively/ Not Effectively Managed or Applied	Areas for Improvement
IC3.4	Ensures project/programme objectives supersede individual stakeholder objectives.			
IC3.5	Takes ownership and provides direction for the achievement of the requirements. Able to challenge changes from above.			
IC3.6	Communicates and gains agreement of appropriate measures of success aligned to the business case.			
IC3.7	Embeds flexibility where needed.			

IC4 Maximising Value: The ability to add value through the establishment of relationships and incorporation of best practice.

Capability Indicators		Core/Not Necessary to Role	Effectively/ Not Effectively Managed or Applied	Areas for Improvement
IC4.1	Assesses the delivery environment to identify opportunities and challenges, interrelationships, implications and potential benefits.			
IC4.2	Applies delivery strategies and models.			
IC4.3	Identifies opportunities for maximising value from new ways of working. Understands the benefit and limitations attributed to varying approaches.			
IC4.4	Identifies areas for collaboration/learning with and from other clients and projects. Only uses bespoke solutions when necessary.			

Capability Indicators		Core/Not Necessary to Role	Effectively/ Not Effectively Managed or Applied	Areas for Improvement
IC4.5	Encourages innovative practice and understands the appropriate timing and forms of engagement and collaboration (e.g. early contractor involvement).			
IC4.6	Makes informed use of the competition process appropriate to the situation and the requirements/ specification.			
IC4.7	Appreciates and incorporates whole life solutions, carbon reduction and lean principles and concepts. Understands where and when solutions need to remain flexible to change in order to gain value.			
IC4.8	Proactively identifies ways to improve efficiency and effectiveness. Utilises evidence-based good practice from other investments/ sectors to add value and increase the likelihood of successful delivery.			
IC4.9	Values mutual gain and early engagement as tools in pursuit of a common goal.			

IC5 Responsible and Effective Governance: The establishment and maintenance of a clear governance structure founded on the principles of honesty, accountability and integrity.

Capability Indicators		Core/Not Necessary to Role	Effectively/ Not Effectively Managed or Applied	Areas for Improvement
IC5.1	Endeavours to operate in an open, adaptable and honest manner with all stakeholders. Is consistent in their attitude towards others.			
IC5.2	Demonstrates personal responsibility for delivering the anticipated benefits. Sets and adopts the organisational values.			
IC5.3	Maintains a visible authority structure that promotes timely and robust decision-making.			
IC5.4	Works toward the appropriate treatment of risk both in terms of management ability and pairing benefit with liability.			

Capability Indicators		Core/Not Necessary to Role	Effectively/ Not Effectively Managed or Applied	Areas for Improvement
IC5.5	Implements the appropriate processes and procedures to ensure clear communication channels for timely and informed decision-making and performance management.			
IC5.6	Ensures the required functional arrangements appropriate to the delivery strategy. (Establishes one client 'face'. Does not encourage man-marking.)			
IC5.7	Establishes effective milestones/check points to ensure the project/programme is realising outcomes/ benefits.			

IC6 Interface Management: The alignment of all stakeholder organisations to maximise the potential of the programme/project.

Capability Indicators		Core/Not Necessary to Role	Effectively/ Not Effectively Managed or Applied	Areas for Improvement
IC6.1	Provides proactive leadership and direction to all stakeholders to achieve agreement of the expected outcomes and benefits.			
IC6.2	Able to recognise interdependencies and potential issues in the management of internal, external, formal, informal, temporary and permanent interfaces. Works to create an environment with manageable interfaces.			
IC6.3	Recognises and takes advantage of efficiencies across interfaces with an appropriate attitude to risk and reward.			

Capability Indicators		Core/Not Necessary to Role	Effectively/ Not Effectively Managed or Applied	Areas for Improvement
IC6.4	Able to bridge interfaces between the stakeholder organisations. Demonstrates strong inter-personal understanding and behaviours to maintain support of the business case.			
IC6.5	Works to align the objectives and priorities of stakeholder organisations. Manages expectations appropriately.			
IC6.6	Shares relevant information across the interfaces in a timely manner for effective decision-making.			
IC6.7	Able to engender trust between stakeholder organisations. Leads by example.			
IC6.8	Understands how to create effective cultures around the interfaces through communication, integration and incentivisation. Challenges adversarial behaviour and establishes a safe and collaborative culture.			

IC7 Organisational Design and Development: The effective identification, deployment and management of organisational and individual capability in order to achieve the outcomes.

Capability Indicators		Core/Not Necessary to Role	Effectively/ Not Effectively Managed or Applied	Areas for Improvement
IC7.1	Understands the capability and capacity requirements of varying approaches to delivery.			
IC7.2	Collaboratively identifies the systemic maturity of all stakeholders and constructively designs an action plan for development and capitalising on strengths.			
IC7.3	Is self-aware. Takes a realistic attitude to own capability and market capacity.			
IC7.4	Seeks to align the capabilities between the sponsor, client and supply chain appropriate to the undertaking. Ensure responsibility sits with those best able to manage it.			

Capability Indicators		Core/Not Necessary to Role	Effectively/ Not Effectively Managed or Applied	Areas for Improvement
IC7.5	Understands and plans for how capability and capacity needs may change over the life of the investment. Employs the principals of organisational design and development.			
IC7.6	Actively identifies situations that may stress, underutilise or duplicate available capability.			
IC7.7	Incorporates lessons learned and actively shares good practice both internally and externally. Engages the expertise of others.			

Appendix A – ICE Competency Framework Information

The ICE Competency Framework for Professional Development works in accordance with ICE guidelines to support its members in the identification of areas for professional development.

As part of a continued commitment to lifelong learning and continuous professional development, the Framework compliments the professional review process with informal self-assessment aimed at helping members with the training needs analysis necessary to support a deeper understanding of civil engineering and the skills required for professional practice.

The Framework serves as an additional route for translating Institutional objectives and long-term goals to the members, providing the individual with a clear picture of the knowledge, skills, behaviours and attitudes that are recognised and valued – whether they are core to the profession or those that underpin work in general. It is envisioned that the Framework will help to engender those competencies attributed to a well-rounded practitioner at the heart of society, one who actively works to further the discipline, professional image and foster a greater public trust.

The Framework assesses professional competencies across the following areas;

Practice Competency	Elements of Behavioural Competency	Elements of Contextual Competency
• Knowledge Application • Problem Solving • Decision Making • Organisation and Planning • Quality Management • Technology Management • Information and Knowledge management • Resource Management • Achievement Orientation • Health and Safety	• Professional Attitude • Self Management/Time Management • Human Resource Management • Leadership • Communication • Collaborative Working • Teamworking Skills • Adaptability • Negotiation and Influence • Initiative • Creativity • Information Seeking • Assertiveness	• Strategic Thinking • Organisational Awareness • Organisational Commitment • Commercial/Market Awareness • Finance • Sustainable and Resilient Approach

The Competency Framework is available for ICE members to access at: www.ice.org.uk/My-Ice/Competency-Framework

Appendix B – Client Guidance

APM Governance of Project Management Specific Interest Group (2011) Directing Change - A guide to governance of project management. APM, London

Bradley G (2010) Fundamentals of Benefit Realization. The Stationery Office (TSO), London. Franklin M (June 2008) Focus on Skills: Leadership Skills for Project and Programme Managers. TSO, London.

Cabinet Office (2012) Portfolio, Programme, and Project Management Maturity Model (P3M3).

HMT (2004) The Orange Book – Management of Risk, Principles and Concepts. Her Majesty"s Stationery Office (HMSO), London.

ICE Best Practice Panel (2009) Client Best Practice Guide. Thomas Telford, London.

Infrastructure UK, HM Treasury and Lord Deighton (July 2014) **Improving Infrastructure Delivery: Project Initiation Routemap Handbook** https://www.gov.uk/government/uploads/system/uploads/attachment_data/file/330374/0208_Routemap_Handbook.pdf IUK, London

Infrastructure UK, HM Treasury and Lord Deighton (July 2014) **Requirements Module - Improving Infrastructure Delivery: Project Initiation Routemap** https://www.gov.uk/government/uploads/system/uploads/attachment_data/file/330361/Requirements_Module.pdf IUK, London

Infrastructure UK, HM Treasury and Lord Deighton (July 2014) **Governance Module - Improving Infrastructure Delivery: Project Initiation Routemap** https://www.gov.uk/government/uploads/system/uploads/attachment_data/file/330378/Governance_Module.pdf IUK, London

Infrastructure UK, HM Treasury and Lord Deighton (July 2014) **Execution Strategy Module - Improving Infrastructure Delivery: Project Initiation Routemap** https://www.gov.uk/government/uploads/system/uploads/attachment_data/file/330364/Execution_Strategy_Module.pdf IUK, London

Infrastructure UK, HM Treasury and Lord Deighton (July 2014) **Organisational Design and Development Module - Improving Infrastructure Delivery: Project Initiation Routemap Handbook** https://www.gov.uk/government/uploads/system/uploads/attachment_data/file/330366/ODD_Module.pdf IUK, London

National Audit Office (December 2011) Initiating Successful Projects. NAO, London.

National Audit Office (April 2011) Lessons from PFI and other projects. TSO, London.

National Audit Office (March 2010) From Private Finance Units to Commercial Champions: Managing complex capital investment programmes utilising private finance. A current best practice model for Departments. NAO, London.

National Audit Office (2009) Opinion pieces on improving commercial skills for complex government projects. NAO, London.

National Audit Office (October 2013) Understanding challenges in delivering project objectives http://www.nao.org.uk/report/deca-understanding-challenges-delivering-project-objectives/

Office of Government Commerce (2006) Business Benefits through Programme and Project Management. TSO, London.

Office of Government Commerce (May 2010) http://webarchive.nationalarchives.gov.uk/20100503135839/http:/www.ogc.gov.uk/procurement_documents_best_practice_guidance_.asp

Office of Government Commerce (2008) http://webarchive.nationalarchives.gov.uk/20110601212617/http://www.ogc.gov.uk/documents/Introduction_to_Public_Procurement.pdf

Office of Government Commerce (2005) http://webarchive.nationalarchives.gov.uk/20100503135839/http://www.ogc.gov.uk/documents/cp0013.pdf

Office of Government Commerce http://webarchive.nationalarchives.gov.uk/20100503135839/http://www.ogc.gov.uk/documents/KeyPrinciplesOfBenefitsManagementv1.pdf

Office of Government Commerce (April 2011) http://webarchive.nationalarchives.gov.uk/20110601212617/http://www.ogc.gov.uk/policy_and_standards_framework_welcome_to_the_how_to_buy_guide.asp

Office of Government Commerce (April 2011) http://webarchive.nationalarchives.gov.uk/20110601212617/http://www.ogc.gov.uk/policy_and_standards_framework_complex_procurement.asp

Office of Government Commerce (July 2004) http://webarchive.nationalarchives.gov.uk/20100503135839/http://www.ogc.gov.uk/documents/Guidance_to_reduce_the_risks_of_over-dependency_on_a_supplier.pdf

Office of Government Commerce (July 2004) http://webarchive.nationalarchives.gov.uk/20100503135839/http://www.ogc.gov.uk/guidance_managing_successful_programmes_4442.asp

ICE Capacity building panel members

John Beck, Independent Consultant

Prof. Denise Bower, University of Leeds/ Major Projects Association (Chair)

Donnie MacNicol, Team Animation

Nancy Madter, University of Leeds

David Neeve, Arup

Lynne Rogers, CH2M HILL

Mike Rogers, ICE

Mark Ruddy, Transport Systems Catapult

Andrew Stanley, ICE

Dermod Sweeney, Independent consultant

Lila Tachtsi, Atkins

Mike Tweedle, Independent Consultant

Guy Wilmshurst-Smith, Network Rail

Institution of Civil Engineers

Institution of Civil Engineers
One Great George Street
Westminster
London SW1P 3AA
t +44 (0)20 7222 7722
f +44 (0)20 7222 7500
www.ice.org.uk

About the ICE Group

The ICE Group is made up of the Institution of Civil Engineers (ICE), Thomas Telford Ltd and the Benevolent Fund (BFICE). Whether we are providing member services, sharing civil engineering knowledge, selling our products, or delivering a high standard of service, everyone involved in ICE Group is committed to creating the worldwide homeof civil engineering.

CONSTRUCTING
EXCELLENCE
International
delivered with bre

인텔리전트 발주자, 건설산업을 바꾼다

The Intelligent Client in UK construction

1판 1쇄 인쇄 2022년 7월 15일
1판 1쇄 발행 2022년 7월 20일

지은이 | Constructing Excellence International(CEI)
펴낸이 | 건설산업비전포럼
발행인 | 김병계
발행처 | 도서출판 보문당
등 록 | 1990년 6월 15일(제 1-1066호)
주 소 | 서울시 마포구 토정로 222 한국출판콘텐츠센터 422호
전 화 | 704-7025 / 704-0635
팩 스 | 704-2324
홈페이지 | http://www.bomoondang.co.kr
전자우편 | bmdpub@naver.com

값 18,000 원

ISBN : 978-89-8413-239-9 (93530)